저자 차광홍. 정우진. 김길용

콩 Soybean 병해충방제 핵심재배법

- 병해충생리장애방제
- 천적이용방제
- 친환경방제
- PLS등록약제방제
- 바이러스분류
- 세균분류
- 진균및기타분류
- 잡초관리

학술정보센터

전남대학교 친환경농업연구소

목차

I 콩

병해

목차

I 콩

해충

목차

I 콩

해충

생리장애

목차

II PLS(농약허용물질관리제도)

콩 PLS(농약허용물질관리제도)

부록

III 식물병원체

식물병원체

IV 천적이용방제편

천적 이용 실천 전략

노지재배에서 천적 보호

부록

IV 천적이용방제편

대량증식 천적 이용

시설작물 해충의 천적

진딧물의 천적

잎응애의 천적

부록

Ⅳ 천적이용방제편

시설작물 해충의 천적

가루이의 천적

총채벌레의 천적

잎굴파리의 천적

나비목 해충류의 천적

작은뿌리파리의 천적

천적이용의 클레임과 대책

부록

V 잡초관리

콩

쌍떡잎식물 장미목 콩과의 한해살이풀

최고의 식물성 단백질로서, 동서양을 막론하고 최고의 작물로 부상하였으며, 인체에 혈관보호 및 골밀도 증강 유방암 발병률 감소 하는 효과를 가지고 있다.

콩

학 명 ***Glycine max*** **L. Merrill syn**

식물학적 특성

콩은 쌍떡잎식물 콩과의 한해살이풀로 원산지는 만주와 그 인접지 및 시베리아의 아무르강 유역으로 알려져 있다. 중국에서는 5곡의 하나로 재배 역사가 오래 되었으며 우리나라에서는 삼한시대부터 재배되었다. 식용작물로 초장이 60~100cm이고, 곧게 서며 뿌리에는 많은 뿌리혹이 있어 질소를 고정하여 공급받는다. 꽃은 7~8월에 자줏빛이 도는 흰색 또는 붉은색으로 핀다. 열매는 꼬투리 속에 1~7개의 종자가 들어있다.

식품가치 및 이용

콩은 식물성 단백질 공급원으로 밥에 섞어서 먹거나 두부, 비지, 된장, 간장, 고추장, 과자, 콩기름 등을 만든다. 콩기름은 각종 공업원료로 콩깻묵 및 풋 베기콩은 사료 및 비료로 줄기는 인조 섬유의 원료로 이용된다.

파종시기

단작은 6월 상순, 맥후작은 6월 중·하순에 휴폭60cm×주간15cm로 2본식 한다.

생육과정(주요 농작업)

1월	2월	3월	4월	5월	6월	7월	8월	9월	10월	11월	12월
			*1모작		5상중*2모작		6상중	유묘,신장기	개화기		
				협신장기		등숙기		장류 및 두부용, 콩나물용, 밥 및 제과용, 두유용	북주기		
								이모작용, 종자소독, 시비, 파종깊이 및 재식밀도			
								파종방법			

기상재해 및 예상되는 문제점

1월	2월	3월	4월	5월	6월	7월	8월	9월	10월	11월	12월
				배수작업							
			수확			들불병, 노린재류	파밤나방	가뭄			
						담배거세미나방, 콩모자이크바이러스병, 불마름병	자주무늬병, 미이라병, 콩나방				
			잦은비			가뭄		*파종기 늦어짐 *발아불량-입모수불량 *생육초기 위조증상			

※ 농촌진흥청 농사로 인용

재배법

종자준비

▶ 종자는 전년도에 생산된 것으로 국립종자원에서 공급하는 보급종을 구입하는 것이 가장 바람직 함.

시비방법

▶ 표준시비량은 질소-인산-칼리-퇴비-석회 : 3-3-3.4-1200-200kg/10a이며 퇴비, 석회는 실량, 모든 비종은 전량기비로 함.

▶ 토양조건이나 작부체계에 따라 시비량이 차이가 있으므로 토양검정치에 의하여 시비량 조절이 필요함.

파종 및 파종방법

▶ 파종기는 일반적으로 중부지역은 5월중~하순, 남부지방은 6월상~중순이 적기이고 파종량은 5~6kg/10a이다.

▶ 재식밀도는 장류콩은 70 × 15cm, 나물콩은 60 × 10cm이다.

▶ 고휴이랑재배 : 경운기나 관리기 등을 이용하여 이랑을 만들어 파종하는 방법으로 7~8월의 장마 동안에 이랑이 높기 때문에 배수가 잘되어 과습 피해를 받지 않으며 미리 싹이 난 잡초가 땅 속으로 묻히게 되어 생력재배를 할 수 있다.

▶ 최소 경운재배 : 파종 전에 따로 밭을 갈지 않고 농기계를 이용하여 파종하는 방법으로 파종시간이 경운기 부착 파종기의 경우 10a당 1시간 내외, 트랙터 부착 파종기의 경우 30분 내외가 소요되어 노력 절감효과가 큰 파종 방법이다.

▶ 육묘이식재배 : 미리 묘상을 만들어 콩 모종을 키운 후 밭으로 옮겨 심는 방법으로 직파에 비하여 15~20일 정도 앞당겨 파종하며 묘상면적은 본밭 10a당 7~9평이 필요하다. 이식시기는 초생엽이 완전하게 퍼진 후 부터 2번째 본엽이 나오기까지의 기간이 뿌리 활착에 유리하다. 파종이 너무 늦어져서 파종기를 놓친 경우나 새 피해가 자주 발생하는 지역에서 유리하다.

생육관리

▶ 중경배토의 시기는 제초제를 사용 시는 파종 후 30~40일경이고 제초제 미사용 시는 제초를 겸한 2~3회 북주기를 실시한다.

▶ 순지르기(적심)는 본엽 5~7매시 생장점을 제거해줌으로써 곁가지의 생육을 유도하여 많은 꼬투리를 확보하고, 쓰러짐을 방지함.

재해대책

▶ 습해 : 7월을 중심으로 한 장마기간으로 집중호우 또는 장마기간에는 배수로를 설치하여 고인 물을 제거하고 병해충방제를 철저히 함.

▶ 가뭄 : 종실비대기에 가뭄을 받게 되면 종실비대가 정상적으로 되지 않아 수량이 크게 감소됨으로 이 시기에 적절히 관수를 하게 되면 20~30%이상 증수를 할 수 있음.

콩 병해

병으로 인하여 입은 농작물의 피해

농사를 지을 때 병으로 인해 피해를 보기도 한다. 식물병원체인 바이러스, 세균, 진균 및 기타균으로 농작물의 수확 및 상품의 부패 원인이 된다.

01 콩 모자이크병
(壞疽病 Necrotic mosaic)

▲SMV에 의한 괴저모자이크병

병징 콩의 품종, 생육시기, 환경요인, 감염을 일으킨 바이러스의 계통에 따라 병징이 다르지만 일반적으로 콩 종자에는 갈색무늬 얼룩을 볼 수 있으며 종자 전염할 경우 콩의 첫 번째 잎이 말리기도 한다. 본잎은 얼룩이 지거나 잎맥의 엽록소가 파괴되어 투명해진다. 생육기의 병징은 잎에 주름이 생기거나 키가 크지 않기도 하며 숙기가 늦어지기도 한다. 일부 품종에서는 새로 나오는 순이 쭈그러지며 잎맥이 갈색으로 변하고 부러지는 등 괴저증상을 나타낸다.

병원 바이러스 병원체는 *Soybean mosaic virius*로 바이러스 입자는 실모양이며 핵산은 단일 나선상의 RNA로 되어 있다. 이 병은 1차적으로 종자전염에 의하여 발생하며 생육기에는 진딧물에 의하여 바이러스가 옮겨지는데 이 때 전염은 비영속적 전염을 한다. 이 병을 매개시키는 진딧물은 유시충, 무시충, 모두 전염능력이 있는 것으로 알려져 있으며 28℃ 이상의 온도에서는 병징이 은폐된다.

전염 종자전염 포기가 전염원이 되고, 각종 진딧물에 의해 비 영속적으로 전반 된다. 종자전염 률은 품종이나 감염 시기에 따라 다르며 때로는 50% 이상이 되지만, 일반적으로는 10% 전후이다. 개화기 이후의 감염 포기에서는 종자전염은 되지 않는다. 7월 이후, 진딧물의 발생 증가와 함께 급격히 확산한다.

방제 병에 걸리지 않은 종자를 사용한다. 그러므로 종자를 받기 위한 포장은 바이러스에 감염된 콩을 제거해야 한다. 이 병은 약제 방제가 어려운 병으로 저항성 품종을 재배한다.

▲괴저모자이크병

콩 모자이크병

▲AMV에 의한 모자이크 병

병징 잎에 선명한 누런색의 얼룩무늬가 생기며, 때로는 괴저 점무늬가 나타난다. 포기는 다소 위축한다. 종자전염 포기는 처음 난 잎에 경미한 누런색 내지 바랜 녹색의 얼룩무늬가 나타난다.

병원바이러스 알팔파모자이크바이러스 Alfalfa mosaic *alfamovirus* (AMV) 기주범위는 넓어 콩과, 가지과, 국화과 식물 등 47과 300종 이상에 달하며, 자연감염 식물은 클로버, 알팔파, 담배 등 많은 종이 알려져 있다. 또한 많은 바이러스 계통이나 변이 포기가 보고되고 있다. 조즙액 중의 내열한계 60~65℃, 희석한계 10^{-3}~10^{-5}, 보존한계 3~5일이다. 바이러스 입자는 막대균 모양으로 56nm(B), 43nm(M), 35nm(Tb), 30nm(Ta)로 폭 16nm의 4종류로 이루어진 다입자성이고 감염에는 B, M, Tb의 3입자가 필요하다. 감염식물의 세포 안에서는 덩어리 또는 흩어져 있다.

전염 계통에 따라서는 콩으로 종자 전염하지만, 전염률은 1%정도이다. 종자전염은 콩 외에 알팔파, 고추에서 보고가 있다. 전염원은 잡초, 특히 클로버가 중요하고 각종 진딧물에 의해서 비영속적으로 전반된다. 즙액 전염은 쉽지만 토양전염은 되지 않는다.

방제 병에 걸리지 않은 종자를 사용한다. 그러므로 종자를 받기 위한 포장은 바이러스에 감염된 콩을 제거해야 한다. 이 병은 약제 방제가 어려운 병으로 저항성 품종을 재배한다.

▲모자이크병

02 콩 오갈병
(萎縮病 Stunt)

병징 품종에 따라 다른 병징이 나타나지만, 발병 직후에는 잎맥 투명화가 생기며 줄기의 맨 끝이 구부러지는 것이 많다. 그 후엽(後葉)에 미세한 모자이크나 물집 모양의 부풀어 오름이 나타난다. 초장은 낮고 잎은 변형해서 꼬투리가 잘 달리지 않는다. 품종에 따라 흐릿한 얼룩을 나타내는 것이나, 건강한 포기와 구별이 어려운 것도 있다. 병에 걸린 포기의 종자에는 가락지 모양, 점 모양, 방사상 등의 갈색 또는 검은색의 얼룩무늬가 나타난다.

병원바이러스 CMV의 콩 계통으로 여겨지고 있다. 기주범위는 주로 콩과, 가지과 식물이지만, 자연감염 식물은 콩 뿐이다. 콩 품종과 동부에 대한 병원성의 차이에 따라 A, Ae, B, C, D의 5계통으로 나뉘고, 각각의 저항성에 품종 간 차이가 있다. 바이러스 입자는 공 모양, 지름 약 25~28nm로, 구성 RNA가 다른 3종류의 입자로 이루어진 다성분 바이러스이다.

전염 종자전염 포기가 전염원이 되고, 각종 진딧물에 의해서 비 영속적으로 전반된다. 종자 전염률은 바이러스 계통, 품종, 감염 시기에 따라 다르지만, 일반적으로는 50%이상이며, 때로는 100%에 이른다. 개화기 이후에 감염된 포기는 종자전염은 되지 않는다. 즙액접종은 쉽지만, 토양 전염은 되지 않는다.

03 콩 위축병
(Stunt)

▲SBDV에 의한 위축병

병징 왜소화형, 축엽형(縮葉型) 및 황화형(黃化型)으로 나뉜다. 왜소화형에서는 잎은 소형화 되고, 잎자루나 마디사이가 짧아져서 심하게 위축된다. 축엽형은 잎맥이 줄어들어 잎은 우글쭈글 해진 모양이 된다. 어떤 경우도 병세가 진행하면 맥 사이가 누렇게 되고 생육 후기에는 포기 전체가 누렇게 변한다. 꼬투리 생성은 뚜렷하게 줄어들고 수확기가 되어서도 잎은 떨어지지 않는다.

병원 바이러스 콩왜화바이러스Soybean dwarf *luteovirus* (SBDV) 기주범위는 콩과식물에 한정되고, 자연감염 식물은 콩 외에 강낭콩, 완두, 클로버이다. 병징과 기생성이 다른 왜소화계통과 황화계통이 있다. 또한 싸리수염진딧물 전반계통과 완두 수염진딧물 전반계통이 있다. 순화 바이러스의 내열한계 45~50℃, 보존한계 4개월 이상이다. 여러 종의 *luteovirus*와 혈청학적으로 유연관계가 있다. 바이러스 입자는 공 모양으로 지름 25nm, 감염 식물의 관다발에 국재 한다.

전염 전염원은 왜소화계통은 붉은 클로버, 황화계통은 흰색 클로버이다. 싸리수염진딧물에 의해서 영속적으로 전반된다. 감염 클로버는 병징이 없지만, 6월경 진딧물에 의해서 콩에 전반되고 또 감염 콩에서 콩으로 확산된다. 진딧물의 바이러스 최단 획득 흡즙 시간은 30~60분, 최단 접종 흡즙 시간은 10~30분, 매개충 몸속 잠복시간은 15분~17시간이다. 종자 및 즙액으로는 전염되지 않지만, 접목접종은 될 수 있다.

04 콩 불마름병
(葉燒病 Bacterial pustule)

병징 처음에는 옅은 녹색을 띠는 작은 반점이 생기고 잎의 양면 또는 뒷면에 약간 융기된 돌기를 형성하기도 한다. 병이 진전되면 많은 병무늬가 합쳐져 부정형으로 괴사되고 바람에 의해 구멍이 나거나 일찍 낙엽이 진다. 감수성 품종에서는 꼬투리에도 병무늬를 형성한다. 병징이 세균성점무늬병과 비슷하기도 하나 이병은 초기에 병무늬 주위에 수침상 병무늬가 나타나지 않고 세균성점무늬병 보다 일반적으로 늦게 발생한다.

병원균 병원세균은 *Xanthomonas campestris* pv. *glycines*이며 그람음성균으로 막대모양이고 단극모를 갖고 있다. 이 병원세균의 생육에 적당한 온도는 30~33℃이고 생육범위는 10~38℃이다. 종자에서 월동하거나 병든 식물체의 잔재나 밀의 근권 토양에서도 월동하며 잡초에 발병시키기도 한다. 전염원은 잎이 젖어 있을 때 비바람이나 튀어 오르는 빗물에 의하여 주변의 잎으로 전파된다. 비교적 고온에서 발생되고 강우에 의해 병이 만연된다.

전염 병원 세균은 건조한 피해 식물에서 월동하고 이듬해의 전염원이 된다. 종자전염 가능성도 있다. 병원 세균은 비바람에 의해서 비산하고 잎에 도달한 후에 기공이나 상처 등에서 침입한다. 곤충이 뜯어 먹은 자국 등으로도 침입한다. 따듯한 지역에서 발생이 많다.

05 콩 붉은곰팡이병
(Fusarium blight, Fusarium pod-rot)

병징 본 병은 콩의 꼬투리에 발생하는 병이지만, 현재는 거의 발생이 없어 큰 피해가 보이지 않는다. 꼬투리에 처음 옅은 갈색의 병반이 생기며, 나중에 병반부는 다소 움푹해지고 흰색 내지 옅은 붉은색의 균사가 보인다. 이러한 종자는 한 면이 흰색의 균사로 덮여 있으며, 종자는 말라도 줄어들지 않고 요철이 있는 부정형이 된다.

병원균 (1)*Fusarium avenaceum* (Corda ex Fries) Saccardo (2)F. *oxysporum* Schlechtendahl두 균 모두 사상균으로 불완전균류에 속하며, 분생포자 및 후막포자를 만든다.

전염 본 병의 전염경로 및 감염기구 등은 밝혀지지 않았다. 꼬투리가 어떤 원인, 또는 충해를 받고 생육이 나빠진 경우, 불임 꼬투리에 보통 *Fusarium*속 균의 기생이 보인다. 또한 수확 후 비를 맞은 꼬투리에도 *Fusarium*속 균이 검출되는 등, 향후의 연구조사가 요망된다.

06 콩 세균성점무늬병
(細菌性斑點病 Bacterial Blight)

병징 주로 잎에 발생하나 줄기 또는 꼬투리에도 발생한다. 잎에는 처음에 작고 모가진 수침상의 노란색에서 밝은 갈색 반점이 점차 적갈색에서 검은색으로 변하며 병무늬 주위에 황록색의 띠를 형성한다. 어린잎은 뒤틀리거나 황화되기도 한다. 꼬투리에는 수침상의 작은 반점에서 시간이 지날수록 짙은 갈색에서 검은색으로 된다. 종자에도 감염되며 줄기나 잎자루에도 검은 병무늬가 생긴다.

병원균 병원세균은 *Pseudomonas syringae* pv. *glycinea*로 운동성이 있는 그람음성균으로 하나 또는 몇 개의 극편모를 갖고 있다. 수용성의 녹색 형광색소를 생성하며 적정온도는 24~26℃이다. 주로 병든 식물체의 잔재에서 월동하거나 종자 전염한다. 월동한 병원균이 먼저 떡잎을 침해하고 2차감염이 일어나는데 이 때 빗물 또는 바람에 의해 주변의 잎으로 전파된다. 비교적 저온에서 주로 발생 하므로 콩 생육 초기에 병 발생이 증가하다가 7~8월의 고온기에는 병 발생이 줄어들며 9월 이후에 다시 증가한다.

전염 본 병의 생태는 분명하지 않는 점이 많다. 일반적으로 여름에 비바람이 많고 다습한 때에 발생이 조장된다. 피해 줄기와 잎 또는 오염된 종자에서 월동하고, 다음해의 전염원이 된다. 특히 종자전염의 중요도가 높고 오염된 종자를 수확하면 낮은 비율이기는 하지만, 발아 초기에 1차 발생하고 거기에서 증식한 세균은 바람이나 비에 의해 인접한 포기에 확산한다.

방제 건전한 종자나 저항성 품종을 파종한다. 또한 비기주작물과 돌려짓기를 하고 수확 후 잔재를 제거하는 것이 효과적이며 식물체가 젖어 있을 때는 작업을 피하면 병의 확산을 방지할 수 있다.

07 콩 시들음병(위조병)

(萎凋病 Fusarum wilt)

병징 병에 감염되면 잎이 황화되고 시들어서 결국은 떨어지게 되는데 초기에는 가뭄의 피해와 비슷하게 힘없이 늘어진다. 이 때 줄기와 뿌리 부분을 세로로 자르면 도관부가 갈색으로 변색된 것을 볼 수 있다. 특히 28℃ 이상의 더운 날씨와 건조한 기후가 계속될 때 병징이 심하게 나타난다.

병원균 병원균은 F. *oxysporum*을 비롯하여 3종 이상의 후자리움(*Fusarium*)균 등이 보고되어 있다. 병원균은 토양속의 식물체 병환부에서 균사나 후막포자의 형태로 월동한다. 전염원은 주로 토양으로부터 뿌리 및 지제부에 침입하여 감염 초기에는 도관 주위에 주로 존재하나 후기에는 도관 전체가 병원균의 균사로 가득 차게 되어 유조직에 까지 침입한다. 병원균은 표피조직을 통하여 직접 침입하기도 하며 뿌리의 2차 생장으로 야기된 상처나 피목 혹은 배축의 기공으로 침입하기도 한다. 또한 콩씨스트선충에 의하여 뿌리가 침입 받은 경우 그 침입 부위를 통한 시들음병의 발생이 증가되기도 한다.

전염 병원균은 미세한 균핵을 만들고, 균핵은 토양 중에서 몇 년간 생존이 가능하다. 토양 중의 균핵이 1차전염원이 된다. 연작은 본 병의 발생을 조장한다. 또한 본 균은 다범성으로, 본 균의 기주가 되는 작물을 재배한 뒤에 콩을 심으면 발병이 조장된다.

방제 시들음병에 대한 저항성 품종을 재배하며 토양을 깊이 갈면 물 빠짐이 잘될 뿐만 아니라 뿌리의 생육이 왕성하여 발병을 줄일 수 있다. 시들음병균 중에는 종자전염을 하는 병원균이 있으므로 건전 종자를 이용하고 종자소독을 한다. 콩 씨스트선충의 밀도를 억제하고 비기주 작물과 돌려짓기 한다.

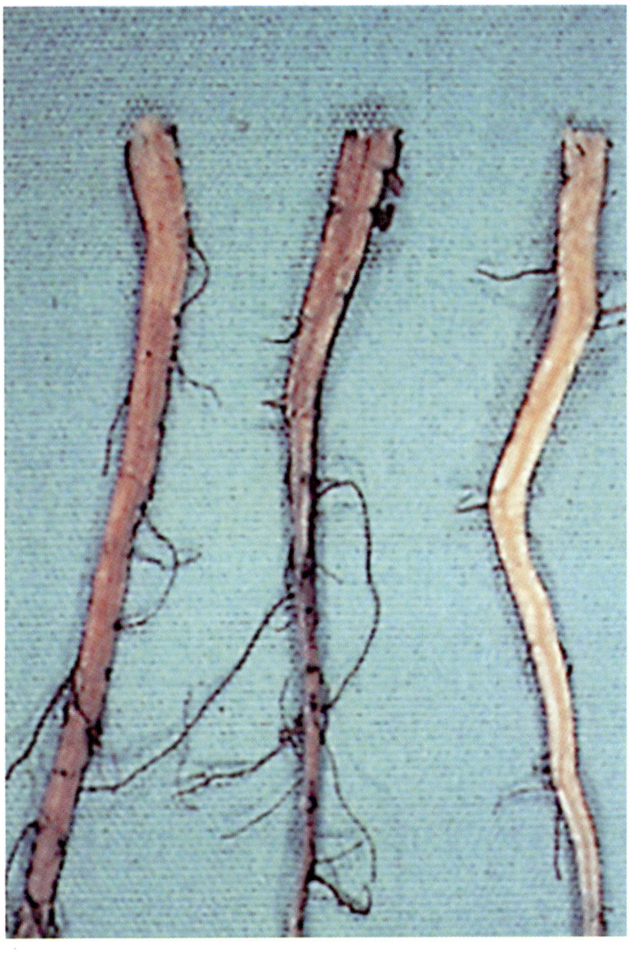

08 콩 시들음병(입고병)
(立枯病 Fusarium blight)

병징 본 병의 특징은 줄기의 밑동부에 세로로 길게 갈색이 생기며 병세가 진행되면 줄기 전체가 짙은 갈색으로 변하며 균열이 생긴다. 이러한 포기는 시들고 잎, 잎자루는 누렇게 되고 결국에는 말라 죽는다.

병원균 (1)*Fusarium oxysporum* Schlechtendahl f. sp. *tracheiphilum* (Smith) Snyder et Hansen, 사상균으로, 전자는 불완전균류에 속하고, 분생포자를 만든다.

전염 토양전염 한다. 연작하면 많이 발생한다.

09 콩 갈색점무늬병
(褐色輪紋病 Target spot)

병징 본 병은 처음 잎의 양면에 붉은 갈색의 미세한 점무늬가 생기며, 이어 확대해서 3~4mm의 원형 병반이 되지만, 때로는 융합 하면서 약간 대형이 될 수도 있다. 병반 내부는 짙은 올리브색 또는 누런 갈색, 바깥쪽은 검은 갈색의 띠 모양의 가장자리로 둘러싸인다. 병반은 뚜렷한 파도 모양의 겹둥근 가락지무늬가 생긴다. 병세가 진행되면 병반은 회갈색 내지 지저분한 회백색으로 변하고 약해진다. 병원균의 생육이 왕성한 때에는 겹가락지 무늬에 따라서 옅은 붉은 갈색의 균총이 조밀하게 생기고 겹가락지 무늬는 뚜렷하다. 병세가 진행되면 잎은 누렇게 되어 결국 떨어진다. 줄기에서는 불규칙한 붉은 갈색 병반을 만들고, 마침내는 줄기를 둘러싸 검은 갈색이 된다.

병원균 *Corynespora cassiicola* (Berkeley et Curtis) Wei 사상균의 일종으로 불완전균류에 속한다. 분생포자경은 옅은 누런 갈색 내지 검은 갈색 선 모양으로 0~7개의 격막이 있다. 분생포자는 옅은 올리브 색을 띠고 거꿀 곤봉모양, 때로는 원통형으로 크기는 26~218×5.2~19.5㎛, 격막은 2~20로 매우 차이가 크다. 분생포자 밑 부분에는 배꼽이 있고 잇달아 생긴다. 본 균은 콩, 사탕무, 꿀풀, 연꽃 등에도 기생한다.

전염 주로 병든 잎, 줄기 등에서 월동하고 전염하는 것으로 생각된다.

10 콩 갈색무늬병(갈반병)

(褐斑病 Brown lelf stot)

병징 주로 잎에 발생하나 성숙한 식물의 종자, 줄기, 꼬투리에도 발생한다. 병징은 작은 반점에서부터 지름 4㎜의 적갈색의 다각형 병무늬가 잎맥을 따라 형성되고 점차 잎이 황화되어 낙엽이 진다. 병무늬 주변부위는 뚜렷한 경계가 없이 불규칙한 옅은 갈색무늬를 형성하고 점차 암갈색으로 변한다. 고온 다습한 환경에서 발병이 심하며 이 때 병은 아래 잎에서 위의 잎으로 진전된다. 생육 후기에는 적갈색 병무늬가 서로 합쳐져 일찍 낙엽진다.

병원균 *Mycosphaerella sojae* hori 이며 구형 또는 병모양의 병자각을 형성하는데 주로 잎 앞면의 노쇠한 곳이나 죽은 조직에 형성한다. 이 병은 이어짓기에 의해 발생이 심해지는 병으로 병든 잎, 줄기, 종자에서 분생포자 또는 균사상태로 월동하여 1차 전염원이 된다. 월동한 병원균은 봄에 떡잎이나 초엽에 병을 일으키고 포자를 형성하여 2차 전염원이 된다. 고온 다습한 환경이 되면 잎 표면에 수많은 분생포자를 형성하여 주변의 다른 잎으로 전염이 되는데 주로 비바람에 의해 전반된다. 침입은 주로 기공을 통하여 이루어지며 조직 세포 내에서 생장하여 발병이 된다.

전염 병든 조직의 자낭각에서 월동하고 이듬해에 1차전염하고 확산하는 것으로 생각된다.

방제 병이 발생하지 않는 포장에서 채종한 종자를 파종하고 종자소독을 한다. 2차 전염을 막기 위해서는 병든 식물을 제거한다. 돌려짓기를 하고 저항성 품종을 재배한다.

11 콩 갈색무늬병(갈문병)

(褐紋病 lelf stot)

병징 본 병은 생육의 모든 시기에 발생한다. 떡잎에서는 잎맥에 구획된 부정각형의 붉은 갈색 점무늬가 중륵이나 주맥을 따라 발생한다. 크기는 2~3mm이지만, 병든 잎은 이른 시기에 떨어지는 것이 많다. 복엽에서는 어두운색 내지 검은 갈색 부정형의 점무늬가 흩어져 난다. 병반은 녹아 섞여서 대형 병반이 되고 그 주변은 옅은 누런색, 가운데는 회백색이 되고 표면은 다소 부풀어 오른다. 병든 잎은 곧 말라죽어 떨어진다. 본 병은 잎자루, 줄기, 꼬투리에도 발생할 수 있으며, 옅은 갈색 내지 붉은 갈색의 점무늬 또는 줄무늬가 된다. 주로 성숙기 가까이 되어 발생한다.

병원균 *Septoria glycines* Hemmi 사상균의 일종으로 불완전균류에 속한다. 병자각은 어두운 갈색의 공 모양으로 44~100㎛, 분생포자(병포자)는 무색의 실 모양으로 곧거나 또는 약간 구부러져 있고 격막은 1~4개, 크기는 21~52.5×1.4~2.1㎛, 생육적온은 24~28℃이다.

전염 병 조직위에 있는 병자각의 형태로 월동하고, 이듬해 먼저 생긴 분생포자로 전염한다. 또 종자전염도 한다. 본 병은 온난하고 다습한 기상조건 아래, 또는 배수가 불량한 땅에서 발생이 많다.

12 콩 줄기썩음병
(莖腐病 Basal sten rot)

병징 지상부의 증상은 포기 전체에 나타난다. 잎은 누런 녹색 내지 누렇게 되고 포기 전체가 활력을 잃는다. 심한 경우에는 포기 전체가 시들고 잎은 갈색으로 변하며, 결국은 말라 죽는다. 병든 포기를 뽑아 보면 밑동 쪽 줄기의 표면은 누런 갈색 내지 약간 붉은 갈색이 되고 표피는 거칠어져 썩는다, 곳곳에 찌그러짐이 생기며, 환부 표면에 붉은색의 작은점(자낭각)이 흩어져 난다.

병원균 *Ophionectria sojae* Hara 사상균의 일종으로 자낭균류에 속하며, 자낭각과 자낭포자를 만든다. 자낭각은 붉거나 붉은 갈색의 달걀꼴 또는 공 모양으로 크기는 100~200㎛, 머릿구멍 부분은 긴 부리(beak) 모양을 하고 있다. 자낭은 곤봉 모양으로 크기 68~88×11~13㎛, 그 속에 8개의 자낭포자를 갖고 있다. 자낭포자는 무색의 긴 방추형 내지 원통형으로 1개의 격막이 있다. 크기는 30~52×3~5㎛이다.

전염 자세한 것은 밝혀지지 않았지만, 병든 조직 중에서 자낭각으로 월동하고 이듬해 먼저 1차 전염되는 것으로 생각된다. 토양전염 가능성도 있다.

13 콩 균핵병
(菌核病 Sclerotinia rot, Stem rot)

병징 본 병은 생육의 모든 시기에 발생하지만, 주로 개화기 이후에 많다. 처음에는 꽃이 있는 분지 부분에서 발병한다. 가지나 줄기는 옅은 갈색의 물 번진 모양이 된다. 그 후 그 환부에 흰색 솜 모양의 균사가 생긴다. 병세가 진행되면 병반은 옅은 회백색이 되고, 병반부에는 쥐 똥 모양의 균핵이 생긴다. 균핵은 줄기의 내부에도 만들어진다. 병반부에서 꺾어지는 일이 많다. 본 병은 줄기의 밑동부, 잎, 꼬투리에 발생한다.

병원균 *Sclerotinia sclerotiorum* (Libert) de Bary 사상균의 일종으로 자낭균류에 속한다. 균핵은 검은색으로 부정형이지만, 보통 쥐똥 모양으로 크기 1~38×1~17mm의 것이 많다. 균핵에서 자낭반을 만든다. 자낭반은 옅은 갈색의 원기둥꼴로 맨 끝부분은 그릇모양, 깔대기 모양으로 자루 부분은 5~10mm, 한 균핵에서 1~몇 개 생긴다. 자낭반 위에 자낭 및 사상체가 밀생한다. 자낭은 무색의 곤봉 모양으로 크기는 115.2~154×5.6~8.7㎛, 가운데에 8개의 자낭포자가 있다. 자낭포자는 무색 타원형의 단세포로 크기는 10.5~15.4×5.8~7.7㎛. 균사의 생육적온은 18~20℃로 비교적 저온에서 잘 생육한다. 본 균은 다범성으로 많은 밭작물, 채소 등에 기생한다.

전염 균핵에서 월동하고 이듬해 여기에서 생긴 자낭반 위에 만들어진 자낭포자로 공기 전염한다. 많은 비와 높은 습도는 발생을 조장한다.

14 콩 검은뿌리썩음병
(黑色根腐病 black root rot)

병징 7월 초~중순경 포기는 점차 누렇게 되어 말라 죽는다. 병든 포기는 지상 3~4cm가 검붉은 색이 되고, 뿌리도 갈색 내지 검은 갈색이 되며, 약해져 쉽게 부러지고, 쉽게 뽑을 수 있다. 뿌리의 앞 끝은 표피가 벗겨져 떨어진다. 잎은 누렇게 되고 부정근이 형성될 무렵이면, 오렌지색 내지 붉은색 공 모양의 작은 점(자낭각)이 밑동 쪽의 줄기, 주된 뿌리 위에 많은 수가 만들어진다. 또한 드물게 밑동부에 회백색의 조밀한 균총이 생기며, 분생포자가 많이 만들어 지기도 한다. 그 후는 각종 부생균의 서식을 볼 수 있다.

병원균 *Calonectria crotalariae* (Loos) Bell et Sobers 사상균의 일종으로 자낭균류에 속한다. 자낭포자와 분생포자를 만든다. 분생포자경은 주축의 측면에 2갈래 · 3갈래로 분지 한다. 그 앞 끝에 작은 자루가 생기고 거기에 분생포자를 착생한다. 분생포자는 무색의 원통형으로 양 끝은 반원형, 보통 3개의 격박으로 격막부는 약간 잘록해진다. 크기는 53~94 × 5.5~7.2μm, 자낭각은 붉은색 공 모양으로 크기는 275~475 × 212~375μm, 자낭각은 눌러 찌부러뜨리면 소리가 나는 특징이 있다. 자낭은 무색의 곤봉 모양으로 크기는 85~142 × 13~22μm이다. 안에 8개의 자낭포자를 갖는다. 자낭포자는 무색의 낫 모양으로 보통 4세포로 이루어진다. 크기는 53~94 × 5.5~7.2μm이다. 본 균은 다범성으로 대두 외에 땅콩, 강낭콩, 팥, 완두, 루핀, 차 등을 감염한다.

전염 병든 조직이나 토양 중에서 월동하고 다음해의 1차 발생원이 된다. 연작하면 많이 발생한다.

방제 방제가 매우 힘든 병해로 현재 등록된 농약은 없다. 철저한 배수대책, 높은 이랑재배 및 돌려짓기 등을 통해 피해를 줄인다. 발병한 식물체는 보는 즉시 뽑아주어 병의 전파를 예방하는 것이 좋다.

15 콩 미이라병

(木乃伊病, 黑點病 Pod and stem blight)

병징 줄기, 잎, 잎자루, 꼬투리, 종자에 병을 일으키며 이 병에 감염되면 식물체가 잘 자라지 못하며 주로 토양에 가까운 줄기의 아랫부분에 줄무늬로 병자각을 형성하며 습한 기후에서는 전체에 병자각을 형성한다. 병에 감염된 꼬투리는 마르고 잘 발달하지 못하며 심하게 감염된 종자는 갈라지고 쭈글쭈글해지며 하얀 균사로 덮이는 경우가 많으며 발아를 잘 하지 못한다.

병원균 우리나라에 보고된 콩 미이라병을 일으키는 병원균은 2종인데, *Diaporthe phaseolorum* Sacc.var. *sojae*에 비해 *Phomopsis longicola*의 발생률이 더 높다. 병원균은 종자, 콩 또는 다른 식물의 잔재물에서 균사상태로 월동하며 생육기간에 병자각 또는 자낭각이 1차 전염원이 되어 건전 식물체에 침입한다. 감염은 바람이나 곤충 또는 손상된 가지의 오래된 잎에서 발생하며 꼬투리의 감염은 황숙기에 이루어진다. 종자감염은 주로 아랫마디에 형성된 꼬투리에서 이루어지는데 수확이 늦고 습한 날씨에 이루어진다.

전염 피해조직 또는 병든 종자에 의해서 월동하고, 이듬해 이들로부터 전염한다. 본 병은 여름에 비가 많이 오는 해에 많이 발생하는 경향이 있다.

방제 무병종자를 사용하고 종자소독을 한다. 병든 식물체 잔재물을 제거하고 돌려짓기를 한다. 늦은 품종이 이른 품종보다 저항성을 갖는 경향이 있으며 이른 품종을 파종할 경우는 가능한 늦게 파종하여 수확기가 강우시기를 피하도록 하면 종자 감염률을 낮출 수 있다. 살균제 살포가 필요한 경우 착협기부터 황숙기 사이에 살균제를 살포한다.

16 콩 더뎅이병
(黑痘病 Sphaceloma scab)

병징 본 병은 포기의 앞 끝 등 조직이 연약한 어린잎과 어린줄기에 발생하기 쉽다. 잎에서는 처음 미세한 점무늬에서 점차 확대하고 일반적으로 지름 2mm 정도의 원형 또는 녹아 섞여서 불규칙한 병반이 되고, 약간 부풀어 오른다. 병반부는 처음에 누런 녹색, 나중에 누런 갈색, 그 후에 회갈색, 마지막에는 검은 갈색으로 변한다. 잎은 오그라든 모양이 되고 말라 떨어진다. 줄기에서는 아주 작은 점무늬부터 타원형 병반이 되고 긴지름은 2cm에 달하는 것도 있다. 병환부는 두껍게 부풀어 오른다. 병반은 처음에 옅은 갈색, 나중에 어두운 갈색으로 둘러싸인 회갈색이 되고 마침내 검게 변한다. 꼬투리에서는 일반적으로 타원형 또는 부정형으로 아주 작은 점무늬부터 8mm 크기의 병반이 된다. 처음에는 누런 녹색, 점차 짙은 갈색, 검은색이 되고 거칠어져 딱지 모양이 된다. 또한 병반이 꼬투리 전체를 덮게 되면 말라 비틀리고 단단해져서 종자는 생육이 나빠진다.

병원균 *Elsinoë glycines* Jenkins [*Sphaceloma glycines* Kurata et Kuribayashi] 사상균의 일종으로 자낭균류에 속한다. 자낭각, 자낭포자 및 분생포자를 만들지만, 보통 보이는 것은 분생포자이다. 큐티클 층 아래 표피세포를 파괴해서 자좌 같은 균사층을 만들고 그 위에 분생포자퇴를 만든다. 분생포자는 분생포자경에 1개씩 만든다. 분생포자경은 처음에는 무색, 나중에 옅은 갈색이 되고 원추형 또는 호리병 모양으로 18~20×2~6㎛, 분생포자는 무색 또는 어두운색의 단세포로 달걀꼴 또는 원형, 크기는 5~13×6~6㎛이다. 본 균의 생육적온은 25℃, 5℃ 이하, 30℃ 이상에서는 생육하지 못한다.

전염 본 균은 균사덩어리나 포자의 형태로 병든 조직에서 월동하고 이듬해의 발생원이 된다. 처음에는 어린모종의 잎에 감염하고, 그 후의 확산은 병반위의 분생포자 비산에 의한다. 따라서 병든 포기를 중심으로 주변에 확산된다. 여름의 저온, 많은 비는 발생을 조장한다.

17 콩 녹병
(銹病 Rust)

병징 줄기와 잎에 발생한다. 잎의 양면에 발생하지만, 뒷면이 병반을 많이 만든다. 처음에는 회갈색 원형의 작은 점무늬가 보이며, 나중에 어두운 갈색 또는 검은 갈색이 된다. 크기는 약 1mm, 병환부의 표피가 터져서 속으로부터 갈색 가루가 비산한다. 이것은 병원균의 여름포자퇴이다. 또한 이 여름포자퇴의 주변에 검은 갈색 다각형으로 약간 부풀어 오른 점무늬가 보이는 것도 있다. 이것은 겨울포자퇴이다. 본 병의 발생이 많으면 포기는 말라죽고 종자는 쭉정이 모양이 되어 피해는 크다.

병원균 *Phakopsora pachyrhizi* Sydow 사상균의 일종으로 담자균류에 속한다. 여름포자는 옅은 누런 갈색으로 공 모양 또는 달걀꼴로 짧은 돌기가 밀생하고 크기는 12.5~22×5~10㎛, 막의 두께는 1~1.5㎛. 겨울포자는 무색의 단세포로 타원형, 방형, 긴 타원형 등으로 매끄럽고 크기는 13~25×8~12㎛이다. 이 균은 접종으로 팥, 칡, 돌콩, 등에 기생성을 보인다.

전염 피해 조직의 겨울포자퇴에서 월동하고 이것이 전염하는 것으로 알려져 있다. 본 병은 맑은 날씨가 계속되는 해에 발생이 많다. 또한 과다한 질소는 발생을 조장한다.

18 콩 자주무늬병
(紫斑病 Purple blotch)

병징 이 병은 종자, 꼬투리, 줄기, 잎 등에 발생한다. 병에 걸린 떡잎은 주름이 지고 짙은 자주색으로 변하며 일찍 떨어지고 병원균이 줄기 아랫부분으로 퍼져나가 괴사시키고 변색시키며 일찍 죽게 한다. 잎에 나타나는 병징은 꼬투리가 형성되는 시기부터 볼 수 있는데 주로 햇빛에 노출된 잎들이 약간 보랏빛을 나타낸다. 이 병에 감염된 종자는 종피에 얼룩이 생기는데 색깔은 흐린 자주색에서 짙은 자주색까지 크기와 모양이 다양하다.

병원균 *Cercospora Kikuchii* 이며 분생포자는 투명하며 끝이 뭉툭한 바늘모양으로 곧거나 굽은 형태로 여러 개의 격막이 있다. 병원균은 병든 종자나 식물의 잎, 줄기에서 월동하며 종피에 감염된 종자를 파종하면 종피에서 떡잎으로 침입하며 경우에 따라서는 병원균이 줄기를 침입하기도 한다. 병원균은 떡잎이나 줄기, 잎에서 자라나서 분생포자를 형성하고 이 분생포자가 바람이나 빗물 등에 의하여 주변의 다른 식물체를 침입한다.

전염 본 병원균은 종자에서 균사의 형태로 월동한다. 이듬해 종피 위에 만들어진 분생포자에서 떡잎, 어린식물, 잎, 꼬투리, 종자로 침입한다. 전년도의 피해 잔재물도 1차전염원이 된다. 결실기 때의 기온이 18℃ 전후로 비가 많이 오는 해에 발생이 많아진다.

방제 병이 발생하지 않는 포장에서 채종한 종자를 사용하며 종자소독을 한다. 저항성 품종을 파종하고 돌려짓기를 한다. 모래질흙에서 발병이 많고 늦은 품종에서 발병률이 높았으며 파종기가 빠를수록 발병이 적다.

19 콩 흰비단병
(白絹病 Stem rot)

병징 본 병은 주로 밑동부의 줄기에 발생한다. 밑동부의 줄기에 처음에는 흰색 솜 모양의 균사가 층 모양으로 착생한다. 이 때문에 지상부의 생육이 쇠약해지고 줄기와 잎은 누렇게 변하고 결국은 말라 죽는다. 병반부에는 좁쌀만 한 크기의 누런 갈색 균핵을 만든다. 큰 피해는 없다.

병원균 *Sclerotium rolfsii* Saccardo 본 균은 사상균의 일종으로 불완전균류에 속하며, 균핵을 만든다. 매우 다범성이다.

전염 균핵의 형태로 토양 중에서 월동하고 이듬해 일찍 균사를 만들어서 밑동 쪽 줄기에 침입하는 것으로 생각된다.

20 콩 탄저병
(炭疽病 Anthracnose)

병징 이 병은 콩의 전 생육기간을 통하여 발생하는데 병징은 주로 꼬투리, 줄기, 잎자루에 불규칙한 갈색 무늬가 생기며 미이라병과 유사하다. 줄기와 꼬투리, 잎에 중복감염 되기도 하며 잎의 병징은 습한 기후가 지속될 때 나타나는데 잎이 말리거나 잎맥이 괴사되어 낙엽 등의 증상으로 나타난다. 줄기와 꼬투리의 병징은 생식생장 초기에 나타나기 시작하여 생식생장 후기에 많이 발생하는데 이때 작고 검은털(강모)을 볼 수 있다. 콩 꼬투리와 소화경이 초기에 감염되면 종실을 형성하지 않거나 꼬투리당 종자의 수가 적어지고 크기도 작게 된다.

병원균 이 병은 주로 *Colletotrichum dematium* Grove var. *truncatum*에 의하여 발생하는데 잘 발달된 자좌에 분생자층을 형성하며 검은 바늘모양의 강모를 형성한다. 하나의 분생포자경에서 하나의 분생포자가 생성되며 포자는 양끝이 가늘어지는 굽은 모양이다. 병원균은 균사상태로 오염 또는 감염된 식물체의 잔재물이나 종자에서 월동한다. 병원균이 종자에 감염된 경우 발아를 못하거나 발아 후 모잘록을 일으킨다. 병원균에 감염된 식물체는 생육 전반기에는 잠복하다가 생육 후기에 병징이 나타나기도 한다. 유묘기에 발생한 병원균은 따뜻하고 습한 날씨가 되면 증식하여 2차 전염원이 된다. 이때 분생자층에 형성된 물에 의하여 비바람에 의하여 전파된다. 이 병원균의 감염은 개화 후부터 꼬투리에 종실이 형성되는 기간에 가장 심하며 수량에 결정적인 영향을 미친다.

전염 포자 및 균사의 형태로 종자나 피해 줄기와 잎에서 월동하고 이듬해의 전염원이 된다. 본 병은 수확기 때에 습윤한 날씨가 계속되면 많이 발생하는 것으로 알려져 있다.

방제 건전 종자를 파종하며 다른 작물과 돌려짓기를 하면 감염을 줄일 수 있다. 종자소독을 하고 수확 후 깊이 갈아 병든 식물체의 잔재물을 땅속 깊이 묻히도록 해야 한다. 또한 개화 후 종실이 형성되는 기간에 등록약제를 살포하면 종자감염을 줄일 수 있다.

21 콩 잿빛무늬병
(灰星病 leaf spot)

병징 주로 본 잎에 발생한다. 병반은 처음 회백색 부정형의 점무늬, 나중에 확대해서 옅은 누런 녹색 지름 3cm 정도의 대형 병반이 된다. 건강부와의 경계는 뚜렷하다. 병반 가운데에는 검은 점이 밀생하지만, 특징적인 병반에서는 표면이 옅은 누런 갈색, 뒷면은 약간 회녹색, 병반의 가운데는 회백색이 되어 파괴되는 것이 많아 주변은 어두운 갈색 띠로 둘러싸여 있다.

병원균 *Phyllosticta sojaecola* Massalongo 사상균의 일종으로 불완전균류에 속하며, 병자각 및 분생포자(병포자)를 만든다. 병자각은 조직에 거의 매몰되어 옅은 누런 갈색~갈색의 공 모양으로 크기는 110~186㎛, 머릿구멍은 뚜렷하다. 분생포자는 무색 단세포의 긴 타원형 내지 곤봉 모양으로 크기는 5~10×3~3.5㎛이다.

전염 생태는 분명하지 않지만, 피해 식물위에서 월동하고, 이것이 이듬해 전염원이 되는 것으로 생각된다.

22 콩 종자부패병
(種子腐敗病 Phomopsis seed decay)

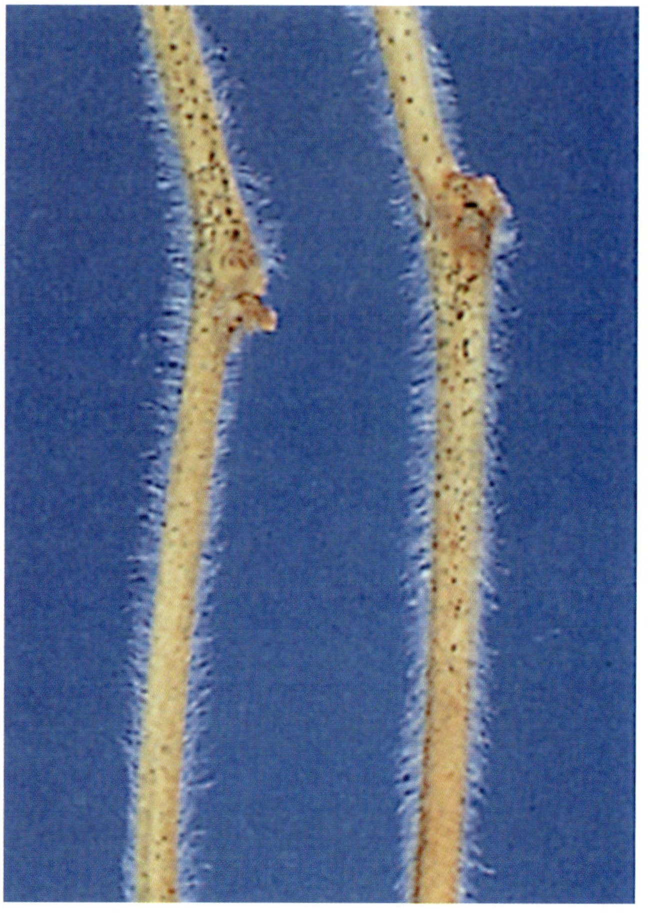

병징 수확을 앞두거나 또는 수확 적기를 놓친 꼬투리가 썩어 갈색으로 변해서 표피에 작고 검은 점 모양의 자좌와 분생포자각을 만든다. 자실은 흰색 균사에 덮이고 내부가 썩어 갈색으로 변하고 약해진다. 기주의 생육 말기에는 줄기나 잎자루에도 많은 수의 검은점 모양의 병자각이 선 모양으로 늘어서 만들어진다.

병원균 *Phomopsis longicolla* Hobbs 사상균의 일종으로 불완전균류에 속한다. PSA 위에 흰색, 드물게 어두운 갈색으로 펠트모양의 기중균사와 검은색의 대형 판 모양의 자좌 및 분생포자각을 만든다. 분생포자각에 길이 200~500㎛의 머릿구멍을 갖고 보통 β형 분생포자는 만들지 않는다. α형 분생포자는 단세포 타원형의 크기 4.7~9.0×1.6~3.3㎛(평균 6.3×2.3㎛)로 그 길이/폭비는 평균 2.8, 분생포자경은 분지하는 것이 많다. 또, 그러한 단세포자 분리 포기를 다양한 조합으로 대치배양해도 자낭각은 형성되지 않는다. 생육의 최적온도 및 분생포자 발아의 최적온도는 30℃ 부근, PSA 위에서는 28℃ 부근에서 분생포자 형성이 가장 빠르게 왕성해진다.

전염 포장에 남겨진 보균 콩 잔재물이 1차감염원이 되는 것으로 생각된다. 본 병은 높은 온도, 많은 비가내리는 조건하에서 수확기를 다소 놓친 성숙한 꼬투리에 많이 발생하지만, 생육 기간 중에는 발생하지 않는다. 하지만 외견상 건강한 포기에서 본 병원균이 종종 분리되기 때문에 기회 병원균으로 잠재 감염되는 것으로 생각된다. 다른 선채로 마르는 병해 등으로 기주가 이른 시기에 말라죽은 경우 등은, 보균 포기의 줄기나 잎자루에 분생포자각이 만들어지고 거기에서 분출된 분생포자가 비 · 이슬로 전반되어 2차 감염을 일으킨다.

23 콩 낙엽병

(落葉病 Brown stem rot)

병징 9월 중순경 잎이 갑자기 시들고, 곧 포기 전체에 확산되어 잎이 떨어져 말라 죽는다. 가벼운 경우에는 잎 가장자리나 맥 사이가 말라 죽는다. 줄기를 잘라보면 관다발이 갈색으로 변해 있다.

병원균 *Phialophora gregata* (Allington et Chamberlain) Garms 사상균의 일종으로 불완전균류에 속한다. 본 균은 분생포자를 만든다. 분생포자경은 무색의 선 모양 또는 곤봉 모양으로 길이는 3.7~9.7㎛이다. 분생포자경 앞 끝에 분생포자를 모자 모양으로 만든다. 분생포자는 무색 단세포의 달걀꼴 또는 타원형으로 크기는 2.5~6.2×1.9~4.3㎛이다. 생육적온은 20℃ 전후이다. 팥에도 낙엽병이 있지만 병원균의 계통이 다른 팥의 균은 콩을 감염하지 않고, 콩의 균은 팥을 감염하지 않는다.

전염 토양전염 한다. 균사 또는 분생포자가 토양 중의 피해 잔재물에서 생존하고, 다음 해에 심는 콩의 뿌리를 감염한다. 연작은 발생을 조장한다.

24 콩 노균병
(露菌病 Downy mildew)

병징 어린잎의 표면에 연한 녹색에서 황색의 반점이 형성되며 잎이 성숙해짐에 따라 확대되고 밝은 황색으로 변하며 크기나 모양이 일정하지 않다. 병무늬는 시간이 지남에 따라 회갈색에서 암갈색으로 변하는데 주변이 황록색을 띤다. 잎 뒷면에는 날씨가 습하면 회색에서 연보라색의 포자낭경과 포자낭이 병무늬 위에 털 모양으로 형성된다. 이것이 다른 병과 구별할 수 있는 점이다. 심하게 감염된 잎은 황화되고 결국 짙은 갈색으로 변하여 말리고 일찍 낙엽 된다. 감염된 꼬투리는 외부로는 뚜렷한 병징이 나타나지 않지만 꼬투리 안쪽과 종자 외피는 흰색의 균사와 난포자 덩어리로 차있다.

병원균 *Peronospora manshurica*이며 병원균의 균사는 세포 간극에서 생육하며 포자낭경은 나뭇가지처럼 분지하며 회색을 띠는데 단독 또는 다발로 뒷면의 기공을 통하여 나온다. 병원균은 난포자 상태로 감염된 잎과 종자에서 월동한다. 이슬이 있을 때 새로 감염된 잎에서 포자낭이 형성되어 바람에 의하여 널리 퍼지는데 오래된 잎에서는 포자낭이 잘 형성되지 않는다. 이 병은 높은 습도와 20~22℃의 온도에서 발생이 잘된다.

전염 종자 또는 피해 식물위에서 난포자로 월동한다. 월동 후에 분생포자를 만들고 이것이 공기중으로 비산해서 잎의 기공 등으로 침입,감염한다. 습도가 높을 때 발병은 조장된다.

방제 종자소독(베노람수화제, 지오람수화제)을 하고 콩 잔재물을 묻기 위해 깊이 갈아주면 병원균이 유묘를 침해하는 것을 막을 수 있다. 비기주작물 또는 저항성 품종과 돌려짓기를 한다.

25 콩 흰가루병
(白粉病 Powdery mildew)

병징 잎 표면에 흰색 균사와 포자를 형성하는데 초기에는 흰색 병무늬가 잎의 일부분에 생기다가 진전이 되면 흰색에서 옅은 갈색의 균사가 밀가루를 뿌린 것처럼 잎 전체를 덮는다. 주로 잎에 발생하며 심한 경우에는 줄기와 꼬투리에도 생긴다. 어떤 경우에는 현미경에 의해서만 관찰할 수 있을 정도로 작은 병무늬를 형성하기도 한다.

병원균 *Microsphaerea diffusa*이며 활물기생균으로 잎 표면에 많은 균사와 포자를 형성한다. 식물체 표피 세포의 간극에 흡기를 침투시켜 병을 일으킨다. 불룩한 원통 모양의 포자는 짧고 단순한 포자경위에 사슬모양으로 형성된다.

방제 저항성품종을 재배한다.

26 콩 들불병
(野火病 Wild fire)

병징 이 병의 병징은 매우 다양한 크기와 형태를 하고 있는데 병 반 주위에 넓은 황색의 띠를 형성한다. 습한 기후에서는 병반이 합쳐져 확대되고 너덜너덜 해진다. 자연 감염 시 들불병 병반은 불마름병 병반을 둘러싸고 있으며 대개 들불병반 중앙에 돌기를 형성한다.

병원균 *Pseudomonas syringae* pv. *tabaci*로 막대기 모양에 한 개의 극편모를 갖고 있는 그람 음성세균으로 생육적온은 24~28℃ 이다. 병원균은 주로 병든 식물의 잔재나 종자에서 월동하며 식물의 뿌리 표면에서 자란 다음 튀어 오르는 빗물이나 비바람에 의해 퍼져 나간다. 빗물에 의한 손상 부위를 통해 침입과 감염이 일어난다.

방제 저항성 품종을 재배하며 등록된 약제를 살포한다.

27 콩 역병
(疫病 Phytophthora rot)

병징 생육기간 중 어느 때나 발생한다. 초엽에 발생하면 수침상의 병무늬가 나타나기도 하는데 주로 황화가 일어나거나 시들게 된다. 감염된 성숙한 식물은 서서히 죽거나 활력을 잃게 된다. 늦게 감염된 식물의 초기 병징은 하엽의 잎맥을 따라 잎 주변까지 황화가 일어나고 점차 위의 잎으로 황화 현상이 이동한다. 뿌리는 측근이 파괴되고 주근은 암갈색으로 변한다. 줄기는 아래 부분이 변색되는데 10~20㎝까지 변색되기도 하고 때로는 4~5마디까지 변색된다.

병원균 *P. sojae* Kaufamann & Gerde-mann이며 병원균의 유주자낭병은 단순하나 간혹 분지하며 끝에 유주자낭을 형성한다. 유주자낭안에 유주자를 형성하거나 직접 발아하여 식물체에 침입하기도 한다. 유주자의 생성적온은 20℃이며 난형, 장타원형이고 2개의 편모를 가지고 있다. 이 병의 1차 전염원은 토양이나 병 걸린 식물의 잔재로 병원균은 난포자 상태로 장기간 토양에서 생존한다. 유주자는 토양수분이 많거나 침수된 곳에서 풍부하게 생성되고 토양수분에 의해 널리 퍼진다. 토양에 존재하던 병원균이 바람이나 빗물에 의해 튀어 올라 감염이 일어난다. 습하고 구름이 많이 끼는 기후가 지속되거나 물 빠짐이 좋지 않는 과습토양과 강우가 있을 때 발병이 심하다.

방제 저항성 품종을 재배하고 배수 관리를 좋게 한다.

28 콩 잎줄기마름병

(葉枯病 Wed blibht)

병징 잎에 발생한다. 초기는 3~5mm의 소형으로, 부정형의 어두운 갈색 물 번진 모양의 병반이 나타난다. 그 후 병반은 확대해서 잎 면의 3분의 1을 차지한 부정형 대형 병반이 된다. 병반부의 가운데는 흰색 내지 갈색의 비교적 굵은 균사가 보인다. 병반은 건조하면 어두운 갈색 또는 검은 갈색이 되며 조직은 약해진다. 접촉하면 병든 부분은 붕괴되고 쉽게 건강부로부터 떨어져 탈락한다. 피해는 크지 않다.

병원균 *Thanatephorus cucumeris* (Frank) Donk [*Rhizoctonia solani* Kühn] 사상균의 일종으로 담자균류에 속하며, 담자포자와 균핵을 만든다. 극히 다범성의 균으로 사탕무의 잎마름 병균과 같다.

전염 땅에 떨어진 균핵으로 월동하고 이듬해 봄, 그 위에 만들어진 자실체에 생긴 담자포자에 의해서 잎에 감염되는 것으로 생각된다. 나중에 병반 위의 균사에 의해서 병반은 확대, 또는 접촉에 의해서 인접한 포기로 확산하는 것으로 생각된다. 본 병은 고온 다습한 해에 많이 발생한다.

방제 밭 재배 시보다 논 재배 시에 발생이 많다. 방제를 위해서는 물 빼기가 잘 되도록 고 휴재배하고, 쓰러짐 발생을 억제하면 병 발생을 줄일 수 있다.

(사진출처 : 농촌진흥청 농사로)

29 콩 뿌리썩음병

(根腐病 Rhizoctonia. rot)

병징 강낭콩 리족토니아 뿌리썩음병과 유사하지만, 강낭콩에 비해 병반이 갈색으로 변하는 정도가 다소 가볍고 병반이 작다.

병원균 *Rhizoctonia solani* Kühn AG-1, AG-4, AG-5, 사상균의 일종으로 불완전균류에 속한다. 본 균에는 균사융합군 1군(AG-1), 제4군(AG-4), 제5군(AG5)이 관련되어 있다. 콩에 대해서는 AG-4, AG-5가 AG-1보다 강한 병원성을 보인다. 본 균은 콩 외에 강낭콩, 팥에 자연감염으로 기생성을 보인다.

전염 토양 전염한다.

30 콩 줄기역병
(莖疫病)

병징 주로 줄기의 밑동부, 때로는 위쪽의 주된 줄기나 가지에 물 번진 모양의 줄무늬 또는 타원형 병반이 생기고, 나중에 어두운 갈색의 대형 병반이 되어 줄기를 둘러싸게 된다. 병반의 표면은 흰 가루 모양의 곰팡이로 덮인다. 병든 포기는 점차 활력을 잃고 잎은 누렇게 되어 시들고, 마침내는 포기 전체가 말라 죽는다.

병원균 *Phytophthora megasperma* var. *sojae* Hildebrand 난균류에 속한다. 균사는 무색으로 격막이 없고 중간에 공 모양 또는 찌그러진 공 모양의 후막포자를 만든다. 자낭 및 난포자를 만든다. 유주포자낭은 무색의 레몬형으로 크기는 32.8~52.4×23.8~38.1㎛, 유두돌기는 없거나 눈에 띄지 않는다. 유주포자는 타원형의 지름 8.5~9.5µm로, 장란기는 공 모양으로 매끄럽고 안에 1개의 난포자를 갖고 있다. 난포자는 공 모양으로 막은 매끄럽고, 처음에는 무색이지만 성숙하면 옅은 누런색이 된다. 크기는 16.7~33.4㎛. 장정기는 무색의 도란형 또는 타원형으로 장란기 옆에 붙지만, 드물게 바닥에 붙는다.

전염 자세한 것은 밝혀지지 않았지만, 피해 포기와 함께 난포자의 형태로 월동하고 이것이 이듬해의 전염원이 되는 것으로 생각된다. 배수가 나쁜 점성 토양의 밭이나 밭으로 전환한 곳에서 발생하기 쉽다.

31 콩 둥근점무늬병
(輪紋病)

병징 처음에는 잎에 어두운 갈색의 작은 점무늬가 생긴다. 그 후 병반이 점차 확대해서 원형 또는 부정형의 20~30mm로 갈색의 겹둥근 무늬가 된다. 병반 속에는 검은 색의 작은 점이 흩어져 생긴다. 이것은 병자각이다. 또, 병반은 약해서 가운데는 곧잘 찢어질 수 있다. 줄기에서는 부정형의 검은 갈색 점무늬가 생기며 병반 위에는 무수한 병자각을 만든다. 특히 큰 피해를 주지는 않지만, 일반적으로 발생하는 병이다.

병원균 *Ascochyta phaseolorum* Saccardo 사상균의 일종으로 불완전균류에 속한다. 병자각은 검은 갈색의 공 모양으로 지름 80~150㎛, 분생포자(병포자)는 무색의 타원형 내지 원통형으로 격막은 0~1, 크기는 3~5×1.5~2㎛. 다범성이다.

전염 병든 조직의 병자각으로 월동하고 이듬해 병자각에서 생긴 분생포자로 전염한다.

콩 해충

인간의 생활에 직접 또는 간접으로 해를 주는 곤충

농사를 지을 때 해충으로 인해 피해를 보기도 한다. 해충이 농작물을 가해하고 흡즙하여 생기는 피해를 충해라고 한다.

01 뿌리썩이선충류
(*Pratylenchus* spp.)

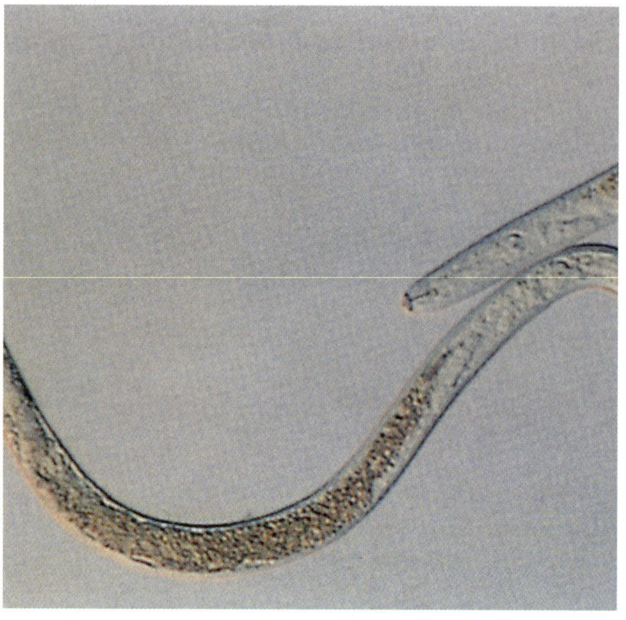

▲ 딸기뿌리썩이선충류 암컷성충류

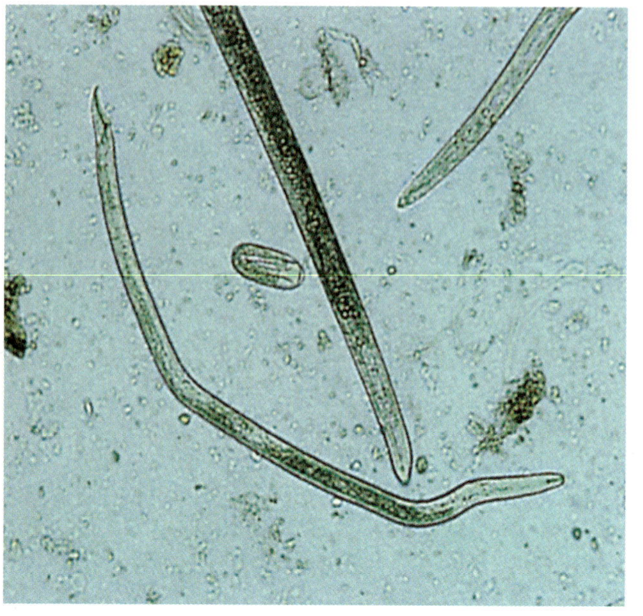

▲ 뿌리썩이선충류 일종

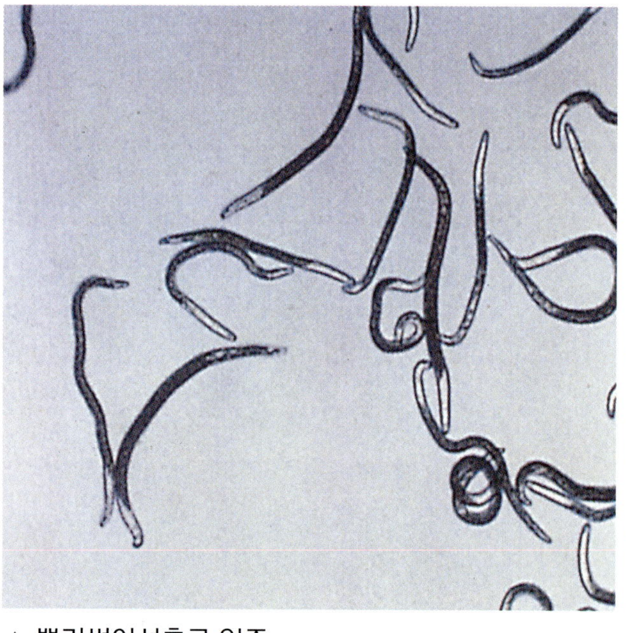

▲ 뿌리썩이선충류 일종

▲ 뿌리썩이선충류 일종

형태 암컷성충의 몸길이는 0.3~0.8mm, 수컷성충은 0.3~0.6mm이다.

피해와 생태 뿌리썩이선충과 이동성인 내부기생성 선충이다. 콩에서는 커피뿌리선충, 콩뿌리썩이선충(P. neglectus), 당근뿌리썩이선충, 사과뿌리썩이선충(P. vulnus)이 알려져 있다. 커피뿌리썩이선충을 제외하고는 피해는 작다

방제 콩 이외의 작물과 윤작하며 살선충제로 토양을 소독한다. 또한 선충은 담수상태에서는 사멸하므로, 휴한기에 담수한다.

02 커피뿌리썩이선충
(*Pratylenchus coffeae* Zimmermann)

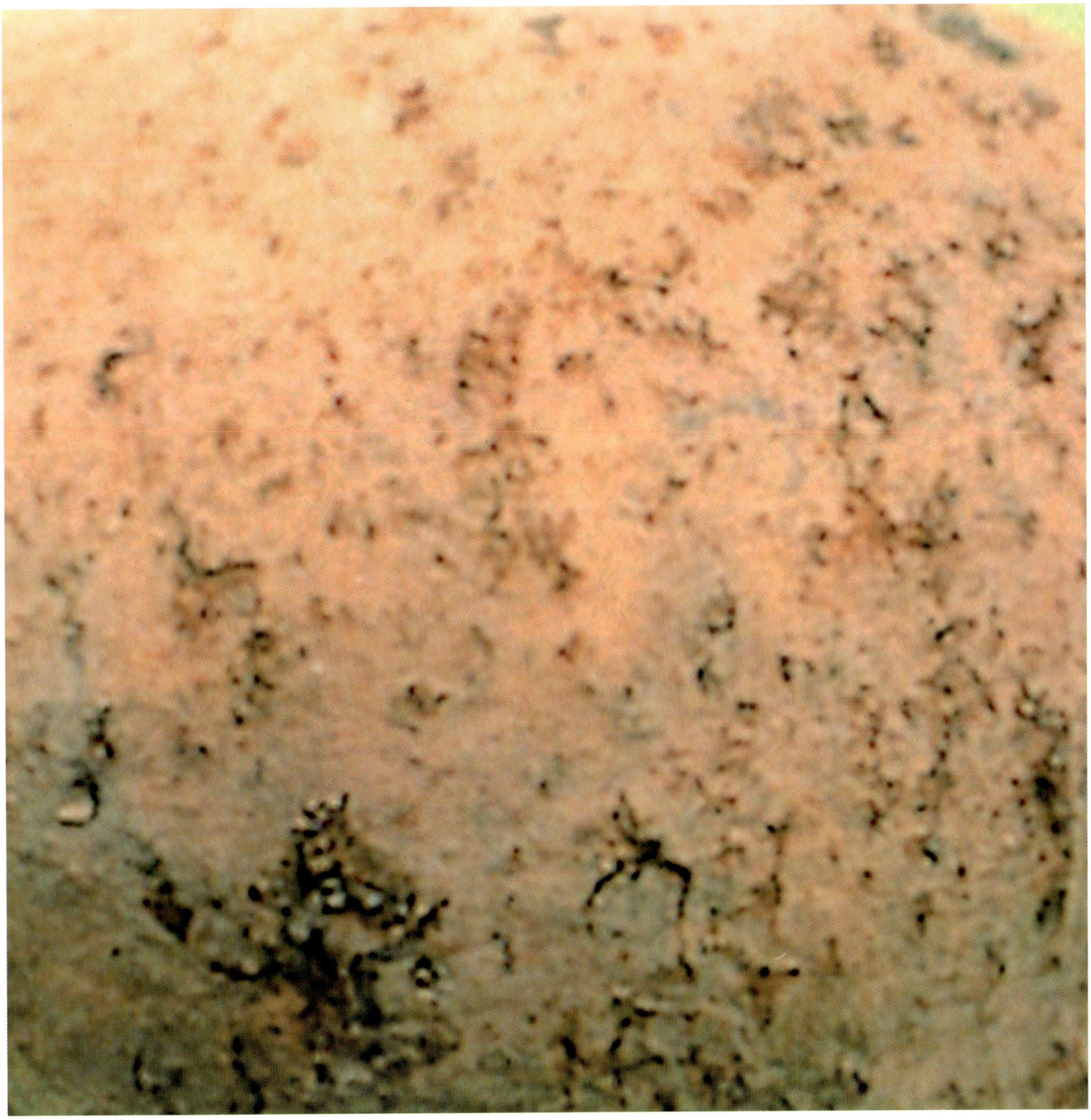

▲ 커피뿌리썩이선충의 피해

형태 뿌리썩이선충과. 암컷성충의 몸길이는 0.5~0.8mm이다.

피해와 생태 성충과 유충 모두 뿌리에 침입하여 피층부를 이동하면서 기생하여 가해한다. 뿌리에 갈변병반을 형성하여 증상이 진행되면 큰 병반이 되거나 뿌리의 고사나 탈락이 일어난다. 선충밀도가 높은 경우에는 잎의 색이 노랗게 변하여 수확량이 낮아지는 경우가 있다. 또한 콩에서 잘 증식하므로 후작으로 본 선충에 감수성 높은 작물을 심으면 감수 등의 피해를 일으킨다.

03 고추나선선충
(*Helicotylenchus dihystera* Cobb)

▲ 고추나선선충 암컷성충

형태 나선선충과. 이동성인 외부기생성 선충이다. 몸길이는 0.5~0.9mm이고, 서서히 가열하여 죽이면 꼬리를 안으로 하여 나선모양으로 된다.

피해와 생태 뿌리 표면에서 구침을 찔러 표피 및 내부 조직을 가해하며, 고밀도가 되지만 수확감수에 이르는 피해는 없다. 많은 초본과 목본을 기주로 하며, 국내외에 널리 분포한다.

04 콩씨스트선충
(*Heterodera glycines* Ichinohe)

▲ 콩씨스트선충의 씨스트

형태 씨스트선충과. 정착성인 내부기생성 선충이다. 암컷성충은 몸길이가 0.7mm의 레몬모양이고, 몸은 유백색에서 황색이다. 암컷은 사망한 후에 씨스트화되어 갈색에서 어두운 갈색을 띤다. 수컷성충은 26㎛의 구침을 지니며, 몸길이는 1.3mm의 선형으로 무색이다. 알은 장경 108㎛의 섬모양이다. 알 속에서 1기 유충이 1회 탈피하여 2기 유충으로 되어 부화하며, 토양 중으로 유출된다. 2기 유충은 몸길이가 0.5mm의 선형으로 무색이다. 뿌리에 침입하여 기생한 유충은 소시지 모양에서 서양배 모양으로 비대하여 3회의 탈피 후에 성충으로 된다.

피해 유충이 콩의 발근과 동시에 뿌리 속으로 침입하므로 밀도가 높은 경우는 콩의 생육초기부터 초장이 억제되고, 잎이 노랗게 변하며, 하엽부터 시들기 시작하여 그루가 고사한다. 파종 후 2개월경에 나타나는 잎의 황화와 생육불량에 의해 선충의 가해가 판명된다. 포장에서의 피해부위는 군데군데 나타나지만 경운작업에 따른 선충의 확산으로 인해 매년 밭이랑 방향으로 확대되어 밭 전면이 황화증상을 띠게 된다. 이러한 증상에서 과거에는「월야병」이라 불렸으며, 지금은「콩위황병」이라 부르고 있다. 선충이 기생한 콩 포기는 착협률이 낮고, 조기에 낙엽이 되기 때문에 50%이상 감수한다. 또한 질소고정 뿌리혹의 착생이 적다.

콩씨스트선충

▲ 콩씨스트선충의 피해포장(월야병)

생태 유충은 알 속에서 1회 탈피하여 2기 유충으로 되어 월동한다. 봄의 지온상승에 따라 부화가 진행되어 2기 유충이 씨스트에서 토양 중으로 유출된다. 부화에는 10℃이상의 지온과 토양수분 외에 콩의 뿌리에서 나오는 부화촉진물질(Glycinoeclepin의 구조가 결정됨)이 중요한 기능을 한다. 2기 유충은 토양 속을 이동하여 발근한지 얼마 되지 않은 뿌리에 도달하여 뿌리의 끝보다 조금 윗부분에서 뿌리로 침입한다. 그 후 뿌리의 피층부를 이동하여 머리는 중심 근처에, 몸을 유관속에 평행하게 하여 정착한다. 정착한 유충은 머리 주위에 형성된 몇 개의 거대세포에서 영양을 섭취한다. 유충 정착 후 곧 비대해지기 시작하여 소시지모양이 되며, 호적조건에서는 침입 1주에 3기 유충으로 된다. 이 발육단계 동안 암수의 식별이 가능해진다. 수컷유충은 그 후 1주마다 앞 유충기의 표피 내에서 탈피를 반복하여 침입 3주에 선모양의 수컷성충으로 된다. 수컷성충은 처음에는 유충기의 표피 내에서 몸을 말고 있는 상태이지만, 나중에 토양 중으로 유출되어 자유생활을 한다. 암컷유충은 비대를 계속하여 침입 2주에 플라스크모양 4기 유충으로 된다. 다시 1회의 탈피 후 암컷성충으로 되어 씨스트선충의 특징적인 레몬모양을 띤다. 곧 체강은 난소로 채워지고, 비대한 충체의 대부분은 뿌리의 표피를 찢고 노출되어 목부분만을 뿌리에 삽입한 상태로 기생생활을 하며, 암컷성충에 유인된 수컷과 교미한다. 7월 하순부터 8월 상순이며, 이 시기에 콩의 지상부 황화증상이 가장 뚜렷하게 된다. 황백색의 암컷성충 표피는 성숙과 함께 더욱 비대해져 암컷성충이 사망한 후는 평균 약 250개의 알을 내장한 씨스트로 된다. 씨스트는 뿌리에서 탈락하여 토양 중에 남아 다갈색으로 된다. 본 선충은 상당한 수의 알을 체외의 젤라틴 모양의 알주머니에 낳는데, 이것이 콩 재배기간 중의 증식원이 된다. 발육영점은 10℃, 1세대를 요하는 유효 적산 온도는 313일도로 추정된다. 세대를 연 3~4회 반복한다. 콩의 뿌리 노화 등 여러 조건을 고려하면, 콩의 생육이나 수확량에 실질적으로 영향을 미치는 것은 1세대뿐이다. 콩 수확 후 토양 중에는 그 해 산란된 새로운 씨스트와 부화되지 않은 알을 내장한 오래된 씨스트가 있어 그들이 월동하여 이듬해 및 그 이후의 감염원이 된다. 씨스트는 지표 밑 20cm까지 전체의 약 90%가 분포한다. 콩 1작기에 의한 밀도의 증가는 보통 약 10배이다. 씨스트는 외피로 키친질의 딱딱한 껍질과 그 안의 알로 되어 있어 건조, 온도변화, 천적, 화학물질 등의 영향으로부터 알을 보호한다. 씨스트 속의 알은 수분을 잃고 건조한 상태에서 장기간 생존하므로 건조한 토양 속에서 9년 이상도 생존한 기록이 있다.

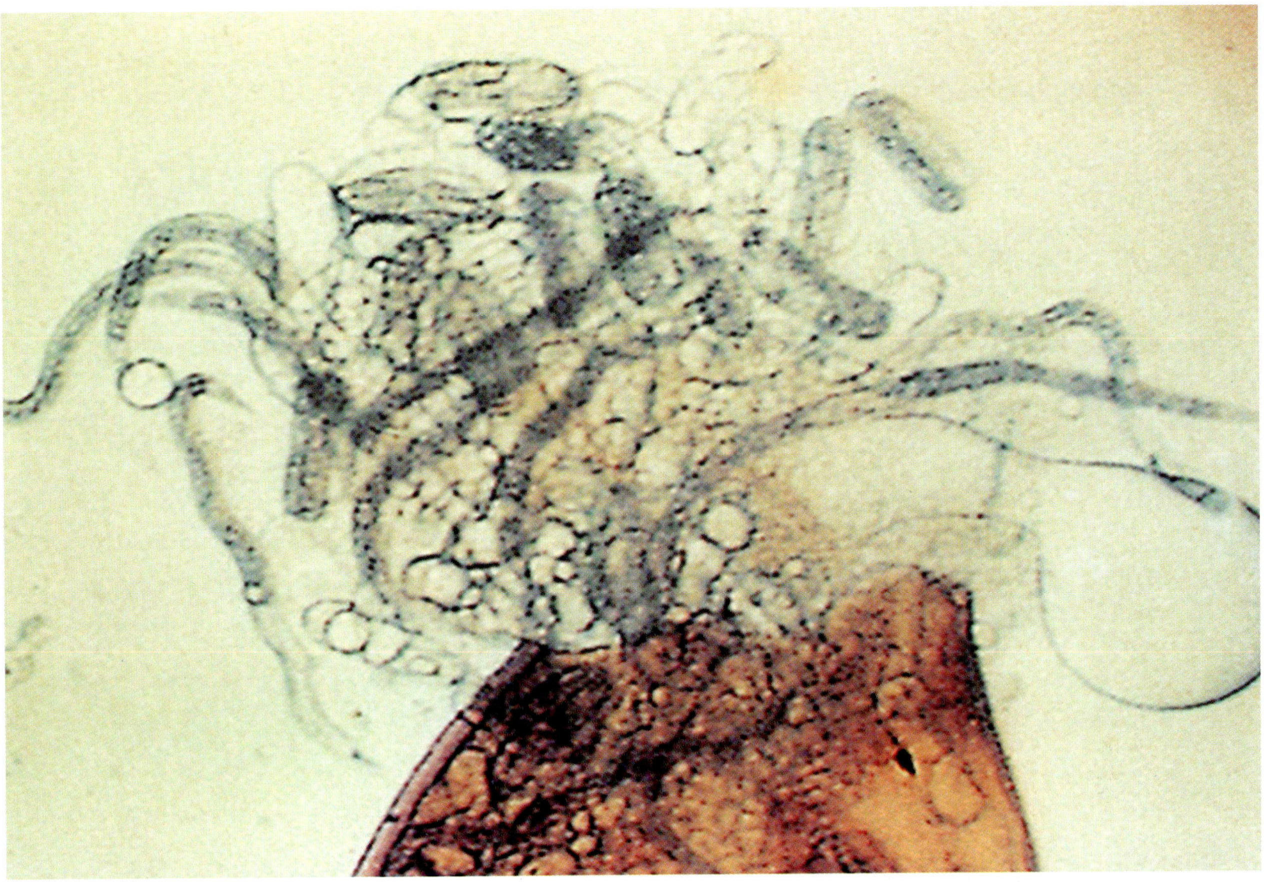

▲ 콩씨스트선충 알과 부화유충

▲ 콩씨스트선충의 뿌리 기생상황

05 자바니카뿌리혹선충
(*Meloidogyne* javanica)

▲ 뿌리혹선충류 2기유충

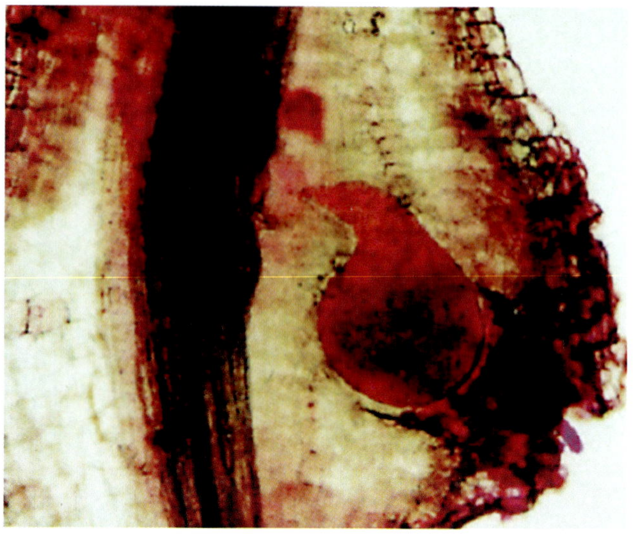

▲ 뿌리혹선충류 암컷성충(염색)

형태 뿌리혹선충과. 정착성인 내부기생성 선충이다. 암컷성충은 몸길이가 0.5~0.8mm이다. 서양배 모양으로 흰색이다. 암컷성충의 꼬리 끝 표피의 무늬(회음문)가 종을 식별하는데 중요한 특징이다. 수컷성충은 가늘고 길며, 몸길이는 0.8~1.3mm이고, 암컷성충에 비해 발생률이 매우 낮다. 알은 섬모양으로 약 80×30㎛이다. 토양 중에 보이는 2기 유충은 가늘고 길며, 0.4~0.5mm이다.

피해 선충의 기생을 받은 콩에는 기생부위의 중심에 다핵의 거대세포가 형성되어 그 주위의 피층세포는 이상증식을 일으켜 특징적인 뿌리혹(gall)으로 된다. 이 혹은 뿌리 전체가 비대해진 것처럼 되기 때문에 뿌리 표면에 부착된 것처럼 보이는 뿌리혹균의 뿌리혹과는 쉽게 식별할 수 있다. 다수의 기생을 받은 콩은 가는 뿌리의 감소, 통도조직의 이상 등으로 뿌리기능이 저하하여 생육이 저해된다. 또한 잎의 색이 옅고, 초장이 짧아지며, 착협수가 줄어 크게 감수한다.

생태 난각 속에서 1회 탈피하여 2기 유충으로 되어 부화하며, 토양 중으로 유출된다. 토양 중의 유충은 뿌리 끝 부근에서 침입하고, 중심부에 정착하여 섭식을 시작한다. 이 자극에 의해 중심에서 몇 개의 거대세포가 형성되고, 유충은 여기서 양분을 섭취하면서 성장하여 소시지 모양으로 된 후 3회의 탈피를 거쳐 성충으로 된다. 보통 대부분이 암컷성충으로 발육하지만, 작물의 생육이 나쁜 경우 등에는 수컷성충의 비율이 높아진다. 수컷성충은 뿌리에서 토양 중으로 유출되지만, 암컷성충은 뿌리 속에서 발육을 계속하고 성숙하여 서양배 모양으로 되어 산란을 시작한다. 번식은 단위생식으로 수컷성충은 생식에 관여하지 않는다. 암컷은 수백 개의 알을, 암컷성충이 꼬리 끝에서 분비하는 젤라틴 모양의 물질로 된 알주머니 속에 산란한다. 알주머니는 뿌리혹 표면에 착생한 상태가 된다. 알기간은 호적조건에서 1주~10일이다. 1세대는 25~30℃에서는 약 1개월을 경과한다. 2기 유충의 토양 중 수직분포는 일반적으로 깊이 수십cm에 이르지만, 작토층에서 밀도가 높다. 선충의 밀도는 사질토양이나 가벼운 화산회토양에서 증가하기 쉽고, 작물의 피해도 크다.

방제 콩 이외의 작물과 윤작하며 살선충제로 토양을 소독한다. 또한 선충은 담수상태에서는 사멸하므로, 휴한기에 담수한다.

06 당근뿌리혹선충
(*Meloidogyne hapla* Chitwood)

▲ 당근뿌리혹선충의 의한 피해 흔적

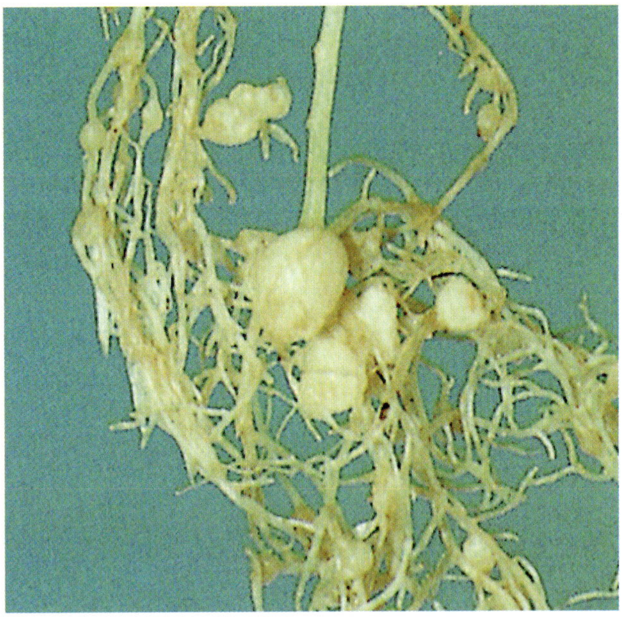

▲ 당근뿌리혹선충의 피해 초기

▲ 당근뿌리혹선충의 피해 포장

▲ 당근뿌리혹선충의 근계 피해

형태 뿌리혹선충과. 암컷성충은 몸길이가 0.6~1mm의 서양배 모양이다.

피해와 생태 유충은 뿌리 내부로 침입하고 정착하여 기생생활을 하며, 뿌리에 혹을 형성한다. 콩에서는 증식과 피해가 모두 작다.

방제 콩 이외의 작물과 윤작하며 살선충제로 토양을 소독한다. 또한 선충은 담수상태에서는 사멸하므로, 휴한기에 담수한다.

07 고구마뿌리혹선충
(*Meloidogyne incognita* Kofoid et White)

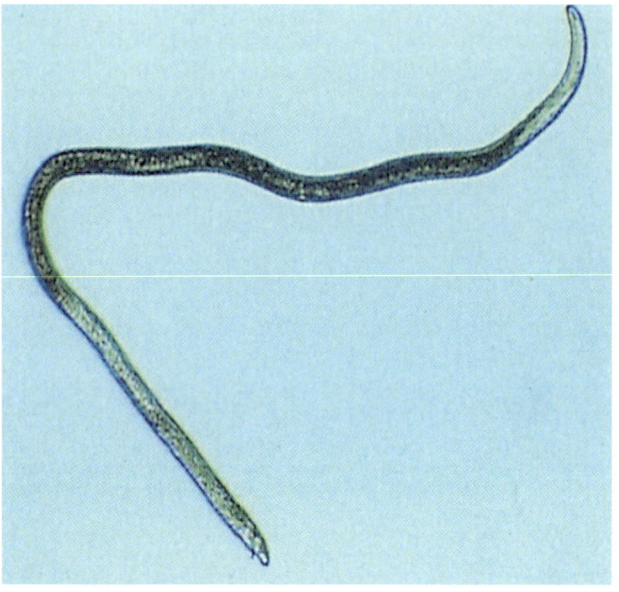

▲ 고구마뿌리혹선충의 암컷성충

▲ 고구마뿌리혹선충의 2기 유충

▲ 고구마뿌리혹선충에 의한 피해

형태 뿌리혹선충과. 암컷성충은 몸길이가 0.5~ 0.7mm의 서양배 모양으로 흰색이다.

피해와 생태 유충이 뿌리에 침입하여 정착한 뒤에 뿌리에 혹을 형성시킨다. 콩의 주요 재배품종은 고구마뿌리혹선충의 증식정도, 형성되는 혹(gall)의 크기가 모두 작고, 생육에 미치는 영향도 적은 경우에서 비교적 저항성을 지닌 것으로 판단된다.

방제 콩 이외의 작물과 윤작하며 살선충제로 토양을 소독한다. 또한 선충은 담수상태에서는 사멸하므로, 휴한기에 담수한다.

08 공벌레

(*Armadillidium vulgare* Latreille)

▲ 공벌레 성충

▲ 공벌레 성충

▲ 공벌레 성충

▲ 공벌레 성충

형태 공벌레과. 육상에 사는 갑각류의 일종이다. 성충의 몸길이는 10~15mm정도이고, 타원형으로 편평하다. 회색내지 어두운 회색으로 매끈하고, 개체에 따라 옅은 색의 반점무늬가 있다. 자극을 주면 몸을 둥그렇게 구형으로 된다.

피해와 생태 서식밀도가 낮은 경우에는 작물에 피해를 주는 일이 없지만, 고밀도의 경우는 육묘 중의 작물을 식해하는 경우가 있다. 콩에서는 국지적인 대발생의 경우에, 파종 후 처음 생긴 잎이 전개될 무렵까지 자엽이나 줄기를 식해하여 고사하거나 기형주로 되어 다시 파종한 예가 각지에 있다. 보통 낙엽이나 퇴구비 등의 퇴적물 근처에 잠입하여 부식질을 먹지만, 번식기에 도달할 때까지 생식물을 즐겨 식해하게 된다. 음습한 장소를 좋아하고, 야행성이다. 유충이나 성충으로 월동한다. 봄에 교미하고, 산란한다. 알은 어미벌레의 배면쪽의 난실에 보호되어 있다. 알기간은 7일 정도에 부화하지만, 얼마동안 난실에 머무른다. 변태는 하지 않지만, 탈피하면서 성장하며, 성충(생식활동이 가능한 상태)이 될 때까지 2년 정도 걸린다. 유라시아 대륙이 원산이지만, 현재는 세계 각지에 분포한다.

09 차응애
(*Tetranychus kanzawai* Kishikda)

▲ 차응애 성충

▲ 차응애 알

형태 잎응애과. 암컷성충은 어두운 갈색으로 몸 옆에 어두운 색의 무늬가 있고, 다리는 하얗다. 몸길이는 0.5mm 내외이고, 휴면암컷은 주홍색이다. 수컷도 몸통은 적색을 띠고, 암컷보다 상당히 가늘고 역삼각형이며, 몸길이는 0.4mm 내외이다. 수컷의 삽입기 끝 확장부가 거대하다는 것이 다른 종과 구별된다. 알은 구형으로 산란 직후 투명에 가까우나 부화에 가까워질수록 적색을 띠게 된다.

피해 잎 뒷면에 기생하며, 유충, 약충, 성충이 모여 살며 흡즙하여 가해한다. 가해받은 잎은 황화되고, 갈변하여 결국 낙엽이 진다. 생장점이 가해받으면 잎의 신장이 억제되어 어린잎이 기형이 되거나 위축된다.

생태 알, 유충, 제1약충, 제2약충에서 성충으로 발육하지만, 각각 탈피 전에 정지기가 있다. 27℃에서 알~성충까지의 기간은 약 10일이다. 휴면 암컷성충으로 월동하지만, 비교적 얕은 휴면으로 온실 등에서는 곧바로 깨어난다. 많은 잡초에 기생하며, 작물과의 교류도 활발히 이루어진다. 채소에서 발생원은 기생당한 묘에 의한 이동과 정식 후의 잡초에 의한 침입을 생각할 수 있으므로 발생원을 줄이는 것이 중요하다. 잎응애가 발생하면 천적 곤충이나 이리응애류가 발생하여 잎응애의 급증을 억제하는 경우가 많지만, 이들 천적에 악영향이 강한 살충제를 살포할 경우, 격발현상(resurgence)이 일어나 잎응애의 대발생을 초래하는 경우가 있으므로 주의가 필요하다. 차나무의 중요 해충으로 과수, 화훼, 가지과 채소, 박과 채소, 토란, 참마, 들깨, 오크라, 시금치, 딸기, 옥수수, 호프, 콩, 강낭콩, 그 외 각종 잡초에 기생한다. 많은 작물에서 방제를 요하는 해충이다.

10 점박이응애
(*Tetranychus urticae* Koch)

▲ 점박이응애 암컷성충

▲ 점박이응애 약충과 알

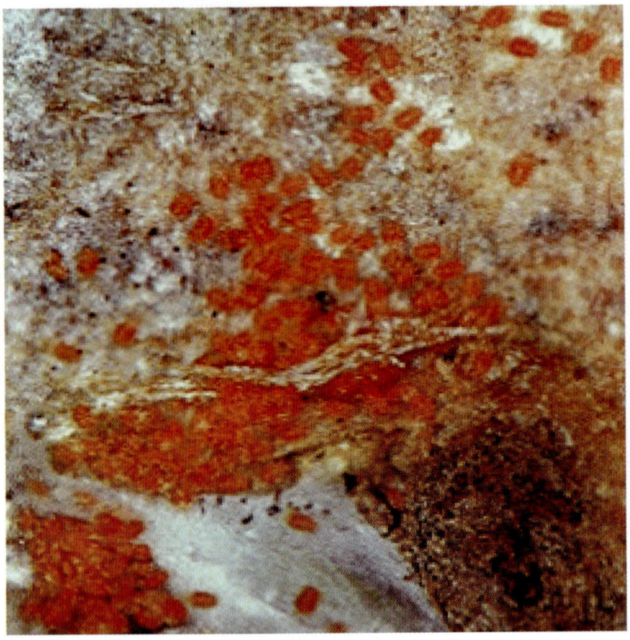

▲ 점박이응애 알 무더기

▲ 점박이응애 피해잎

형태 잎응애과. 암컷은 0.6mm 내외로 옅은 황색내지 옅은 황록색인 몸통 좌우에 큰 검은색 내지 어두운 녹색 반점무늬가 있다. 무늬의 크기는 변이가 있고, 몸통 전체가 어두운 녹색인 개체도 있다. 휴면암컷은 옅은 등색으로 검은 무늬가 없다. 수컷은 몸길이가 0.5mm 내외이고, 황색으로 가늘다.

피해와 생태 유충~성충이 잎 뒷면에 기생하여 흡즙하기 때문에 피해가 처음에 흰 반점으로 보이지만, 피해가 진행되면 큰 흰색 반점으로 되어 곧 낙엽진다. 복숭아 외에 사과, 배, 앵두, 포도 등의 과수, 채소, 화훼, 호프, 뽕나무, 야생식물에도 기생한다. 작물과 잡초 사이 이행도 이루어지며, 세계적으로 유명한 해충이며, 난방제 해충이다.

11 왕귀뚜라미
(*Teleogryllus emma* Ohmachi et Matsuura)

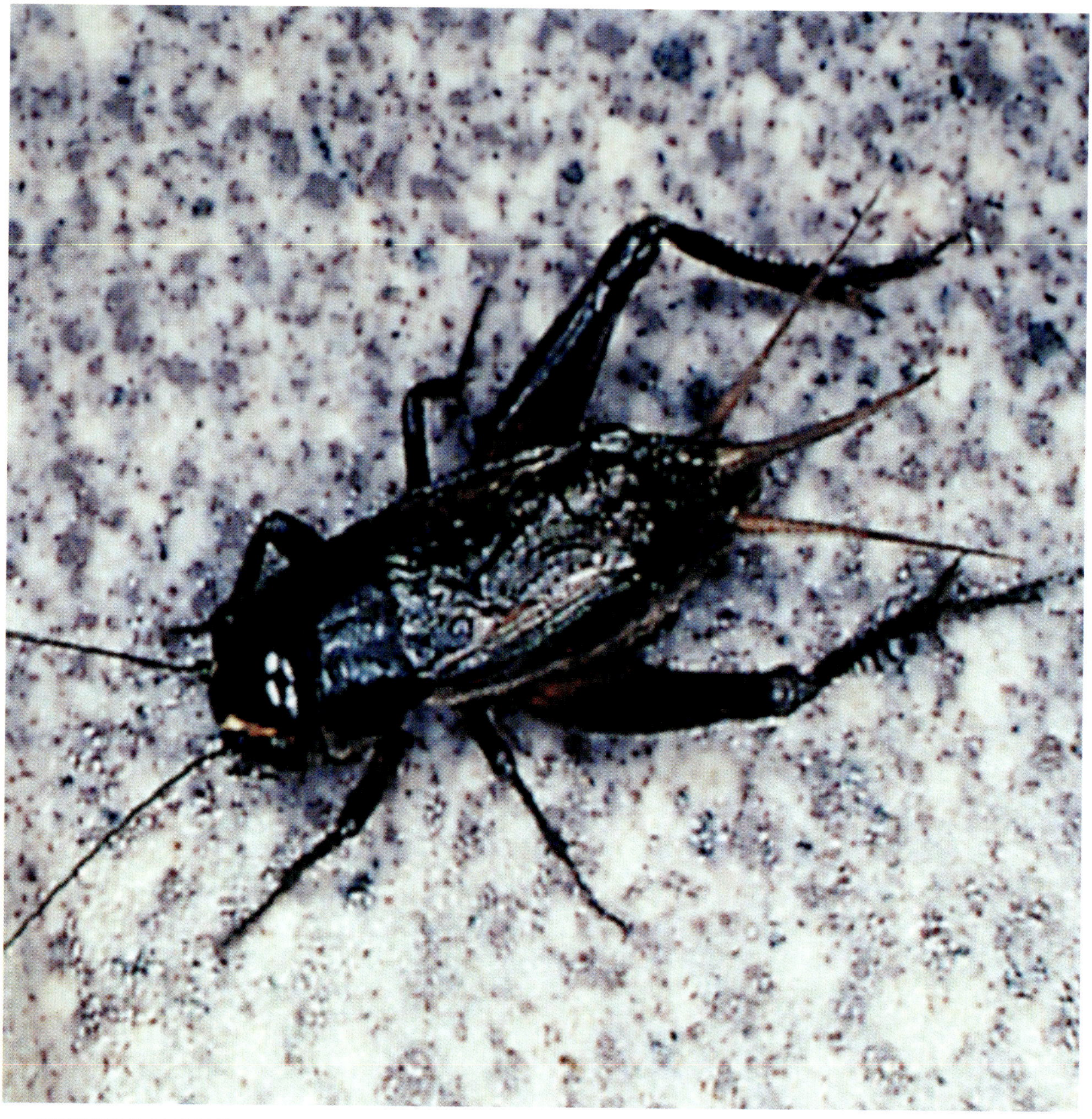

▲ 왕귀뚜라미 암컷성충

형태 귀뚜라미과. 성충의 몸길이는 수컷 26mm, 암컷 40mm 내외이지만, 한랭지에서는 소형으로 된다. 흑색~흑갈색으로 광택이 있다. 머리는 구형으로 표면에서 보면 겹눈 근처에 흰색의 눈썹모양 무늬가 있다. 알은 유백색의 타원형으로 길이 3mm이다. 유충은 칠흑색으로 뒷가슴의 뒷가장자리에 순백색의 띠가 있다.

피해와 생태 성충이 지표 부근의 어린식물을 식해한다. 그 때문에 여름~가을에 파종한 채소류, 조, 메밀 등 종종 큰 피해를 받는다. 콩을 가해하는 경우는 드물지만, 청예용으로 매우 늦게 파종한 경우에 어린 싹을 갉아먹는 경우가 있다. 또한 종실이 익을 무렵에 과번무, 햇빛의 투과불량 등으로 쓰러져 지표에 닿은 꼬투리를 바깥쪽에서 난폭하게 식해하는 경우가 있다.

12 땅강아지
(*Gryllotalpa orientalis* Burmeister)

▲ 땅강아지 성충

▲땅강아지 종령유충

▲ 땅강아지 유충

▲ 땅강아지 유충

형태 땅강아지과. 성충은 전체적으로 갈색이며, 길이는 24~39mm이다. 전체적으로 황갈색에서 다갈색의 미모로 덮여있다. 앞날개는 짧다. 뒷날개는 길어 꼬리 끝을 넘는다. 앞발은 땅 속에서 생활하는 것에 적응되어 두더지의 앞발과 같은 모양을 하고 있다. 알은 반들반들한 장타원형이며, 폭이 약 2.5mm이다. 처음에는 유백색이나 점차 어두운 색으로 된다. 유충은 성충과 비슷하나 날개가 없고, 몸도 작다. 번데기는 없다.

피해와 생태 땅속에 터널을 뚫고 생활하며, 파종 당시의 콩 종자를 식해하고 어린 묘의 뿌리를 절단하는 경우가 있다. 논두렁 등 습기가 많은 토양에 많다

13 섬서구메뚜기
(*Atractomorpha lata* Motschulsky)

▲ 섬서구메뚜기 성충

▲ 섬서구메뚜기 유충

형태 크기는 암컷 어른벌레 5㎝, 수컷3㎝정도이며 몸의 색은 옅은 녹색을 띠나 갈색 또는 회갈색을 띠는 개체도 있고 수컷이 암컷에 비하여 현저하게 가늘고 작다. 머리는 가늘고 길게 돌출되어 있다.

피해와 생태 콩, 옥수수, 감자, 고구마, 벼 등에 피해를 준다. 약충과 어른벌레 모두 잎을 가해한다. 8~9월경 발생이 많고 불규칙한 구멍을 뚫으며 가해를 한다. 발생이 심한 경우 줄기만 남기고 모두 먹어 치운다. 년 1회 발생하며 알로 월동하여 5월 하순~6월 상순에 부화한다. 어린 약충은 섭식량이 적으나 노숙약충과 성충은 잎을 폭식한다.

방제 잎에 구멍이 뚫리면 약제를 사용하여 방제하나 이동성이 강하므로 포장주위의 밀도를 잘 살핀 후 방제하는 것이 좋다.

14 긴날개밑들이메뚜기
(*Eirenephilus longipennis* Shiraki)

▲ 긴날개밑들이메뚜기 성충

형태 메뚜기과. 성충의 몸길이는 날개 끝까지 수컷 25~31mm, 암컷 34~39mm이다. 녹색을 띤 황갈색으로 겹눈의 뒤쪽에서 앞가슴등판의 가장자리에 걸쳐 검은색 굵은 띠가 있다. 날개는 어두운 황색으로 시맥은 적갈색이다. 다리는 녹색을 띤 황색이며, 뒷다리의 무릎부분은 검은색이다. 유충은 적갈색으로 검은색 반점무늬가 흩어져 있다. 앞가슴등판의 가장자리에 검은색 띠가 있고, 겹눈에 도달한다. 뒷다리에는 검은 반점이 있다.

피해와 생태 유충은 5월 상순부터 나타나 보통 산간의 잡초지에서 머위 잎 등에 모여 살며 식해한다. 성장과 함께 먹이를 찾아 이동하여 수목을 올라가는 경우도 있다. 유충은 5령을 거쳐 7월 하순부터 우화한다. 성충에는 군집성이 없지만, 잘 날아오른다. 또한 식해의 정도도 유충만큼 심하지 않다. 늦가을까지 생존하며, 그 동안 교미하여 땅속에 산란한다. 연 1회발생하며, 알로 월동한다.

15 풀무치
(*Locusta migratoria* Linnaeus)

▲ 풀무치 군서형 성충

▲ 풀무치 성충

▲ 풀무치 성충

형태 메뚜기과. 성충은 날개 끝까지 몸길이가 48~65mm, 어두운 황갈색~어두운 녹색으로 앞가슴 등면 중앙에 세로융기가 있다. 앞날개에는 검은 반점이 있고, 뒷날개는 반투명으로 기부만 황색이다. 뒷다리는 잘 발달되어 있다.

피해와 생태 여름부터 초가을에 걸쳐 성충과 유충이 국지적으로 벼나 억새, 옥수수 등 벼과식물을 식해하며, 콩을 가해하는 경우는 드물다. 때로는 피해가 적지만, 다발생하면 형태와 생태가 변하는 군생상으로 된다. 이른바 비래하는 메뚜기가 되어 이동하면서 많은 식물을 가해한다. 1세대에 70~80일, 북쪽에서는 연 1세대, 남쪽에서는 3~4세대를 경과한다. 배로 흙을 파서 땅 속에 산란관을 넣어 난괴로 산란하며 알로 월동한다. 황무지나 초지에 서식하며, 주로 벼과 식물을 먹는다.

16 콩어리총채벌레
(*Mycterothrips glycines* Okamoto)

▲ 콩어리총채벌레 암컷성충

형태 총채벌레과. 성충의 몸길이는 암컷 약 1.3mm, 수컷 약 1mm이다. 몸은 황색으로 앞날개는 옅은 갈색이다. 홑눈 앞쪽 가시털은 2쌍으로 홑눈 사이의 가시털은 다른 가시털보다 길고, 뒤쪽 홑눈의 안쪽에 위치한다. 앞가슴 뒷가장자리 모서리에 2쌍의 긴 가시털이 있으며 더듬이는 8마디이다.

피해와 생태 성충과 유충이 콩, 팥, 강낭콩 등의 콩과를 중심으로 십자화과, 백합과, 가지과 등 광범위하게 농작물에 기생한다. 다른 총채벌레와 함께 정아 부근의 어린잎을 식해하며, 초기에 전개 잎이 위축되어 모자이크병 증상을 보인다. 콩에 기생하는 총채벌레의 종류가 많아 본종에 의해 발생한 피해라고 할 수는 없지만, 다수종의 복합적인 섭식에 의해 피해가 발생한 것으로 생각된다. 봄부터 늦가을까지 활동하며, 콩에서 발생도 지방에 따라 다르지만 일반적으로 6~10월경에 많고, 특히 9월에 최대밀도가 된다.

17 대만총채벌레

(*Frankliniella intonsa* Trybom)

▲ 대만총채벌레 암컷성충

▲ 대만총채벌레 암컷성충

형태 총채벌레과. 몸길이는 암컷 약 1.5mm, 수컷 약 1.1mm이다. 암컷은 옅은 갈색내지 어두운 갈색이고, 더듬이 3번째 마디 전체와 4~5번째 마디 대부분이 황색이다. 수컷은 황색이고, 더듬이 1~5번째 마디 기부까지 황색이다. 머리 앞가장자리는 거의 일직선이며, 홑눈 앞쪽의 가시털은 2쌍이다. 더듬이는 8마디이다. 복부 8번째 등판은 뒷가장자리에 약한 빗살모양 돌기가 있다. 유충은 황백색이다.

피해와 생태 성충과 유충이 콩 외에 팥, 강낭콩, 완두, 동부 등을 가해한다. 콩의 꽃이나 중심엽에 서식하여 식해하지만, 개체수가 많지 않아 단독으로는 실질적인 피해가 없다. 여름 콩에서는 6월 상순에 성충수가 최대가 되고, 가을 콩에서는 10월 상순에 최대가 되지만, 여름 콩에 비해 개체수가 적다.

방제 시설재배의 경우 정식 전에 전작물의 잔재물과 잡초 등의 발생원을 제거하고 토양을 소독하여 번데기를 제거한다. 오염되지 않는 건전한 묘를 재배하고 한냉사를 설치하여 성충의 유입을 막아야 한다. 약제 방제는 발생초기에 적용약제를 사용하며 약제 저항성이 쉽게 유발되므로 여러 약제를 교호로 살포한다. 저항성품종을 재배하거나 포식성 천적인 이리응애류를 이용한다.

▲ 대만총채벌레 수컷성충

▲ 대만총채벌레 2기 번데기

▲ 대만총채벌레의 꼬투리에 산란흔적

18 아까시총채벌레
(*Thrips flavus* Schrank)

▲ 아까시총채벌레 암컷성충

형태 총채벌레과. 성충의 몸길이는 암컷 약 1.3mm, 수컷 약 1mm이다. 전체적으로 황색이다. 홑눈 앞쪽의 가시털은 1쌍으로 홑눈 사이의 가시털은 앞쪽 홑눈의 바로 뒤에 위치한다. 더듬이는 보통 8마디이지만, 7마디인 경우도 있다. 앞가슴 뒷가장자리의 모서리에는 2쌍의 긴 가시털이 있고, 뒷가슴등판의 중앙 가시털은 앞가장자리에서 떨어져 있다.

피해와 생태 성충과 유충이 콩과 외에 국화과, 뽕나무과, 동백나무과, 장미과, 감귤과, 백합과 등 매우 많은 식물에 기생한다. 주로 꽃에 서식하고 개체수도 적으므로 단독으로 실질적인 피해를 입히는 경우는 없다. 연간 수세대 이상을 경과하여 초봄부터 초겨울까지 활동한다. 성충으로 월동하며, 온난한 지방에서는 겨울철에도 활동하는 경우가 있다.

19 엉겅퀴총채벌레
(*Thrips setosus* Moulton)

▲ 엉겅퀴총채벌레 암컷성충

▲ 엉겅퀴총채벌레 암컷성충(옅은색형)

▲ 엉겅퀴총채벌레 2령 유충

형태 총채벌레과. 성충의 몸길이는 암컷 약 1.3mm, 수컷 약 1mm이다. 전체적으로 암컷은 갈색이며, 수컷은 황색이다. 더듬이는 7마디로 암컷의 3~4번째 마디와 수컷의 1~4번째 마디는 황색이다. 앞가슴 뒷가장자리 모서리의 긴 가시털은 2쌍이며, 뒷가슴등판 중앙의 가시털은 앞가장자리에서 떨어져 있다.

피해와 생태 성충과 유충이 콩, 강낭콩, 완두 등의 콩과 외에 백합과, 국화과, 뽕나무과, 가지과 등 많은 식물에 기생하며, 봄부터 가을에 걸쳐 콩과 농작물에서 우점종이다. 성충으로 월동하고 연간 수세대 이상을 반복한다. 다른 총채벌레류와 함께 어린잎을 식해하여 잎의 위축증상을 일으킨다. 본종은 토마토의 황화괴저바이러스를 전파시켜 콩과 식물은 이 바이러스에 걸린다.

20 무당알노린재
(*Megacopta punctatissima* Montandon)

▲ 무당알노린재 성충

▲ 무당알노린재 알무더기

형태 알노린재과. 성충의 몸길이는 5mm 내외로 거의 반구형이다. 광택이 있는 황갈색으로 검은색 점각이 촘촘하다. 유충은 독특한 모양을 하고 있으며, 등면에 거친 털이 촘촘하게 나 있다.

피해와 생태 성충과 유충이 주로 칡, 싸리 등의 콩과 식물에 기생하며, 콩, 팥 등에도 증식하여 가해한다. 또한 감귤이나 벼 등에 기생도 알려져 있다. 본종은 종실을 흡즙하지 않고, 성충과 유충 모두 줄기나 잎자루에 구침을 삽입하여 양분을 흡즙한다. 기생밀도와 방제여부의 관계에 대해서는 명확하지 않지만, 극단적으로 기생밀도가 높지 않는 한 수확감수는 일어나지 않는 것으로 생각된다. 연 1세대 발생하며, 4월 상순에 활동을 시작하여 5월 중순~6월 하순에 걸쳐 교미하고 산란한다. 유충은 5월 하순~8월 하순에 보이며, 새로운 성충이 8~9월에 나타나 흡즙 활동을 계속한 뒤 교미하지 않고 11월경에 월동장소로 이동한다.

21 알락수염노린재
(*Dolycoris baccarus* Linnaeus)

▲ 알락수염노린재 성충

▲ 알락수염노린재 알 및 부화 유충

▲ 알락수염노린재 피해

▲ 알락수염노린재 피해

형태 몸길이는 10~14㎜ 내외이며 몸의 색은 회황색 바탕에 황갈색 또는 적갈색 무늬가 불규칙하다. 몸 표면에는 회백색의 연한 털이 산재해 있으며 아랫면에는 흑갈색 무늬가 산재한다. 머리는 흑갈색이고 점각이 치밀하며 정중선은 갈색이다. 더듬이는 제1마디 및 2~5마디의 기부가 황갈색을 띠며 알록달록하다.

피해와 생태 콩과식물, 국화과, 백합과, 참깨과 등 50여종에 피해를 준다. 가해가 심한 시기는 꼬투리의 신장기부터 배의 발육시기인데 이 시기에 가해를 받으면 등숙율이 극히 떨어져 빈 꼬투리가 많이 생기며 등숙이 되어도 청립이 되는 경우가 많다. 1년에 2회 발생하는데 1세대 어른벌레는 6~7월에, 2세대 어른벌레는 9~10월에 나타난다. 어른벌레는 한번에 30~40개씩 3~4회에 걸쳐 알을 낳으며 어른벌레로 월동한다.

방제 부화당시의 약충은 무리를 지어 생활하므로 이 시기에 적용약제를 살포하는 것이 효과적이다

22 가시점둥글노린재
(*Eysarcoris aeneus* Scopoli)

▲ 가시점둥글노린재 성충 ▲ 가시점둥글노린재 알무더기

형태 노린재과. 성충의 몸길이는 4.5~7.0mm이다. 큰가시둥글노린재와 유사하지만, 앞가슴등판 옆각의 돌출이 날카롭고, 복부 밑면이 중앙부를 제외하고 옅은 갈색이라는 점으로 구별한다.

피해와 생태 성충과 유충이 주로 강아지풀, 뚝새풀, 개비름, 이탈리안라이그라스 등 벼과 식물이나 콩, 팥, 화이트클로버 등 콩과 식물 등에 기생한다. 종종 논에 침입하여 반점미를 발생시킨다. 콩에서는 꼬투리나 종실을 흡즙하여 피해를 발생시키는 경우가 있지만, 개체수가 적어 피해가 경미하다. 보통 연 2세대(중부지방의 산간부에서는 1세대)를 경과한다.

23 보라흰점둥글노린재
(*Eysarcoris annamita* Breddin)

▲ 보라흰점둥글노린재 성충

형태 노린재과. 성충의 몸길이는 4.5~5.5mm이다. 자색을 띤 어두운 갈색에 검은 점각이 있다. 소순판의 기부 양측에는 황백색의 큰 무늬가 있다.

피해와 생태 성충과 유충이 주로 민들레, 개망초, 실망초 등 국화과 식물, 벼, 들피, 개비름 등 벼과 식물, 콩, 팥 등 콩과 식물에 기생한다. 벼에서는 이삭을 흡즙하여 반점미를 발생시키는 것으로 알려져 있다. 콩을 선호하여 가해하는 경우는 없지만, 종실을 흡즙하여 피해를 입힌다.

24 점박이둥글노린재
(*Eysarcoris guttiger* Thunberg)

▲ 점박이둥글노린재 성충

▲ 점박이둥글노린재에 의한 피해립

형태 노린재과. 성충의 몸길이는 4.5~6.0mm이다. 보라흰점둥글노린재와 유사하지만, 광택이 옅고, 소순판 기부 양측의 황백색 무늬가 작다.

피해와 생태 성충과 유충이 실망초, 개망초 등 국화과 식물이나 띠, 강아지풀, 개밀 등 벼과 식물에 기생한다. 또한 벼에서는 이삭을 흡즙하여 반점미를 발생시키는 것으로 알려져 있다. 콩에서도 종실을 흡즙하여 피해를 일으키는 경우가 있지만, 개체수가 적어 피해가 경미하다.

25 큰가시둥글노린재
(*Eysarcoris lewisi* Distant)

▲ 큰가시둥글노린재 성충

▲ 큰가시둥글노린재 알 및 부화유충

형태 노린재과. 성충의 몸길이는 5~7mm이다. 가시점둥글노린재와 유사하지만, 앞가슴등판 옆각의 돌출이 약간 날카롭고, 복부 밑면이 대부분 동색 광택이 있는 검은색이라는 점으로 구별한다.

피해와 생태 성충과 유충이 쑥, 땅두릅, 질경이, 조릿대, 벼 등의 꽃이삭에 모인다. 콩에서는 꼬투리나 종실을 흡즙하여 피해를 일으킨다. 연 2세대를 경과한다.

26 배둥글노린재
(*Eysarcoris ventralis* Westwood)

▲ 배둥글노린재 성충

▲ 배둥글노린재에 의한 피해립

형태 노린재과. 성충의 몸길이는 5~7mm이다. 둥글노린재류는 체형이나 색채가 유사하지만, 본종은 앞가슴등판 옆각의 끝이 둥글고 거의 돌출되지 않았다는 점, 소순판이 짧고 혁질부 끝에 이르지 않는다는 점, 소순판 기부의 황백색 무늬가 작다는 점 등으로 다른 종과 구별한다.

피해와 생태 성충과 유충이 벼과, 콩과, 국화과 식물에 많이 기생하며, 벼에서는 이삭을 흡즙하여 반점미를 발생시킨다. 종실 흡즙성 노린재 일종으로 콩류에서는 꼬투리신장기~종실비대기에 흡즙을 받으면 불임립이나 기형립, 변색립이 발생된다. 단, 콩에서는 개체수가 적어 피해가 경미하다.

27 썩덩나무노린재
(*Halyomorpha halys* Stål)

▲썩덩나무노린재 성충

▲ 썩덩나무노린재 알 및 부화유충

형태 노린재과. 성충의 몸길이는 16mm 내외이다. 어두운 갈색 바탕에 불규칙한 황갈색 반점이 있다. 개체에 따라서는 적갈색을 띤다. 더듬이는 5마디로 가늘고 검은색이다. 앞가슴등판에는 앞가장자리에 가까운 4개의 황갈색 점무늬가 가로로 1열로 나열해 있다. 알은 항아리모양이고, 상부 가장자리에 고리모양으로 작은 가시가 있으며, 옅은 황갈색이다. 유충은 어두운 갈색이다.

피해와 생태 성충과 유충이 콩과 식물의 종실을 흡즙하여 가해한다. 그 외에 감나무, 배나무, 복숭아나무, 포도나무, 매실나무, 감귤, 비파나무, 사과나무 등 과실흡즙성 해충으로도 중요하다. 연 1회 발생하는 것으로 생각되지만, 따뜻한 지역에서는 일부 2회 발생 가능성도 있다. 삼나무등의 수피 사이나 낙엽 속에서도 월동한다. 월동성충은 4월경부터 활동을 시작하여 5월 하순~6월경에 산란한다. 7월경의 세대에서는 알기간 5~7일, 유충기간 35일 전후이다. 9월경까지 성충과 유충이 혼재한다. 알은 30개정도가 무더기로 산란된다.

방제 콩 꼬투리 형성기에 등록 고시된 적용약제를 살포한다.

28 네점박이노린재
(*Homalogonia obtusa* Walker)

▲네점박이노린재 성충

형태 노린재과. 성충의 몸길이는 11mm 내외이고, 몸은 회갈색이지만 개체에 따라 옅은 청색을 띠거나 적갈색을 띠기도 한다. 앞가슴등판 앞가장자리 부근에 4개의 작은 황백색 무늬가 가로로 1열로 나열해 있다.

피해와 생태 성충과 유충이 등, 칡 등 콩과 식물에 기생하지만, 때로는 콩이나 사과나무, 복숭아나무, 감나무 등도 흡즙하여 가해한다.

29 깜보라노린재
(*Menida violacea* Motschlsky)

▲깜보라노린재 성충

형태 노린재과. 성충의 몸길이는 7.5~10mm이다. 광택이 있는 자흑색으로 앞가슴등판의 후반부에 황백색의 폭 넓은 가로띠가 있다. 소순판의 끝은 백색으로 눈에 잘 띈다.

피해와 생태 나무딸기, 상수리나무, 오이, 등, 물참나무 등 많은 식물에 기생하며, 논에 침입하여 반점미를 발생시키기도 한다. 콩에서는 꼬투리나 종실을 흡즙하여 피해를 발생시키기도 한다.

30 풀색노린재
(*Nezara antennata* Scott)

형태 어른벌레의 몸길이는 12~16㎜ 이고 빛깔은 녹색이고 광택이 있다. 알은 원통형으로 약 1.2㎜ 이고 표면은 매끄러우며 옆은 황색이다.

피해와 생태 콩과, 벼과, 가지과, 참깨과, 국화과 및 20여과의 작물 및 야생식물을 가해한다. 꼬투리의 신장기, 배 발육초기에 피해를 주며 콩이 등숙되지 못하고 점진적으로 갈색으로 변색하며 피해를 받은 잎은 노란 반점이 생긴다. 또한 콩모자이크 바이러스를 옮기는 무서운 해충이다. 1년에 2회 발생하며 상록수의 잎이나 잡초 등에 월동한 어른벌레는 4월말부터 7월초에 잠두나 완두콩에 알을 낳는다. 알기간은 4~6일이고 약충기간은 20~27일이다. 7~8월에 제1세대 어른벌레가 발생하며 콩, 팥 등에 알을 낳고 1세대를 보낸 후 9~10월에 발생하는 어른벌레로 월동한다.

방제 알에서 부화한 약충은 2~3일간 알덩이 부근에 모여 있기 때문에 이 시기에 적용약제를 살포하면 효과적이다.

▲ 풀색노린재 성충과 유충

▲ 풀색노린재에 의한 피해립

▲ 풀색노린재 성충

▲ 풀색노린재 5령 유충

31 가로줄노린재
(*Piezodorus hybneri* Gmelin)

▲ 가로줄노린재 성충

▲ 가로줄노린재 알무더기 및 2령유충

형태 노린재과. 성충의 몸길이는 9.5~ 11mm이다. 몸은 옅은 황록색으로 앞가슴등판에 붉은색(암컷, 드물게 수컷) 또는 백색(수컷, 드물게 암컷)의 가로띠가 1줄 있어 다른 종과 쉽게 구별된다.

피해 성충과 유충이 콩, 강낭콩, 누에콩, 완두, 동부, 자운영, 클로버류, 루핀콩, 알팔파 등의 콩과 식물과 현삼과 잡초 등을 흡즙하여 가해한다. 30~50개 정도의 알을 2열로 띠 모양으로 산란하며, 부화한 유충은 콩 꼬투리 위에 모여서 흡즙하여 가해한다. 성충은 종실비대 초기를 가장 선호하며, 비대 중기의 종실에 대한 가해는 풀색노린재, 알락수염노린재, 톱다리개미허리노린재보다 심한 것으로 보인다. 가해가 심하면 계속 낙엽이 지지 않고 푸르른 증상을 보이기도 한다.

생태 연 3세대. 성충은 햇볕이 잘 드는 장소의 마른 풀이나 낙엽 사이, 상록수 수풀 등에서 월동한다. 1~3세대 성충은 6월 중순~7월 하순, 8월 상순~하순, 9월 중순~10월 하순경에 나타난다. 여름에는 알기간 3~4일, 유충기간 16~19일, 3세대 성충은 교미와 산란을 하지 않고 11월 중하순경에 월동장소로 이동한다. 총 산란수는 170개 정도이다.

32 큰허리노린재
(*Molipteryx fuliginosa* Uhler)

형태 산야의 초원지대에 흔히 서식하며 몸길이는 20~25㎜내외의 대형종이며 암컷이 더 크다. 몸은 전체가 암갈색이며 광택이 없다. 더듬이는 제 1마디가 제일 길고 굵다. 제 4마디는 적갈색을 띤다. 앞가슴등판은 양 어깨가 나뭇잎 모양으로 넓적하게 돌출하였고 약간 위쪽으로 휘어졌다. 작은 방패판은 정삼각형이다. 앞날개는 비교적 좁고 막질부는 암갈색을 띤다. 다리는 비교적 가늘고 긴 편이나 뒷다리 허벅마디는 굵고 원통형이다.

피해와 생태 콩에서는 7~9월에 꼬투리를 흡즙하여 가해한다.

33 갈색날개노린재
(*Plautia crossota* Dallas)

▲ 갈색날개노린재 성충

▲ 갈색날개노린재 알

형태 노린재과. 성충의 몸길이는 10~12mm이고, 광택이 있는 녹색이지만, 가을철에는 갈색을 띤 개체도 나타난다. 앞날개는 갈색내지 어두운 갈색이다. 알은 황회백색이고, 알무더기를 형성한다. 부화유충에서 2령 유충의 몸색은 검은색이고, 3~5령 유충은 변화가 많아 녹색형, 중간형, 흑색형이 있다.

피해와 생태 광식성으로 벚나무, 뽕나무, 층층나무, 삼나무, 노송나무 등 기주식물로 47과 117종이 알려져 있다. 때때로 이상 발생하여 감귤, 배나무, 감나무, 포도나무, 매실나무, 소귀나무 등의 과실을 흡즙하여 가해한다. 콩에서는 꼬투리나 종실을 흡즙하여 피해를 일으키기도 한다. 콩에서 개체수가 적어 피해정도가 적다. 보통 연 1세대(장소에 따라서는 2~3세대)로 한반도및, 중국에 분포한다.

▲ 갈색날개노린재 성충

▲ 갈색날개노린재 5령 유충

▲ 갈색날개노린재 3령 유충

34 톱다리개미허리노린재
(*Riptortus clavatus* Thunberg)

▲ 톱다리개미허리노린재 성충

형태 어른벌레의 몸길이는 14~17㎜이고 몸의 색깔은 흑갈색부터 적갈색까지 변이가 다양하다. 수컷은 머리와 배의 측면에 검은선으로 둘러있고 황색의 불연속 무늬가 뚜렷하지만 암컷은 그 무늬가 불명확하다. 어른벌레는 날아갈 때 벌과 유사하게 날고 약충은 형태나 행동이 개미와 유사하다.

피해와 생태 콩과, 벼과, 메꽃과, 장미과, 참깨과 등 30종의 식물에 피해를 준다. 주로 꼬투리를 가해하면서 콩의 즙액을 흡즙하여 피해를 주기 때문에 꼬투리가 형성되기 시작하면서 피해를 받으면 발육이 정지되어 꼬투리가 떨어지거나 기형으로 되며 표면에 주름이 생기기도 하며 하얗게 변색되기도 한다. 이에 따라 꼬투리의 내부에는 구침이 찔린 작은 흔적을 볼 수 있다. 피해를 받은 콩의 잎이나 줄기는 현저하게 무성하고 줄기의 마디마다 작은 잎이 나오기도 하며 잎이 두껍게 되기도 한다. 포장주위의 잡초나 포장내의 작물 잔재물에서 월동한 후 이듬해 봄에 기주작물로 이동하여 피해를 주며 1년에 2~3세대가 발생한다. 1세대 어른벌레는 6월 하순~7월 하순에 발생하고 2세대 어른벌레는 8월 초순~9월 중순경에 발생하며 늦가을까지 콩의 꼬투리를 흡즙하면서 증식한다.

방제 노린재류는 이동성이 강하기 때문에 약제에 대한 접촉이 되지 않아 방제가 어렵다. 그러므로 약제의 특성에 따라 살포횟수 및 살포간격을 조절하는 것이 중요하다. 노린재류의 발생이 확인되면 콩의 꼬투리가 1~2㎝정도 자란 어린시기에 등록 적용약제로를 살포한다.

▲ 톱다리개미허리노린재 3령 유충

▲ 톱다리개미허리노린재에 의한 피해립

35 갈색날개매미충
(*Ricania* sp.)

▲ 갈색날개매미충 성충

형태 매미목 큰날개매미충과 갈색날개매미충(Ricania sp.)으로 알은 유백색 장타원형으로 길이 1.24mm이고 식물체 조직 속에 산란한다. 약충은 유백색 또는 노란색이며 항문 주변에 흰색의 밀랍물질을 부채처럼 펼치고 있으며 성충은 흑갈색이다. 5월 중순에 부화하여 4회 탈피하며 7월 중순에 성충이 된다. 가지 속에 난괴당 25~30여개 산란하며 11월 중순 성충은 죽는다.

피해와 생태 2010년 국내에 처음 발생된 광식성 해충으로 기주식물은 가죽나무, 때죽나무, 두충, 밤나무, 산수유나무, 찔레, 후박나무 등 51종을 가해한다. 가지 속 산란에 의한 가지고사, 배설물에 의한 그을음병 유발, 약충과 성충이 식물체로 부터 양분 흡즙에 의한 생육저해와 낙엽, 낙과를 유발한다.

방제 산란가지를 제거하고 약충의 방제적기는 5월 하순, 성충은 8월 상순부터 주기적으로 방제한다. 기주범위가 넓고 주 서식처가 산림이기 때문에 방제 시 인근 산림을 동시에 방제하는 것이 효과적이다.

▲ 갈색날개매미충 약충

▲ 갈색날개매미충에 의한 피해

36 끝검은말매미충
(*Bothrogonia ferruginea* Fabricius)

▲ 끝검은말매미충 성충

형태 매미충과. 성충은 날개 끝까지 몸길이가 약 13mm이다. 몸색은 아름다운 황록색이다. 정수리에 타원형의 검은색 무늬와 앞가슴등판에 3개의 검은색 원무늬가 있으며, 소순판은 등황색으로 중앙에 검은색 원무늬가 있고, 끝도 검은색이다. 앞날개는 등황색이고, 끝은 폭이 넓으며 청흑색이다.

피해와 생태 광식성으로 성충과 유충이 콩, 땅콩, 잡곡류 외에 감귤류, 포도나무, 감나무, 무화과, 뽕나무, 벽오동, 다알리아, 떡갈나무류 등을 가해한다. 콩에서는 잎, 엽병, 줄기를 흡즙하여 가해하지만, 실제적인 피해는 없다. 성충으로 월동한다.

37 말매미충
(*Cicadella viridis* Linnaeus)

▲ 말매미충 암컷성충

▲ 말매미충 성충

▲ 말매미충 성충

형태 몸길이는 8~10㎜ 내외이며 암컷이 다소 크다. 몸의 등면은 초록색에서 청록색을 띠며 채색의 변이가 심하다. 아랫면과 다리는 모두 담황색 또는 노란 색을 띤다. 머리도 담황색 또는 노란 색이 보통이고 둥글게 돌출하였는데 앞가슴등판 보다 약간 넓다. 정수리의 홑눈 사이에 한 쌍의 검은 반점을 가진다.

피해와 생태 주로 경작지 주변이나 산야의 초원지대에서 흔히 분포하며, 매미충류 중에서 가장 서식밀도가 높은 종으로 연 2회 이상 발생하고 어른벌레는 보통 6월 초순부터 9월까지 발생 가해한다.

38 담배가루이 B-type
(*Bemisia argentifolii* Bellows et Perring)

▲ 담배가루이 B-type 성충

형태 가루이과. 성충의 몸길이는 약 0.8mm이고, 날개는 흰색으로 무늬가 없으며, 몸은 옅은 황색이다. 온실가루이보다 전체적으로 가늘고 가만히 있을 때 좌우 날개가 겹쳐지지 않는다. 그러나 성충만으로 구별은 곤란하다. 4령 유충(번데기)은 황색으로 긴 타원형이고, 중앙부가 부풀어 있으며, 주변부는 옅다. 본종은 재래종인 담배가루이(B. tabaci)와 혼동되었지만, 1989년 이래 포인세치아나 토마토 등 시설재배 채소나 화훼에서 피해가 문제되어 일시 담배가루이의 새로운 계통으로 구별되었다. 미국에서도 동일한 문제가 발생하여 1994년 신종으로 위의 학명이 주어졌다.

피해와 생태 본종의 피해는 그을음병의 유발 외에 많은 기주에 백화현상을 일으키는 것이 특징이며, 토마토 착색이상이나 호박의 은엽병이 유명하다. 콩(줄기째 자른 풋콩)에서도 백색 꼬투리를 발생시켜 상품가치를 떨어뜨린다. 즉, 개화기에 기생수가 많으면 꼬투리 전체가 흰색이 된다. 꼬투리의 비대속도와 크기는 정상의 경우와 다르지 않지만, 꼬투리의 안쪽면이나 종실도 흰색이 된다. 또한 꼬투리가 어느 정도 비대한 뒤에 가해를 받으면 백화현상이 일어나지 않는다. 유충은 부화 당시를 제외하고 잎의 뒷면에 달라붙어 생활하며, 4령을 거쳐 성충이 된다. 저온에는 비교적 약하여 야외에서 월동이 불가능하다.

▲ 담배가루이 B-type 번데기

▲ 담배가루이 B-type 에 의한 피해 (꼬투리의 백화현상)

39 온실가루이
(*Trialeurodes vaporariorum* Westwood)

▲ 온실가루이 성충과 알

▲ 성충과 알

▲ 성충 및 번데기 탈피껍질

▲ 온실가루이 알

형태 가루이과. 성충은 몸길이가 0.8~1.1mm이고, 전체가 가루모양의 밀납질로 얇게 덮여있어 하얗다.

피해와 생태 알은 잎의 뒷면에 1알씩 직립하여 산란한다. 유충은 옅은 황색~옅은 황갈색으로 부화 직후 일시적으로 산란장소 부근을 돌아다니지만, 그 후 정착하여 발육한다. 4령 유충, 즉 번데기는 몸길이가 0.8~1.0mm 전후로 백색의 가시털 모양의 분비물이 드문드문 있다. 국화과, 콩과, 오이과, 가지과 등 50과 이상 약 200종의 식물이 기주로서 알려져 있다. 흡즙에 의한 잎의 황변이나 위축은 보통 일어나지 않지만, 배설물이 원인으로 그을음병이 발생하며, 이로 인해 식물체, 과실 등의 오염이나 생육불량이 일어난다. 시설재배 작물에 많고 강낭콩에도 발생하나 콩에서는 방제가 필요로 할 정도로 발생하는 경우는 없다.

방제 온실가루이는 주로 시설 고추나 피망에서 발생하며 발육기간이 짧고 산란수가 많을 뿐만 아니라 시설 내에서 휴면 하지 않는 세대가 많아 개체군의 성장이 빠르다. 유충은 주로 잎 뒷면에 붙어 고착생활을 하므로 약제 살포 시에 잎 뒷면에 잘 묻도록 살포하며 방제는 등록 약제로 농약안전사용기준에 따라 방제한다. 천적으로는 온실가루이 유충에 산란하는 온실가루이좀벌이 있다.

▲ 온실가루이 번데기와 알

▲ 온실가루이 기생상황

▲ 온실가루이 피해

40 완두수염진딧물
(*Acyrthosiphon pisum* Harris)

▲ 완두수염진딧물 성충과 유충

형태 진딧물과. 무시태생암컷은 몸길이가 약 3.8~4.2mm이다. 몸은 옅은 녹색으로 때때로 옅은 흰 가루가 붙어있고 광택은 없다. 더듬이는 6마디로 몸길이보다 훨씬 길다. 뿔관은 원통형으로 가늘고 길며, 더듬이 3번째 마디보다 약간 짧다. 꼬리조각은 크고 길다. 유시태생암컷도 몸색은 무시태생암컷과 유사하지만, 몸길이는 약 3.6mm이다.

피해와 생태 완두, 스위트피, 화이트클로버 등에 기생하는 경우가 많고, 봄철에는 대발생하는 경우가 있다. 콩이나 자운영, 잠두에 기생하는 경우가 있다.

41 아카시아진딧물
(*Aphis craccivora* Koch)

▲ 아카시아진딧물 기생상황

형태 진딧물과. 무시태생암컷은 몸길이가 1.6~2.1mm이다. 검은색에 가까운 흑갈색으로 복부 등면에 광택이 있다. 더듬이는 6마디로 몸길이보다 짧다. 뿔관은 원통형이며, 검은색으로 길이는 기부 폭의 약 5배이고, 끝부분은 약간 가늘다. 유시태생암컷은 몸길이가 약 2.1mm로 검은색이고, 더듬이는 몸길이보다 짧은 약 2/3이다. 복부 등면에는 보통 각 마디에 가로띠 무늬가 있고, 옆면에도 약간 대형의 무늬가 있다. 유충은 상당히 뚜렷한 흰 가루로 덮여 있다.

피해와 생태 봄에 누에콩, 자운영, 살갈퀴 등에 대발생하여 많은 콩과 식물로 분산 · 이주한다. 여름에는 팥, 동부, 아카시아 등에서 잘 번식한다. 콩에서는 줄기의 끝이나 신엽에 기생하지만, 발생은 적다. 많은 바이러스병을 매개하는 해충으로 중요하다.

42 콩진딧물
(*Aphis glycines* Matsumura)

▲ 콩진딧물 유충

형태 진딧물과. 무시태생암컷은 몸길이가 1.4~1.7mm이다. 몸은 황록색이고, 머리는 황색이다. 더듬이는 6마디로 몸길이보다 짧고, 뿔관은 원통형의 검은색으로 끝부분이 약간 가늘다. 꼬리조각의 털은 8~9개이다. 유시태생암컷은 몸길이가 약 1.6mm이고, 황색으로 머리와 가슴은 어두운 갈색이며, 복부 등면에 원형반점과 등면 6~8마디에 띠 모양의 반점이 있다. 더듬이는 몸길이보다 약간 짧다.

피해와 생태 성충과 유충이 콩의 잎 뒷면, 잎자루, 줄기의 끝부분, 꼬투리에 모여 살며 흡즙하여 가해한다. 잎이 위축되어 기형이 되며, 생육이 현저히 저해된다. 생태에 대해서는 불분명한 점이 많지만, 5월경부터 유시태생암컷이 콩으로 날아와 번식을 시작하여 7월 중순부터 급격히 대번식한다. 9월이 되면 밀도가 낮아지고, 10월 중순에는 유시태생암컷이 콩을 떠나 다른 곳으로 이주한다.

방제 개화기부터 꼬투리가 맺는 시기에 고온이 지속하면 발생량이 많아진다. 발생이 심해지는 7월 초순부터 콩식물체당 250마리 이상의 진딧물이 발생하면 1주 이내에 등록된 적용약제를 1~2회 정도 뿌려준다.

43 복숭아혹진딧물
(*Myzus persicae* Sulzer)

▲ 복숭아혹진딧물 성충 및 유충

▲ 진딧물에 의한 피해잎

▲ 진딧물류가 매개하는 바이러스병(잎말림)

형태 진딧물과. 무시태생암컷은 몸길이가 1.8~2.0mm이고, 몸은 흰색, 황색, 황록색, 적갈색으로 변화가 많고, 광택이 있다. 이마혹은 잘 발달되어 있다. 더듬이는 6마디로 몸길이보다 짧고, 몸과 같은 색이다. 뿔관은 긴 원통형으로 중앙부보다 약간 끝부분이 다소 부풀어 있다. 유시태생암컷은 몸길이가 약 1.9mm이다. 머리와 가슴은 검은색이고, 복부는 무시태생암컷과 유사하지만, 등면에 큰 반점무늬가 있다.

피해와 생태 성충과 유충이 잎에 기생하여 흡즙·가해한다. 주기주식물은 복숭아, 자두, 매실 등이며, 중간기주식물은 십자화과나 가지과 채소, 야생풀 등 많은 것이 알려져 있다. 콩에 기생은 비교적 적다.

방제 목화진딧물에 준하여 등록약제를 잎 뒷면에 약제가 충분히 묻도록 고루 살포하는 것이 중요하다.

44 목화진딧물
(*Aphis gossypii* Glover)

▲ 목화진딧물 유시형 성충

형태 진딧물과. 무시태생암컷은 몸길이가 약 1.2~1.7mm이다. 몸은 검은색에 가까운 어두운 녹색이다. 유충은 녹색으로 황색인 개체도 있다. 더듬이는 몸길이의 약 2/3로 옅은 황색이고, 각 마디 끝부분과 6번째 마디가 검은색이다. 유시태생암컷은 흑갈색으로 몸길이가 약 1.7mm이다. 더듬이는 검은색이다. 날개는 회색으로 날개 반점은 어두운 갈색이다. 복부 등면의 각 마디에는 소형 반점이 있는 것과 없는 것이 있다. 7~8번째 마디에는 보통 띠 모양 무늬가 있고, 복부 양 옆면에는 4개의 대형 반점이 있다. 콩진딧물과 흡사하나 꼬리조각의 색과 털의 수로 쉽게 구분할 수 있다.

피해와 생태 콩의 잎이나 줄기에 기생하여 흡즙 · 가해하며, 신엽을 뒤쪽으로 약간 마는 경우가 있다. 각종 밭작물 외에 정원수, 과수, 채소, 화훼 등 많은 식물에 기생한다. 또한 다수의 식물에서 바이러스병의 매개자로 중요하다.

방제 노지재배의 경우 유시충이 여름기주로 날아와 단위생식을 시작할 때 약제를 살포해 방제한다. 시설 내의 경우는 뒷박벌레류, 꽃등애, 진디벌 등 천적류를 방사한다. 경종적인 방제법으로는 망사나 비닐 등을 이용하여 진딧물의 기생을 차단하거나, 채소밭 주위에 큰 작물을 심어 진딧물이 채소밭으로 날아드는 것을 줄이는 방법, 진딧물이 싫어하는 색깔인 백색이나 청색테이프를 밭 주위에 쳐 놓고 진딧물의 비래량을 줄이는 방법, 진딧물의 기주식물이나 전염원이 되는 작물을 미리 제거해 진딧물 발생을 줄이는 방법 등이 있다.

▲ 목화진딧물 유시형 성충(중앙), 무시형 성충, 유충

▲ 목화진딧물 성충과 유충

▲ 목화진딧물 무리

▲ 목화진딧물 피해 잎

45 싸리수염진딧물
(*Aulacorthum solani* Kaltenbach)

▲ 싸리수염진딧물 성충과 유충

형태 진딧물과. 무시태생암컷은 몸길이가 약 3mm이다. 몸은 황록색내지 옅은 녹색으로 광택이 있다. 이마혹은 크고, 돌출하여 바깥쪽으로 기울어진다. 더듬이는 6마디로 몸길이보다 길다. 더듬이 3번째 마디의 기부 근처에 1~2개의 작은 원형감각기가 있다. 뿔관은 몸과 같은 색이고, 긴 원통형으로 기부 폭의 약 6.5배이며, 끝부분에 그물모양의 무늬가 없다. 유시태생암컷의 복부 등면 각 마디에 뚜렷하게 쌍을 이룬 가로무늬가 있다. 더듬이 3번째 마디에 7~17개의 원형감각기가 있다.

피해 종종 콩의 신엽이나 줄기에 기생하여 잎을 안쪽으로 말아 기형을 만든다. 감자, 메밀, 채소, 잡곡을 비롯한 과수, 화훼에 기생하는 경우가 많다. 많은 식물의 바이러스병 매개자로도 중요하다.

생태 추운 지역에서는 산란 암컷이나 수컷이 나타나 참소리쟁이나 레드클로버의 줄기 등에서 알로 월동하는 경우가 있다고 하지만, 따뜻한 지역에서는 태생암컷으로 월동하는 개체가 많다. 채소나 야생풀에서 월동하고 6월 이후에 번식하지만, 2세대는 유시태생암컷이 되는 개체가 많으며, 감자 등 많은 식물로 분산 이주한다. 여름철에는 개체수도 일시적으로 줄고, 무시태생암컷으로 번식을 계속하며, 가을에 다시 활발하게 번식한다.

방제 노지재배의 경우 유시충이 여름기주로 날아와 단위생식을 시작할 때 약제를 살포해 방제한다. 시설 내의 경우는 뒷박벌레류, 꽃등애, 진디벌 등 천적류를 방사한다. 경종적인 방제법으로는 망사나 비닐 등을 이용하여 진딧물의 기생을 차단하거나, 채소밭주위에 큰 작물을 심어 진딧물이 채소밭으로 날아드는 것을 줄이는 방법, 진딧물이 싫어하는 색깔인 백색이나 청색테이프를 밭 주위에 쳐 놓고 진딧물의 비래량을 줄이는 방법, 진딧물의 기주식물이나 전염원이 되는 작물을 미리 제거해 진딧물 발생을 줄이는 방법 등이 있다.

▲ 싸리수염진딧물 무시 성충

▲ 싸리수염진딧물 유시 성충

▲ 싸리수염진딧물 성충 및 탈피각

46 콩나방

(*Leguminivora glycinivorella* Matsumura)

▲ 콩나방 성충

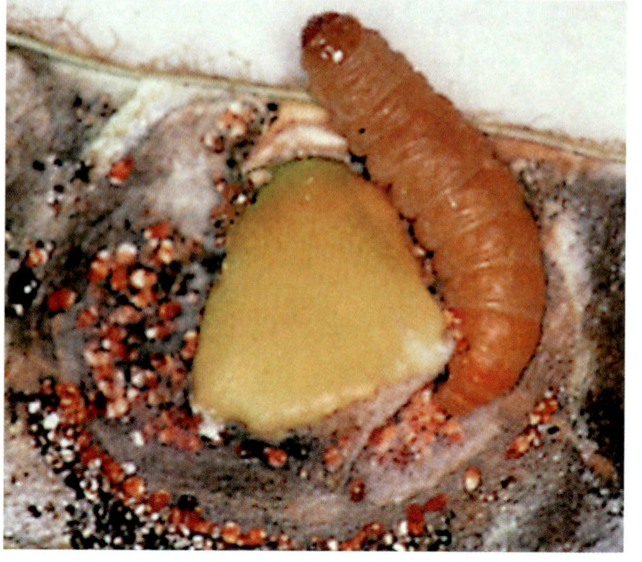

▲ 콩나방 유충

형태 잎말이나방과. 성충은 앞날개 길이가 5.3~6.5mm이다. 몸은 회색, 머리와 가슴 등면은 황색을 띤다. 앞날개는 앞가장자리를 따라 기부에서 끝까지 몇 쌍의 짧은 사선이 있고, 자금색 선이 섞여 있다. 뒷날개는 어두운 갈색이다. 알은 직경 약 0.45mm의 긴 타원형으로 편평하고, 처음에는 유백색이지만 후에 황색, 부화 전에는 배아가 등적색으로 투명하게 보인다. 유충은 어린 령기에는 머리와 앞가슴등판이 흑갈색이고 다른 곳은 유백색이지만, 종령기에는 머리와 앞가슴등판은 짙고 연한 얼룩이 있는 갈색으로 되며, 몸은 황색에서 선명한 등적색으로 변한다. 몸길이는 10mm 내외이다.

피해 콩의 최대 해충이다. 유충은 꼬투리의 안쪽 봉합선 부근으로 들어가 발육 중의 종실을 식해한다. 1마리의 유충이 식해하는 종실 수는 꼬투리의 발육정도에 따라 다르며, 어린 꼬투리에서 식해수가 증가한다. 그러나 하나의 꼬투리 내의 종실을 다 먹어도 다른 깍지로 이동하지 않고, 꼬투리가 너무 작아 먹이가 부족하면 사망한다. 하나의 꼬투리 내에 2마리 이상의 유충이 들어가면 1마리만 살아남는 경우가 많다. 팥알락명나방과 동일하며, 꼬투리를 식해하는 경우는 없다. 종실은 봉합부를 따라 홈모양으로 식해하지만, 종실을 전부 먹어치우는 경우는 드물다. 식해부는 변질되지 않는다. 꼬투리에 가는 털이 없는 품종에서는 꼬투리에 산란하는 수가 적어 피해도 적다.

생태 암컷성충은 2~4mm이상으로 성장한 꼬투리 표면에 1개씩 산란하며, 약 2주의 생존기간 중에 200~300개를 낳는다. 가는 털이 없는 품종에서는 꼬투리가 아닌 탁엽에 산란한다. 알기간은 6~10일이다. 부화한 유충은 꼬투리 내를 식해하여 2~3주에 5령을 거쳐 노숙한다. 꼬투리 테두리에 타원형의 구멍을 뚫어 탈출하고, 땅 위로 떨어져 땅속에서 고치를 만든다. 한랭지에서는 이 유충이 모두 휴면 월동하지만, 따뜻한 지역에서는 곧 번데기가 되어 우화하는 개체도 있다. 저온 지대, 저온인 해에 발생이 많다. 성충의 이동성은 적은 것으로 생각되며, 콩을 윤작하여 전년의 재배지에서 멀리 떨어지면 발생량이 줄어든다. 반대로 연작하면 증가하여 3년 이상의 연작은 피해야 한다. 콩 수확 후 가을갈이를 하면 이듬해의 발생을 줄이는 효과가 있다. 성충은 이른 아침과 일몰 1~3시간 전에 콩의 정상부위를 활발히 날아다닌다. 형광등에도 잘 날아든다.

방제 성충의 적극적인 활동시간대인 오전과 오후에 포충망으로 성충을 포획하여 밀도를 추정하여 방제여부를 결정한다. 주광성이 있어 유아등으로 유인하여 죽인다. 성충이 알을 낳기 시작하는 8월 중•하순경에 등록약제를 1~2회 정도 뿌려준다.

47 어리팥나방
(*Matsumuraeses falcana* Walsingham)

▲ 어리팥나방 유충

▲ 어리팥나방에 의한 꼬투리 피해 흔적

▲ 어리팥나방에 의한 피해

형태 잎말이나방과. 성충의 앞날개 길이는 7~10mm이다. 암컷의 앞날개 끝은 뾰족하고, 바깥가장자리는 그 밑에서 약간 오목하다. 수컷은 회황색이고, 암컷은 회갈색으로 어두운 갈색 무늬나 점이 있지만, 크기나 색채, 반점 모두 변이가 많아 같은 속의 근연종과 구별하기 어렵다. 수컷의 뒷날개에 흑갈색의 향을 발산하는 인편은 폭이 넓고 뒷가장자리를 따라서 있다. 알은 유백색이고, 유충의 몸길이는 15mm 내외이다. 머리는 황갈색이고, 몸은 옅은 황갈색이다. 번데기의 몸길이는 9mm 내외이다.

피해와 생태 유충이 콩의 중심엽이나 새싹을 철하며, 성장한 잎이 갈변하여 고사한다. 잎과 꼬투리를 동시에 철하거나 꼬투리 내에 침입하여 종실을 식해하고 배설물을 밖으로 배출한다. 머지않아 피해받은 꼬투리가 검게 변한다. 알은 1개씩 기주식물의 신초엽이나 꼬투리 외부 등에 산란한다. 콩 외에 팥, 강낭콩, 누에콩, 아카시나무, 붉은토끼풀 등이 기록되어 있다. 번데기 또는 유충으로 월동하고, 휴면하지 않는다.

48 팥알락명나방
(*Etiella zinckenella* Treitschke)

▲ 팥알락명나방 성충

▲ 팥알락명나방 유충과 피해립

형태 명나방과. 성충의 앞날개 길이는 9.6~12.7mm이다. 주둥이는 매우 길고, 머리의 앞쪽으로 돌출된다. 앞날개 앞가장자리는 흰색, 안쪽 가로선은 융기된 등갈색의 인편가루로 되어 있고, 그 바깥쪽에 옅은 황색 띠가 있다. 다른 부분은 약간 광택이 있는 납빛이다. 알은 타원형으로 장경 약 0.8mm이다. 유백색이지만 나중에 등적색으로 변한다. 유충은 중령 이하에서는 흰색, 머리는 검은색이다. 충분히 성장한 유충의 몸길이는 15~20mm이다. 머리는 황갈색이지만, 뒷가장자리는 넓고 흑갈색이다. 몸통은 약간 흰색을 띤 녹색으로 번데기가 되기 전에 등면부가 넓고 약간 홍자색을 띤다. 번데기의 몸길이는 10mm 내외이다.

피해 유충은 부화 후 24시간 이내에 꼬투리 내로 침입한다. 꼬투리는 식해하지 않고 종실을 불규칙하게 식해한다. 꼬투리 내의 콩은 전부 식해되어 부족시는 꼬투리에 구멍을 뚫고 밖으로 기어 나와 새로운 꼬투리에 침입한다. 그러므로 꼬투리에 구멍이 뚫려 배설물이 흘러나온다. 탈출한 구멍은 원형으로 꼬투리의 중앙부에 많다. 배설물은 약간 거친 톱밥모양으로 콩과 거의 같은 색이다. 콩 외에 완두도 식해한다.

생태 연평균기온이 14℃이상인 지대에 많이 발생한다. 지표나 얕은 땅속에서 고치를 만들어 노숙유충으로 월동한다. 알은 야간에 어린 꼬투리의 꽃받침 안쪽, 꼬투리의 기부, 잎자루 등에 1개씩 산란한다. 본에서는 8월에 발생하며, 4회 성충은 25℃에서 암컷은 교미 후 2~3일에 산란한다. 알기간 3~5일이다. 여름철 유충과 번데기 기간은 20수일과 10일 전후이다. 알, 유충, 번데기의 발육 영점 온도는 13.9, 15.0, 14.8℃이다. 성충은 야간 형광등에 잘 날아들고, 해상에서도 포획되므로 장거리를 날아올 수 있다고 생각된다.

49 콩명나방
(*Maruca vitrata* Fabricius)

▲ 콩명나방 성충

형태 명나방과. 성충은 앞날개 길이가 11.6~13.8mm이다. 머리는 갈색이다. 겹눈 안쪽을 따라 흰 줄이 있다. 앞날개는 황갈색으로 중앙의 대부분이 갈색을 띠며, 중실 끝에 흰색의 투명한 띠모양 무늬와 중실 안과 밑에 각각 동일한 반점무늬가 있다. 날개 끝과 뒷각은 흰색이다. 뒷날개는 흰색으로 투명하고, 바깥가장자리에 갈색의 큰 반점이 있다. 알은 편평하고, 길이가 0.6~0.9mm이며, 처음에는 투명하나 후에 붉은색으로 된다. 종령유충은 20mm 내외이다. 몸색은 황록색이다. 번데기는 11~13mm이다.

피해와 생태 꽃, 중심엽, 꼬투리 등에 산란된 알에서 부화한 유충은 3령까지 집단을 이루고, 4~5령은 분산하여 식해한다. 개화 무렵 줄기나 잎자루의 표면이 황갈색으로 변하고 벌레의 배설물을 볼 수 있다. 또한 줄기의 속 부분을 먹어 들어가며, 구멍 안이 배설물로 채워져 있는 경우도 있다. 실을 토해 꼬투리를 줄기에 철하고, 그 접촉부에서 먹어 들어가 꼬투리 내의 종실을 식해하며, 베어 먹은 콩을 만든다. 삼림지나 뽕밭 근처의 콩밭에 비교적 많다. 강낭콩, 녹두, 팥 등도 식해한다. 유충으로 월동하지만, 이른 봄에도 늦가을에도 성충이 등불에 날아드는 경우가 있다.

50 콩잎말이명나방
(*Pleuroptya ruralis* Scopoli)

▲콩잎말이명나방 성충　　▲ 콩잎말이명나방 종령유충 및 식해흔

형태 명나방과. 성충은 앞날개 길이가 13~17mm이다. 머리와 가슴, 날개는 옅은 황갈색이다. 앞날개의 안쪽 가로선, 작은 점, 무늬는 갈색이다. 앞날개의 바깥가장자리를 따라서 짙은 색의 불명료한 3개의 어두운 가로선이 있다. 뒷날개도 바깥 가장자리를 따라서 어두운 색이며, 불명료한 2~3개의 가로선이 있다. 알은 장경 약 1mm로 긴 알모양이며, 편평하고 표면에 그물모양의 주름이 있으며, 흰색으로 반투명하다. 중령유충은 몸길이가 약 22mm이다. 머리는 녹색~약간 갈색을 띤 옅은 녹갈색이다. 몸은 약간 청색을 띤 녹색으로 약하게 기름모양의 광택이 있다. 전체에 가는 털이 드문드문 나 있다. 번데기는 몸길이가 13~15mm이고, 다갈색이다.

피해 콩에서는 돌발적으로 대발생하는 경우가 있다. 부화유충은 처음에 잎의 가장자리 일부를 접고 그 안에 서식하지만, 성장하면 잎을 느슨하게 롤처럼 말아 식해한다. 유충은 1장의 잎으로 성장하지 못하고 다른 잎으로 이동하며, 몇 장의 잎을 세로로 철해 식해한다. 식해를 받은 부분은 갈색으로 변하고 고사한다. 잎자루 기부를 식해하면 그 상부가 마르고 고사한다. 개화기와 성충 출현기가 일치하는 경우, 성충 발생기에 콩이 번성한 경우, 늦게 파종하여 질소가 과다한 경우에 피해가 많다. 동해 쪽의 여러 지방에 많다. 콩, 강낭콩, 녹두 외에 거북꼬리와 섬모시풀이 콩으로 날아올 때까지 기주로 중요하다.

생태 연 2~3회 발생한다. 성충은 등불에 잘 모인다. 알은 1개 또는 몇 개씩 엽맥을 따라 산란한다. 유충은 동작이 민첩하고 꼬리부터 격렬히 몸을 움직여 아래쪽으로 도망치며, 그늘에 숨는 습성이 있다. 알, 유충, 번데기 기간은 약 5일, 20일, 9일이며, 휴면은 보이지 않고 콩 위에서 보통 2세대를 경과한다.

방제 7월 중순부터 8월 중순 사이가 부화 최성기이며 주광성이 있어 유인등으로 유인할 수 있다.

51 은무늬밤나방
(*Macdunnoughia purissima* Butler)

▲ 은무늬밤나방 성충　　▲ 은무늬밤나방 유충

형태 어른벌레는 몸길이가 18~19㎜ 정도이고 날개 편 길이는 28~29㎜이며 앞날개는 회갈색이며 중앙의 은색무늬는 작다. 알은 원형이고 애벌레는 머리 보다 꼬리부분이 굵고 앞뒤 각각 3쌍의 다리가 있으며 다 자란 애벌레는 30㎜내외로서 몸통은 황록색이고 머리 옆면에 검은 선이 있다. 몸통 등면에는 2개의 가는 흰줄이 있고 그 사이는 약간 녹색이다. 옆줄은 황백색이며 뒤로 가면서 가늘어지며 옆줄과 등줄 사이에는 미세한 띠가 있다. 3~4번째 배마디의 다리가 퇴화하여 자벌레처럼 기어 다닌다.

피해와 생태 콩, 팥, 강낭콩 등에 피해를 주며 부화 애벌레는 섭식량이 적고 아랫잎에서 부터 가해하기 때문에 가해 초기에는 피해를 찾아내기가 어렵고 애벌레가 노숙하여 섭식량이 많을 때 발견되므로 피해량이 커진다. 발생이 심할 때는 엽맥만을 남기고 식해하는 것이 특징이다. 해외로부터 이동하는 것으로 추정되며 1년에 3세대를 경과한다. (6월 중순~7월 상순, 8월 중순, 9월 중순~하순)

방제 방제는 발생이 많은 7월 중•하순에 등록약제를 살포한다.

52 콩줄기명나방
(*Ostrinia scapulalis* Walker)

▲ 콩줄기명나방 암컷성충

형태 나비목 명나방과 해충으로 조명나방과 매우 비슷하다. 성충은 앞날개 길이가 11 ~ 14mm인 나방이다. 암컷은 몸이 옅은 황갈색이다. 앞날개는 황색으로 어두운 갈색의 2개 무늬와 송곳니 모양의 물결선 3개가 있다. 수컷은 몸이 어두운 갈색이며, 암컷에 비해 가늘고 길다. 앞날개는 끝이 약간 뾰족하고, 홍갈색 ~ 어두운 갈색으로 송곳니 모양의 물결선은 황색이다. 뒷날개는 어두운 갈색으로 중앙부에 황색의 반점무늬가 있다. 근연인 조명나방과 유사하지만, 수컷의 가운데다리 종아리마디가 비대한 점이 다르다. 알은 옅은 회황색이며, 장경 약 1mm의 편평한 타원형으로 수 개에서 수십 개가 물고기 비늘모양인 알무더기로 잎 뒷면에 산란한다. 유충은 노숙하면 몸길이가 약 25mm 내외에 도달하며, 머리는 어두운 갈색 ~ 흑갈색으로 광택이 있으며, 몸통의 등면은 옅은 회황색이지만, 어두운 갈색 ~ 옅은 홍색을 띠는 것이 있다. 각 마디에 크고 작은 수 개의 갈색 ~ 옅은 갈색으로 원형 ~ 타원형의 편평한 혹돌기가 있다. 번데기의 몸길이는 약 13mm 내외이고, 방추형이며, 옅은 갈색 ~ 어두운 갈색이다.

피해와 생태 연 3회발생하며, 부화유충은 잎자루를 가해하면서 침입함으로 잎자루가 부러지거나 누렇게 변색되어 고사한다. 유충이 침입하면 부위에 배설물을 배출한다. 유충상태로 콩 등 숙주식물의 줄기나 꼬투리 속에서 월동한다. 산에 가까운 전작물 포장에서 발생량이 많다.

방제 1회 성충이 출현하는 6월 하순부터 8월 상,중순경에 10일 간격으로 적용약제를 콩 줄기에 묻도록 충분히 살포한다. 성충은 주광성을 가지고 있다.

▲ 콩줄기명나방 암컷성충(좌)과 수컷성충(우)

▲ 콩줄기명나방 유충

▲ 콩줄기명나방 유충의 피해

▲ 콩줄기명나방 유충의 피해

53 미국흰불나방
(*Hyphantria cunea* Drury)

▲미국흰불나방 산란중인 성충

▲ 미국흰불나방 유충

형태 불나방과. 성충의 앞날개 길이는 수컷 14~ 15mm, 암컷 16mm 내외이다. 몸과 날개는 흰색이다. 앞날개에 검은 점이 나타나는 상태는 개체에 따라 크게 다르며, 1회 발생의 개체에서 검은 점이 많다. 노숙유충은 몸길이가 30mm이고, 머리는 둥글고 광택이 있는 검은색이며, 몸은 가늘고 긴 원통형으로 옆선 위의 등면은 회흑색인 개체가 많지만, 거의 검은색인 것도 있다. 흰색의 긴 털로 덮여있다.

피해와 생태 유충의 먹이식물은 콩 외에 과수, 활엽수 등 백수십종에 이른다. 콩에서는 보통 큰 피해가 없다. 연 2회 발생하며, 번데기로 월동한다. 300~800개 정도가 하나의 알무더기로 잎 뒷면에 산란하며, 암컷성충의 꼬리 끝의 흰 털로 덮여있다. 3령까지는 잎 한면에 옅은 실을 치고 집단생활을 한다. 4령 이후는 분산하여 잎을 식해한다.

▲ 미국흰불나방 번데기

▲ 미국흰불나방 부화유충 및 알

▲ 미국흰불나방 약령유충과 둥지그물

▲ 미국흰불나방의 피해

54 네눈쑥가지나방

(*Ascotis selenaria* Denis et Schiffermüller)

▲네눈쑥가지나방 성충

형태 자나방과. 성충은 앞날개 길이가 23~30mm이고, 암컷은 수컷보다 약간 크다. 날개는 회색으로 촘촘하게 어두운 갈색 점이 있다. 앞날개는 검은색이고, 톱니모양의 안쪽 가로선과 바깥쪽 가로선이 있다. 알은 섬모양으로 장경 약 1mm이고, 선명한 녹색이지만 부화 직전이 되면 옅은 황록색으로 변한다. 유충은 성장하면 55~60mm이다. 3~4번째 복부마디에는 복부다리가 없다. 몸색은 황갈색, 어두운 갈색, 황록색, 황백색 등 변화가 다양하다.

피해 부화유충은 매우 활발하고, 분산하여 엽육을 먹으며 잎을 작은 구멍모양으로 식해한다. 더 성장하면 잎의 가장자리에서 일부 엽맥을 남기고 잎을 전부 갉아먹는다. 특히 신엽을 좋아한다. 유충은 이른바 자벌레이며, 식해받은 콩 위에 있을 때는 잎자루로 착각하는 경우가 있다. 콩, 강낭콩, 팥, 땅콩, 차나무, 사과나무, 감귤, 국화, 장미, 가지 등을 식해한다.

생태 연 3~4회 발생하며 번데기로 월동한다. 우화 1~3일 후 암컷성충은 수십~100여개의 알을 무더기로 식물체 위나 토양의 틈에 산란한다. 총 산란수는 월동세대 200개 이상, 다른 세대에서 1,000~2,000개이다. 3회 발생하는 경우 성충은 5월 상순~6월 중순, 6월 하순~7월 하순, 8월 상순~9월 중순에 나타난다. 발생량은 3회째가 많다. 알, 유충, 번데기 기간은 각각 6~14일, 20~28일, 14~18일이다. 성충은 주광성이 있으며, 주간에는 식물체 밑등 어두운 곳에 숨어 있다가 야간에 활동한다.

▲ 네눈쑥가지나방유충

▲ 네눈쑥가지나방에 의한 피해

55 거세미나방

(*Agrotis segetum* Denis et Schiffermüller)

▲ 거세미나방 성충

형태 밤나방과. 성충은 앞날개 길이가 16~20mm이고, 색조, 반점무늬 모두 개체변이가 있지만, 앞날개는 수컷이 옅은 회갈색이고, 뒷날개는 백색이며, 암컷은 앞날개와 뒷날개 모두 이보다 어두운 색을 띤다. 콩팥무늬, 고리무늬, 쐐기무늬는 어두운 갈색으로 뚜렷한 검은 선으로 테두리진다. 더듬이는 수컷은 빗살모양, 암컷은 실모양이다. 어린 령기의 유충의 머리는 검은색이고, 몸은 황갈색이다. 노령유충은 땅속에 들어가 있고, 몸길이가 40mm 내외이다. 몸은 약간 편평하고 몸 표면은 언뜻 보기에는 거친 피부모양으로 보이지만 표면이 매끄럽고 약간 광택이 있다.

피해와 생태 부화유충은 먼저 식물체의 생장점 부근이나 하엽 뒷면에 정착하여 섭식활동을 계속한다. 3령 이후가 되면 땅속에 들어가는 개체가 보이고, 5~6령 유충은 땅속에 있다가 야간에 활동하며, 묘나 발아한지 얼마 되지 않은 어린 묘를 지제부에서 먹어 절단한다. 이 때문에 뿌리절단벌레라 불린다. 콩의 식해는 검거세미밤나방과 같다. 유충의 발생기에 파종이 겹치면 콩의 어린식물의 피해가 심각해지지만 일반적으로 그렇게까지 심각하지는 않다. 1마리의 노숙유충이 3~5주를 절단한다. 잡초의 오래된 잎이나 마른 잎에 산란하며, 생생한 잎에 산란하는 경우는 드물다. 전체의 90%이상 알이 지표 3cm이하의 위치에 산란된다. 땅속에서 유충으로 월동한다.

방제 약제 저항성 개체가 출현해 방제에 어려움이 있으므로 약제 방제 시 가장 중요한 것은 유충이 발생할 때 적용약제를 살포해야 한다. 7~8월경 집단 방제로 가을의 대발생을 방지하고 등록약제로 농약안전사용기준에 따라 방제한다

▲ 거세미나방 유충

▲ 거세미나방 종령유충

▲ 거세미나방 피해 그루

56 검거세미나방
(*Agrotis ipsilon* Hufnagel)

▲검거세미나방 성충

▲ 검거세미나방 유충

형태 밤나방과. 성충은 앞날개 길이가 20~23mm이고, 앞날개는 수컷에서 전체적으로 회갈색을 띠고, 어두운 갈색의 반점이 있다. 암컷에서는 흑갈색을 띤다. 뒷날개는 흰색이며, 각 가장자리에 가까워질수록 어두운 갈색을 띤다. 더듬이는 수컷이 빗살모양, 암컷이 실모양이다. 유충은 몸길이가 43mm 전후이다. 노령유충은 머리가 갈색, 앞머리의 바깥쪽과 홑눈 지역에 검은 반점이 있다. 몸통은 회갈색 또는 갈색이고, 체표면은 거친 피부모양이다. 거세미나방보다 크다.

피해 유충이 발아 후 얼마 되지 않은 콩의 어린 식물체를 그루터기에서 절단하여 식해하는 뿌리절단벌레의 일종이다. 종종 절단된 어린 식물체를 땅속에 가지고 들어가므로 결주가 생겨 씨고자리파리의 피해로 착각하는 경우가 있다. 본종은 각지에서 거세미나방이나 숯검은밤나방(A. tokionis)이 함께 발생한다.

생태 연 4~5세대의 발생으로 추정된다. 25℃에서 알, 유충, 번데기 기간은 약 5일, 약 20일, 약 16일이다. 땅속에서 번데기가 된다. 암컷의 평균산란수는 2,600개이다.

57 큰거세미나방
(*Agrotis exclamationis* Linnaeus)

▲큰거세미나방 성충 ▲ 큰거세미나방 유충

형태 밤나방과. 성충은 앞날개 길이가 17~18mm이다. 몸과 앞날개는 자갈색이고, 앞날개의 안쪽과 바깥쪽 가로선은 뚜렷하며, 그 중간은 옅은 색이다. 콩팥무늬, 고리무늬, 쐐기무늬는 짙은 자갈색으로 검고 가는 테두리가 있다. 뒷날개는 회백색이다. 암컷은 전체적으로 약간 어두운 색을 띤다. 수컷의 더듬이는 톱니모양이고, 암컷은 실모양이다. 알은 직경 약 0.9mm의 만두모양이며, 산란 직후는 회백색, 나중에 회흑색으로 변한다. 노숙유충의 몸길이는 40mm 내외이다. 머리는 다갈색이고, 몸은 어두운 회갈색으로 거친 피부모양을 보이며, 검은색 반점이 흩어져 있다. 기문은 검다. 번데기의 몸길이는 18mm 내외로 갈색이다.

피해와 생태 유충은 뿌리절단벌레의 일종으로 알려져 있어 그루터기를 절단하여 생장점이나 어린뿌리를 식해한다. 콩 외에 강낭콩, 완두 등의 콩류, 그 외에 많은 작물을 가해한다. 한랭지에서 피해가 크다. 연 1~2회 발생하며, 땅속에서 유충으로 월동한다. 5월 하순경부터 활동을 시작한다. 야간이나 흐린 날에 지표로 나와 식해한다. 6월 상순경에 번데기가 되고, 6월 상순~7월 중순에 우화하며, 먹이식물의 뿌리부분 지표에 2~3개씩 산란한다. 2회째 성충은 8월 상순~9월 상순에 우화한다.

58 담배거세미나방
(*Spodoptera litura* Fabricius)

▲ 담배거세미나방 성충

▲ 위: 암컷 / 아래: 수컷

형태 알은 구형이나 약간 납작하며 직경은 0.6㎜ 정도의 알덩이로 연한 황갈색이나 분홍색이다. 애벌레의 길이는 40~45㎜이며 체색은 흑회색이나 암녹색에서 점차 적갈색 또는 백황색으로 다양하며 몸의 양 측면에 긴 띠가 있으며 등면을 따라 길게 나 있는 밝은 노란 띠가 특징이다. 번데기의 길이는 15~20㎜이고 적갈색, 복부 끝에 두 개의 작은 강모가 있다. 어른벌레의 길이는 15~20㎜이고 회갈색, 날개 편 길이는 30~38㎜이다.

피해와 생태 기주식물은 십자화과, 콩과, 가지과, 박과작물, 면화, 아마, 황마, 밀, 벼, 차, 담배, 감자, 고구마, 감귤, 국화 등 약 40과 100종에 피해를 주는 다범성 해충으로 어린 애벌레는 잎 뒷면이나 새순 부위에 무리를 지어 살며 피해를 준다. 성장한 애벌레는 낮에는 지하로 잠입하거나 낙엽 밑에 잠복하였다가 밤에 잎, 꽃봉오리 등을 가해한다. 하우스에서는 연중 대량번식이 가능하므로 주의해야 한다. 어른벌레는 우화 후 2~5일 동안 1000~2000개의 알을 100~300개의 알덩이로 잎 뒷면에 낳는다. 애벌레는 일반적으로 6령을 거치지만 온도에 따라 다르고 발육기간은 온도가 높아질수록 짧아진다. 어른벌레의 수명은 암컷이 10~12일, 수컷이 14~16일 이고 연 5세대로 1세대는 5월 순, 2세대는 6월 중순, 3세대는 7월 하순, 4세대는 8월 하순, 5세대는 9월 중하순에 각각 최대 발생 시기를 보이며 그중 4세대가 가장 발생이 많다.

방제 저항성 개체의 출현이 빠르므로 약제를 바꾸어 가며 뿌려주어야 한다. 또한 약제 방제시 가장 중요한 것은 1~2령의 애벌레가 발생할 때 살포하는 것이 방제 효과를 높일 수 있다.

▲ 담배거세미나방 유충

▲ 담배거세미나방 중령유충

▲ 담배거세미나방 종령유충

▲ 담배거세미나방에 의한 피해잎

59 도둑나방
(*Mamestra brassicae* Linnaeus)

▲ 도둑나방 성충

▲ 도둑나방 알 무더기

형태 밤나방과. 성충은 앞날개 길이가 18~23mm이고, 전체가 흑갈색이며, 앞날개에 회갈색 콩팥무늬, 고리무늬 및 복잡한 가로무늬가 있다. 날개의 바깥 가장자리를 따라 몇 개의 검은 점이 나열되어 있고, 그 안쪽에 접하여 불규칙한 검은 점이 있다. 뒷날개는 어두운 갈색이다. 알은 직경 0.6mm 내외로 만두모양이다. 수십~수백개로 된 알무더기로 산란하지만, 단층으로 털로 덮여있지 않다. 1~2령 유충의 머리는 검은색이고, 몸은 옅은 녹색이며, 1~2령 때만 자벌레 모양으로 보행한다. 4~6령에서는 옅은 갈색~회황색 또는 어두운 갈색~흑화된 개체로 변이가 크다. 6령에서는 각 복부마디 등면에 八자 모양의 검은 무늬가 있다. 근연종인 뒷흰도둑나방(→메밀)은 八자 모양의 검은 무늬가 없고, 담배거세미나방은 각 복부마디 등면의 어두운 색 무늬가 1번째 마디에서 가장 크고, 다른 것에서 작으며, 반원형으로 八자 모양이 없다는 점으로 구별된다.

피해 부화유충은 집단으로 표피를 남기고 엽육을 식해하지만, 3령 때부터 분산한다. 5~6령 특히 6령 유충은 낮에 그늘에 숨어 있다가 야간에 잎을 폭식한다. 그 때문에 야도충으로 부른다. 6령의 섭식량은 모든 유충기간 섭식량의 약 89%에 이르며, 피해가 돌발적으로 나타난다. 광식성으로 피해는 백수십종의 작물이나 식물에 이른다.

생태 성충은 저녁에 활동하며, 당밀트랩, 형광등, 블랙라이트에 유인된다. 암컷1마리당 산란수는 1,000~1,500개 정도이다. 알, 유충기간은 온도에 따라 변하지만, 5~9일과 25~60일이다. 유충기간을 단일 저온에서 보낸 개체는 동면 번데기, 장일 고온에서 보낸 개체는 하면 번데기가 된다. 하면 번데기의 출현율과 하면기의 길이는 지방에 따라 달라, 한랭지에서는 하면율이 낮고, 서남부 따뜻한 지역에서는 모든 개체가 하면한다.

▲ 도둑나방 종령유충

▲ 도둑나방 중령유충

▲ 도둑나방 부화유충 무리

60 파밤나방

(*Spodoptera exigua* Hübner)

▲ 위: 암컷 / 아래: 수컷

▲ 파밤나방 암컷성충

형태 어른벌레의 길이는 8~10㎜, 날개를 편 길이는 11~12㎜이며 앞날개는 회갈색으로 중앙부에 연한 황색 또는 황색의 점이 있고 그 옆에 콩팥 무늬가 있다. 알은 0.3㎜내외의 구형이며 담황색으로 잎 표면에 좁고 길게 무더기로 알을 낳는다. 애벌레는 황록색이며 중간 이후에는 색깔의 변화가 심하며 녹색 또는 갈색이 많다. 애벌레의 측면에는 뚜렷한 흰 선이 있고 기문 주위에는 분홍색의 반달무늬가 있다.

피해와 생태 파, 양파, 배추, 양배추, 무, 시금치, 고추, 수박, 오이, 쑥갓, 땅콩, 콩, 팥, 녹두, 강낭콩, 완두, 동부, 감자, 들깨, 옥수수, 고구마, 국화, 안개초, 카네이션, 글라디올러스, 접시꽃, 맨드라미, 엉겅퀴, 익모초, 자주개자리, 차나무, 쇠비름, 개비름, 명아주 등 40과 200여종에 피해를 준다. 어른벌레가 새순 부위에 알덩이로 알을 낳는다. 부화된 애벌레는 집단으로 새순 부위를 표피만 남기고 가해 하다가 자라면서 분산하여 독립적으로 잎과 꽃대 부위를 폭식한다. 주로 7월 이후 노지에 재배중인 어린 묘에 발생이 많으며 큰 피해를 준다. 부화 애벌레는 1㎜내외이고 다 자란 애벌레의 길이는 35㎜정도에 이른다. 알기간은 2~5일, 애벌레기간은 9~23일, 번데기기간은 5~14일, 어른벌레의 알 낳는 기간은 5~8일, 알 낳은 수는 700~1300개이다. 1년에 4~5회 발생하는데 남부지방에서는 6월 상순부터 11월 하순까지 발생하며 발생최성기는 9월 중순경이다. 중부지방에서는 월동이 불가능하지만 시설하우스 내에서 재배되는 식물에는 연중 발생한다.

방제 이 해충은 1~2령의 애벌레 기간에는 약제 방제효과가 높은 편이나 3령이후 노숙충이 되면 약제에 대한 내성이 증가하고 약제에 노출될 기회가 적어져서 방제가 어렵다. 이 해충에 발생량이 많을 때에는 7~10일 간격으로 2~3회 해뜨기전 이나 해지기 전에 적용약제를 살포하여야 효과적이다.

▲ 파밤나방 종령유충

▲ 파밤나방 유충

▲ 파밤나방에 의한 피해

61 오리나무풍뎅이
(*Anomala rufocuprea* Motschulsky)

▲ 오리나무풍뎅이 성충

형태 풍뎅이과. 성충은 몸길이가 13~18mm이며, 긴 알모양이다. 색채에는 개체변이가 뚜렷하여 동적색, 구리색, 동녹색, 녹색, 감색, 흑감색, 자감색 등이 있지만, 어느 것이나 금속광택을 지닌다. 앞가슴등판에 광택이 없는 개체가 많다. 앞날개의 세로선융기는 매우 약하다. 알은 처음에 장경 1.6mm 내외의 타원형으로 유백색이다. 토양의 수분을 흡수하여 점차 부풀어 부화 직전에는 2배 정도 커지며, 모양도 구형에 가까워진다. 유충은 노숙하면 몸길이가 23~27mm이고, 몸은 원통형으로 다소 편평하며, 정지 시에는 C자 모양으로 된다. 머리는 황갈색, 몸통은 옅은 황백색이고, 후반부는 내용물 때문에 어두운 색을 띠며, 전체적으로 갈색의 짧은 털이 있다. 가슴다리는 3쌍으로 옅은 갈색이고, 복부다리는 없다. 기문은 황갈색이다. 항문 째짐은 반달모양이다. 꼬리마디 배쪽면의 센털 열은 길고, 앞부분은 짧은 가시, 뒷부분 수십개는 가시털로 된다. 번데기는 나용이고, 몸길이가 14~16mm이며, 장타원형으로 옅은 황백색이고, 투명한 유충의 탈피각을 덮어쓰고 있다.

피해 콩의 잎을 식해하는 풍뎅이의 대표적인 종류로 성충은 7~8월에 콩의 잎을 그물모양의 식흔을 만들어 식해하며, 피해받은 잎은 조기에 낙엽이 진다. 성충은 낮에 땅속에 숨어 있다가 일몰 후 2~3시간의 비상시간 후에 식해하는 경우가 많다. 피해가 심한 경우는 그루 전체가 고사하는 경우도 있으며, 고사까지는 아니더라도 종실의 감수를 초래한다. 이른 파종에서는 감수가 적고, 늦은 파종에서는 감수가 많다. 또한 품종에 따라 가해정도에 차이가 있다고 알려져 있다. 유충은 각종 작물의 뿌리를 식해하지만, 어린 콩이 뿌리나 지제부를 식해받아 결주가 되는 경우가 있다.

생태 유충은 땅속에서 부식물과 생식물의 뿌리를 먹으며 발육하며, 유충으로 월동한다. 성충은 7월 중순에서 9월 중순까지 활동하며, 콩류나 과수 등 광엽수의 잎을 식해하며 땅속에 산란한다. 또한 수컷의 비율이 높은 해의 이듬해에는 성충의 발생이 많아지는 것으로 알려져 있다.

방제 비닐피복을 하면 밀도를 줄일 수 있으며 거의 땅속에서 생활을 하므로 약제 방제 효과가 적다.

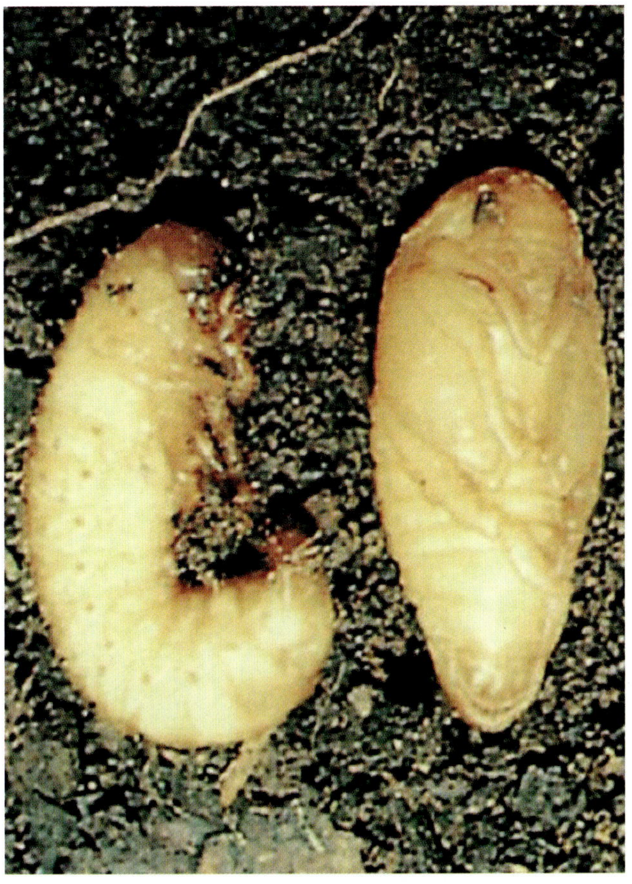

▲ 오리나무풍뎅이 유충(좌) 번데기(우)

▲ 오리나무풍뎅이 유충

▲ 오리나무풍뎅이 성충의 식해흔적

62 큰검정풍뎅이
(*Holotrichia parallela* Motschulsky)

▲ 큰검정풍뎅이 유충

형태 풍뎅이과. 성충은 알모양으로 몸길이가 17~21mm이다. 전체적으로 검은색이며, 광택은 둔하다. 앞가슴등판에는 거칠고 큰 점각이 밀포한다. 유충은 구리풍뎅이와 유사하지만, 항문 째짐은 Y자 모양이다. 꼬리마디의 배쪽면에 센털이 흩어져 있지만, 줄을 이룬 모양으로는 되지 않는다. 검정풍뎅이의 유충과도 유사하지만, 상인두 앞쪽의 가로주름부에 8개 정도의 가로주름이 있다.

피해와 생태 성충은 벚나무, 복숭아나무, 매실나무, 배나무 등의 잎을 식해하며, 유충은 임목 묘포장이나 토란의 뿌리를 식해하는 해충으로 알려져 있다. 유충이 콩의 뿌리를 식해하여 8월 하순경부터 생육이 불량해지고 포장 전체가 황화하여 낙엽이 지는 피해가 나타났었다. 콩의 종실비대기에 해당했기 때문에 콩알의 직경이 작아지고 30%의 감수를 보였다. 피해가 특히 심한 포장에서는 콩+보리류(짚은 걸러냄)의 체계를 10년 이상 계속하고 주변에는 잡목림이 많다는 등 풍뎅이의 증식에 좋은 조건을 갖추고 있었다. 연 1회 발생하고, 3령 유충으로 월동한다. 5월 하순경부터 우화하여 지상에 출현한다. 성충은 야행성으로 등불에도 날아오지만 거의 1일 간격으로 지상에 나타난다는 희한한 습성이 있다. 산란은 7~8월로 생각된다.

63 애우단풍뎅이
(*Maladera orientalis* Motschulsky)

▲ 애우단풍뎅이 성충

형태 풍뎅이과. 성충은 몸길이가 6~8mm로 알모양이다. 몸색은 벨벳모양의 검은색이다. 더듬이는 적갈색으로 9마디이며, 앞날개에는 9줄의 얕은 세로홈이 있다. 다리의 종아리마디 이하는 어두운 적갈색이다. 유충은 몸길이가 16mm 내외의 굼벵이로 항문 째짐은 Y자 모양으로 세로 째짐이 길다. 꼬리마디 배쪽면의 가시털은 20개 내외로 활모양으로 늘어선다.

피해와 생태 성충이 4~5월경부터 콩, 감자, 옥수수, 뽕나무, 배나무, 사과나무 등의 여러 작물의 잎이나 꽃을 식해한다. 콩에서 어린 싹이 땅위로 나오는 시점부터 어린줄기나 어린 잎을 식해하여 결주를 증가시킨다. 가해는 그 후 3엽기 경까지 이어진다. 전개된 잎에는 잎 가장자리부터 불규칙한 가위로 자른 듯한 식흔을 만든다. 밤색우단풍뎅이의 식흔과 유사하지만, 보다 이른 시기부터 가해를 한다. 뽕나무밭 근처나 개간지에서 피해가 많다. 보통 연 1회 발생한다. 성충은 5월 중순경부터 지상에 나타나 7~8월경까지 생존한다. 그 동안 교미하여 산란한다. 유충은 목초지나 잡초지에서 땅속의 부식질이나 식물의 뿌리를 먹으며 성장하지만, 특정 작물에 피해를 준 기록은 없다. 가을에 번데기가 되어 곧 우화하지만, 그대로 땅속에 머무르며 월동한다.

64 왜콩풍뎅이

(*Popillia japonica* Newman)

▲ 왜콩풍뎅이 성충

▲ 왜콩풍뎅이 유충

▲왜콩풍뎅이 번데기

▲왜콩풍뎅이 성충과 식해흔적

형태 풍뎅이과. 성충의 몸길이는 10~12mm로 거의 알모양이지만, 오리나무풍뎅이 등과 비교하여 약간 마름모 모양이며, 편평한 감이 있다. 앞날개만 황갈색내지 적갈색이고, 다른 부분은 짙은 금녹색이다. 꼬리 끝은 앞날개에서 돌출하며, 2개의 흰 털다발이 있다. 노숙유충은 몸길이가 18~25mm이며, 머리는 황갈색, 몸통은 엷은 황백색이며, 후반부는 청흑색을 띤다. 항문 째짐은 반달모양이다.

피해와 생태 성충이 콩의 잎을 식해하여 그물 모양의 식흔을 만들지만, 오리나무풍뎅이와 비교하여 피해가 적다. 밭작물 지대의 콩보다 논지대의 논두렁에 심겨진 콩에 모이는 경향이 있다. 유충은 잔디밭이나 목초지내지 잡초지에서 부식질이나 식물의 뿌리를 먹고 발육한다.

65 줄먹가뢰
(*Epilachna gorhami* Marseul)

▲줄먹가뢰 성충

형태 가뢰과. 성충의 몸길이는 수컷 11~14mm, 암컷 14~19mm로 가늘고 긴 딱정벌레이고, 머리는 대부분 적색으로 눈의 안쪽 및 이마조각에서 앞쪽은 검은색이며, 뒷머리에 어두운 색의 1개 무늬가 있다. 가슴, 복부, 다리 및 앞날개 모두 검은색이고, 가슴 등면 중앙에 1줄, 각 앞날개의 중앙에 1줄의 명료한 흰색 세로선이 있다. 알은 직경 2.5~3.0mm이고, 산란 후에는 유백색이지만 유황색으로 변한다. 유충은 이른바 과변태(세발톱벌레 · 딱정벌레형 · 풍뎅이형 · 나무좀형(6령))를 하며, 외형과 행동이 현저히 달라진다. 6령은 몸길이가 12~13mm이다.

피해와 생태 성충은 콩, 팥, 강낭콩, 감자, 땅콩, 가지, 고추, 사탕무, 클로버, 해바라기, 뽕나무, 목화 등의 잎을 식해한다. 밭의 한쪽에서 순차적으로 잎을 식해하며 이동한다. 개체수가 많은 경우에는 잎을 다 먹어치워 줄기만 남는다. 다만 발생이 국지적으로 최근의 대발생은 매우 드물다. 8월 말~9월경 지하 약 4~20mm에 산란한다. 유충은 땅속에 있고, 메뚜기, 방아깨비, 여치 등 메뚜기목의 알을 먹으며 생육한다. 5령 유충으로 월동하고, 이듬해 봄에 6령이 되며, 곧 번데기가 된다. 성충은 모여사는 성질이 있고, 대낮에 잎을 식해한다. 보통 보행하여 이동하지만, 짧은 거리를 날기도 한다. 암컷 1마리의 총 산란수는 400~500개이다. 70~150개를 국화 꽃 위에 낳는다. 연 1회 발생한다.

66 오이잎벌레
(*Aulacophora indica* Gmelin)

▲오이잎벌레 성충

▲오이잎벌레 종령유충

형태 잎벌레과. 성충은 몸길이가 수컷 6.5~ 8mm, 암컷 8~9mm이다. 머리와 앞가슴은 선명한 등갈색으로 광택이 있다. 앞날개는 회갈황색이다. 유충은 몸길이가 10mm 내외로 머리는 갈색, 몸통은 황색을 띤 백색이다.

피해와 생태 성충과 유충 모두 각종 오이류의 중요한 해충이며, 성충은 때때로 콩이나 무 등의 잎을 식해하는 경우가 있지만, 콩에 있어서는 중요종이 아니다. 성충으로 월동하며. 연 1회 발생한다.

67 두줄박이애잎벌레
(*Medythia nigrobilineata* Motschulsky)

▲두줄박이애잎벌레 성충

형태 잎벌레과. 성충은 몸길이가 4mm 내외이다. 머리는 갈색으로 작고, 앞가슴의 폭은 어깨보다 좁으며, 길이와 거의 같다. 앞날개의 양측은 거의 평행하고, 길이는 폭의 2배이다. 몸의 등면은 오염된 황색으로 앞날개에 1쌍의 세로로 된 검은 줄이 있다. 알은 약간 세로로 긴 구형으로 장경 약 0.4mm이고, 황백색으로 표면에 그물모양의 주름이 있다. 유충은 유백색이고, 성숙하면 몸길이가 약 4mm이다.

피해 성충이 콩, 팥, 강낭콩의 잎, 자엽, 꼬투리, 줄기를 식해한다. 자엽은 뒷면을 깊은 접시모양으로 갉아먹어 잎에 부정형의 구멍이 뚫린다. 꼬투리 표면이 식해받으면 식흔 그 자체는 작아도 이른바「갉은 꼬투리」가 되어 병균이 침입하여 검은 반점이 되며, 종실에도 지저분한 점이 생겨 품질이 떨어지는 원인이 된다. 유묘가 성충에게 심하게 식해받으면, 초기 생육이 지연된다. 본엽이 막 나왔거나 그보다 어린 유묘에서는 잎 위나 줄기의 지제부 근처에서 쉽게 성충이 발견된다. 유충은 지하 5cm정도의 주근이나 1차 측근 기부의 근립을 식해한다. 유충에 의한 피해는 보통 심하지 않지만 다수가 발생했을 때는 지상부가 생육불량이 된다. 1주에 약 40마리의 유충이 가해하는 경우, 콩의 감수는 15% 정도로 추정된다. 콩잎의 식해흔은 본종 외에 여러 종의 잎벌레류 성충에 의해서도 일어나므로 식해흔으로 해충의 종류를 판정하기는 어렵다.

생태 따뜻한 지역에서는 연 2세대, 한랭지에서는 1세대 발생한다. 성충이 밭이나 밭두둑의 낙엽이나 풀 사이에서 월동하며, 5월 하순~6월 상순경 콩밭에 나타나 8월 중하순경까지 섭식과 산란 활동을 계속한다. 뿌리부분 또는 이에 접한 토양 여기저기 산란한다. 부화유충은 지하부의 근립부로 먹어 들어가 성장하고, 노숙할 때까지 몇 개의 근립을 식해한다. 지표 부근의 땅속에서 번데기가 된다. 번데기 기간은 10일 전후, 새로운 성충은 8월 중순경부터 출현하지만, 조기에 우화한 성충은 교미와 산란을 하고, 늦가을에 번데기가 되어 우화하며, 연 2세대를 반복한다.

68 완두굴파리
(*Chromatomyia horticola* Goureau)

▲ 완두굴파리 성충

형태 굴파리과. 성충은 몸길이가 1.7~2.5mm이다. 몸은 회색이다. 암수 모두 이마와 뺨이 황색~회황색이다. 가슴은 회색이고, 가운데가슴 옆판의 윗가장자리, 뒷가장자리, 날개 기부는 황색을 띤다. 복부는 회흑색이다. 날개는 약간 어두운 색을 띠며, 붉은 광채가 강하다. 노숙유충은 몸길이가 3mm 내외로 유백색이다.

피해와 생태 유충은 완두, 스위트피, 양배추, 콩 외에 십자화과 등 11과 60종의 식물의 잎에 잠입하는 벌레이다. 매우 구불구불한 갱도를 만든다. 콩의 피해는 미미하다. 성충은 잎에 식흔을 만든다.

69 콩꼬투리혹파리
(*Asphondylia* yashimai)

▲ 콩꼬투리혹파리 유충

▲ 콩꼬투리혹파리 번데기

▲ 콩꼬투리혹파리 성충

▲ 콩꼬투리혹파리 피해증상

형태 파리목 혹파리과에 속하며 유충과 번데기의 크기는 약 3mm이며 성충의 체장은 3~4mm이고 몸체는 회갈색을 띠고 있으며 모기와 유사한 모양이나 다리와 촉각이 가늘고 길다.

피해와 생태 6월 중,하순경부터 성충이 콩 포장으로 비래한다. 남부지방의 콩재배지에서 많이 발생하기 시작하였으며 어린 꼬투리의 자실체 근처에서 산란하고 부화된 유충은 꼬투리 안에서 자실체를 먹으며 발육하여 번데기가 되므로 꼬투리가 기형화 된다. 생태가 확실하게 밝혀지지 않았다. 평균기온이 14도 이하의 지역에서 발생한다.

방제 성충 발생 최성기를 회피하는 콩 품종선택 및 파종기를 조절하여 피해를 줄이기도 한다. 약제살포는 1회의 경우 콩 꼬투리에 알을 낳는 시기인 개화기에, 2회의 경우 1회 약제 살포 후 약 7~10일에 실시한다. 약제감수성이 높아 약제 살포효과가 높다. 발생기에 강우가 지속되어 다습한 조건이 지속되거나 약제살포 시기를 놓친 경우 발생량이 많아져 피해가 증가한다.

(사진출처 : 농촌진흥청 농사로)

70 혹파리 일종
(*Asphondylia yushimai* Yukawa et Uechi)

▲ 혹파리 일종 *Asphondylia yushimai*의 성충

형태 혹파리과. 성충은 몸길이는 3mm 내외로 전체가 회갈색이고, 가슴은 붉은색을 띠며, 암컷의 산란관이 침모양이기 때문에 Asphondylia속에 속한다. 유충은 충분히 성장하면 몸길이가 3mm 내외로 등황색이고, 머리에 가까운 부분의 폭이 약간 넓다. 번데기는 짙은 적색으로 방추형이다. 머리 끝에 톱모양의 돌기가 있다. 이것은 꼬투리에서 탈출할 때 탈출공을 여는 역할을 한다.

피해 유충이 꼬투리 속의 종실에 기생한다. 꼬투리가 작을 때 종실 전체가 기생을 당하면 꼬투리는 작은 채로 발육이 정지하고, 두께만 증가하여 벌레혹으로 된다. 하나의 종실만 기생을 받으면 그 부분만 꼬투리의 발육이 정지하여 잘록하게 가늘어져 전체가 술병이나 표주박 모양의 기형인 꼬투리가 된다. 꼬투리가 다 자란 후에 기생을 받은 경우는 꼬투리는 변형되지 않지만, 종실의 발육이 정지되어 꼬투리가 비대하지 않는다. 보통 종실당 1마리 유충으로, 꼬투리당 3마리 이상의 예는 거의 없다. 피해립률은 수십%에 이르는 경우도 있어 현저한 감수를 초래한다. 피해는 여름철 고온인 해에 많다. 잔털의 유무와 피해의 정도는 품종 간에 차이가 있지만, 실용적인 저항성 품종은 없다. 암컷성충은 개화가 막 끝난 어린 꼬투리에 산란하므로 피해 회피는 성충의 비래피크를 피하여 개화하는 품종이나 경종법을 선택한다. 콩 외에 싸리류, 야생기주로 차풀, 낭아초, 도둑놈의갈고리, 돌콩, 갈퀴나물, 고삼이 알려져 있다.

생태 콩의 어린 꼬투리 내의 종실 근처에 1개씩 산란된 알은 4~5일에 부화하며, 유충이 콩립의 옆에서 성장을 시작한다. 유충의 주변에 흰색의 균사가 발생하여 자라고, 유충은 이 균사를 영양원으로 하며, 약 3주에 성장을 마친다. 연평균기온 14℃ 이남의 지대에서 피해가 크다. 콩 이외의 먹이식물에서 월동하는 듯하지만, 상세한 것은 불분명하다. 성충이 콩밭에 날아오는 것은 6월 중하순부터 시작되며, 가을(9~10월)까지 계속된다. 콩 위에서는 알기간 4~5일, 유충기간 약 20일, 번데기기간 10~15일, 성충기간 1~5일이다. 성충은 낮에는 활동하지 않고, 석양이 질 무렵부터 활동을 시작하여 교미와 산란을 한다. 우화시 번데기는 꼬투리 밖으로 몸 절반을 돌출한 상태로 유지하며, 성충 우화 후에도 번데기 껍질이 그대로 남아 있다.

▲ 혹파리 일종 *Asphondylia yushimai*의 번데기

▲ 혹파리 일종 *Asphondylia yushimai*에 의한 피해 꼬투리

71 콩잎굴파리
(*Lirimyza congesta* Becker)

▲ 콩잎굴파리에 의한 피해

형태 굴파리과 어른벌레의 몸길이는 2.6~2.9㎜이고 몸의 색은 흑색으로 약간의 광택이 있다. 애벌레의 몸길이는 약 4.0㎜로 엷은 황백색이며 번데기는 약 2.3㎜로 약간의 광택이 있는 적갈색이다.

피해와 생태 어른벌레가 콩잎에 작은 구멍을 내고 알을 낳아 부화한 애벌레가 잎에 뱀처럼 구불구불한 갱도를 뚫고 다니면서 피해를 준다. 1년에 2~3회 발생하며 잎 가장자리의 조직 안에 알을 낳고 부화된 애벌레는 여러 마리가 한곳에서 가해하기 때문에 잎 가장자리에 주머니 모양의 흰색 식흔이 생긴다. 콩, 루핀콩, 강낭콩, 완두, 누에콩, 팥, 클로버류 등 잎의 울타리조직에 잠입하여 굴곡을 이룬 선모양의 식흔을 만든다. 식흔은 6~7월에 보이지만, 큰 피해기록은 없다

72 씨고자리파리

(*Delia platura* Meigen)

▲ 씨고자리파리 성충

형태 꽃파리과. 성충은 회황색내지 어두운 회갈색의 파리로 몸길이가 5~6mm이다. 가슴 등면에 약간 짙은 3개의 세로줄이 있고(불명료한 경우도 있음), 날개는 투명하고 약간 어두운 색을 띤다. 유충은 황색을 띤 유백색이고, 성장한 것에서 몸길이가 10mm 내외이며, 죽순모양이다. 뾰족한 부분이 머리로 검은색의 입갈고리가 있다. 꼬리 끝은 잘린 모양으로 그 등면에 2개의 후기문이 있다. 알은 유백색이고, 긴 타원형으로 길이가 0.6mm 내외이다. 번데기는 갈색으로 섬모양이다.

피해와 생태 유충이 땅속에서 발아 당시의 종자나 싹을 식해한다. 땅속에서 수분을 흡수하여 팽창된 종자에 유충이 침입하여 자엽이나 배축을 가해하므로 종자가 발아하지 못하고 부패한다. 가해가 경미한 경우는 발아하지만 초기생육이 매우 느려진다. 발아 후 배축의 지제부가 집중적으로 가해받아 지상부가 시들고 현저한 생육지연이나 고사하는 경우도 있다. 콩 외에 강낭콩, 오이, 수박, 옥수수, 밭벼 등의 유묘와 생육기의 양파에도 피해가 있다.

방제 부숙퇴비 등 유기질 비료를 많이 쓰면 발생이 심하므로 이런 경우에는 성충발생 최성기를 피하여 파종하거나 발생이 많은 지역에서는 파종, 이식 전에 토양살충제를 살포하는 것이 좋다.

73 콩잎벌레
(*Pagria signata* Motschulsky)

형태 잎벌레과. 성충의 몸길이는 2.3mm 내외로 전체가 둥그스름하고, 등면은 부풀어 있다. 머리는 아래로 향하고, 겹눈은 돌출되어 있다. 머리와 가슴은 검은색이고, 더듬이와 다리는 옅은 황색이다. 앞날개의 색채, 반점무늬는 변이가 많다. 보통 황갈색으로 기부와 회합부가 검은색이고, 기부의 검은색 부분 중앙에 황색 무늬가 있다. 또한 전체적으로 거의 검은색 또는 황갈색인 개체도 있다. 알은 난황색이고, 긴 타원형으로 길이가 0.55mm이며, 5~10개의 알무더기로 산란한다. 유충은 머리가 옅은 갈색이고, 몸통이 황백색이다. 앞가슴의 등면에 반달모양의 짙은 갈색 반점이 있다. 노숙유충의 몸길이는 4.5mm 내외이다. 번데기는 옅은 황백색의 나용으로 마름모형이다, 몸길이는 2mm 내외이다.

피해와 생태 월동성충은 4~5월경 밭에 나타나 콩의 자엽 표면에 작은 접시모양의 식흔을 만든다. 또한 1번째 잎이 전개한 후는 잎에 둥근 작은 식흔을 만든다. 처음에는 한쪽의 표피를 남기지만, 나중에 남은 표피가 찢어져 구멍모양의 식흔이 된다. 피해가 심한 잎은 말려 오그라들고, 시든다. 이전에는 산간지, 개간지에서 생육 초기의 해충으로 중요시 되었다. 새로운 성충은 8월경에 발생하여 다시 콩의 잎을 식해하지만, 이 시기의 피해는 그다지 눈에 띠지 않는다. 콩 외에 팥, 강낭콩, 싸리 등의 잎을 가해한다. 성충으로 월동하며, 연 1세대이다. 알은 콩의 탁엽 그늘 등에 산란되며, 유충은 줄기에 침입하여 속을 식해한다. 노숙유충은 피해받은 줄기를 탈출하여 땅속에 조잡한 번데기방을 만들어 번데기가 된다. 유충이 근립을 식해한다는 설도 있지만, 위에서 기록된 실내실험에서는 뿌리나 근립이 제공된 유충은 섭식을 하지만 발육하지 않고 사망하였다

74 콩줄기굴파리
(*Melanagromyza sojae* Zehntner)

형태 굴파리과. 성충은 몸길이가 1.8~ 2.2mm로 가슴 등면은 다소 청록색으로 빛나고, 복부는 동흑색이며, 날개는 투명하고 무지개색의 광택이 있다. 유충은 노숙한 것에서 몸길이가 3.0~3.4mm이고, 전기문 돌기는 짧다.

피해 유충이 콩 잎의 중륵과 잎자루에서 줄기로 잠입하여 속을 식해하면서 내려가므로 생육이 현저하게 저해되고, 마디 사이가 메워져 착협수가 감소한다. 콩이 어린 시기에 식해를 받을수록, 또한 다수의 기생을 받을수록 피해가 크다.

생태 성충은 3월말부터 나타나 자운영 등에 산란한다. 콩에 산란은 5월에 파종한 여름 콩에서 보이며, 어린잎 뒷면의 중륵 부근 엽육 속에 1알씩 산란한다. 부화유충은 엽맥에서 잎자루를 거쳐 줄기 속으로 먹어 들어가며 내려가지만, 노숙하기 전에는 위로 올라온다. 어린 콩에서는 지하 1cm 내외에서 표피 부근까지 식해하며, 그 부근에서 번데기가 되는 경우가 많지만, 성장한 콩에서는 지상부 중간정도의 줄기 속에서 번데기가 된다. 알에서 성충이 될 때까지의 발육일수는 여름에는 21일 내외로 1년에 수세대 발생한다고 한다. 유충으로 자운영이나 완두 등의 지하부에 기생한 채로 월동한다.

콩 생리장애

01 습해

답이작으로 파종한 콩이 6월 하순경 장마철을 맞아 물 빠짐이 좋지 않은 포장에서 습해를 입으면 콩잎이 황화되고 생장이 더디게 된다. 습해를 막기 위해서는 물빠짐이 좋도록 물 빠짐 도랑을 깊게 하여 관리한다.

02 약해

작물 중에서 약해에 가장 약한 작물이 콩이다. 약해를 입으면 잎이 백색 또는 적갈색 반점이 되어 진행되면 말라 죽게 된다. 그러므로 콩밭 가까이에서 제초제를 뿌리거나 콩밭에 농약을 뿌릴 때는 농약 혼용가부표를 참조하여야 한다.

03 새삼

새삼의 씨앗은 밭의 흙이나 종자에 섞여 겨울을 지나고 봄이되면 씨앗이 움터 누런색의 가느다란 줄기를 민들어 식물체에 기생한다.

방제법으로는 새삼의 씨앗이 섞이지 않은 종자를 사용하며 포장에 발생한 새삼은 넝쿨을 일찍 제거하여 씨앗이 생기지 않도록한다. 외국에서는 제초제를 사용하여 방제하기도 한다.

콩
Soybean

• 사용 제한 농약성분(농약잔류조사결과) •

• PLS (농약허용물질관리제도)에 의한 등록고시된 적용 약제만 사용 •

주의사항

• 콩재배농가는 '사용 제한 농약성분' 이 포함된 농약은 사용이 불가하니 구입하거나 사용하지 말아야 하며, 해당 농약을 보관하고 있을 경우 가까운 농약판매점 또는 농협에게 반품. 교환 요청

• "농약정보서비스" (pis.rda.go.kr), "농사로"(www.nongsaro.go.kr)또는 농약판매상에게 등록여부 및 안전사용기준을 확인하고 사용할 것

콩

1. 살균제 - 콩

병해충	작용기작	농약품목명	상표명
노균병	다3	피라클로스트로빈 유제	카네기,카브리오,스탠바이
들불병	아3	발리다마이신에이 입상수화제	영일스마트
	라5	옥시테트라사이클린칼슘알킬트리메틸암모늄 수화제	성보싸이클린
	가4	옥솔린산 수화제	일기당천,콜라보,태왕,고수,일취월장,무름반점뚝,우승탄,일품
불마름병	+미분류	옥시테트라사이클린하이드로클로라이드.스트렙토마이신황산염 입상수용제	엠블런
	가4	옥솔린산 입상수화제	명품탄
	카	코퍼설페이트베이식 수화제	네오보르도
	라5	옥시테트라사이클린칼슘알킬트리메틸암모늄 수화제	성보싸이클린
	라5+미분류	옥시테트라사이클린칼슘알킬트리메틸암모늄.스트렙토마이신황산염 수화제	아그리마이신
	+미분류	옥시테트라사이클린하이드로클로라이드.스트렙토마이신황산염 입상수용제	젠토마이신
새피해경감	카	티람 종자처리액상수화제	새총
세균성점무늬병	아3	발리다마이신에이 입상수화제	영일스마트
	가4	옥솔린산 수화제	일기당천,콜라보,태왕,고수,일취월장,무름반점뚝,우승탄,일품
세균점무늬병	라5	옥시테트라사이클린칼슘알킬트리메틸암모늄 수화제	성보싸이클린
자주무늬병	나1+사1	티오파네이트메틸.트리플루미졸 수화제	굳타임,모도우리
	카	티람 종자처리액상수화제	새총
	다3	아족시스트로빈 액상수화제	오티바,행운,알리바바,소방수,바로티바,아너스,매직탄,투빅,아젠포스,두루두루,다승왕,골든왕,균디스,프리건,미라도균메카,폴리비전,탑앤탑
자주빛무늬병	사1	테트라코나졸 유제	도마크
점무늬병	나1+사1	티오파네이트메틸.트리플루미졸 수화제	모도우리,굳타임
종자소독	나1+카	베노밀.티람 수화제	큰나락,삼공베노람
콩잎줄기마름병	사1	헥사코나졸 유제	엑티베이터,희코,엠브이피.균도사,안빌,아리헥사
	다2	플루톨라닐 유제	몬카트
탄저병	다3+사1	아족시스트로빈.프로피코나졸 유현탁제	아리킬트
	다3	아족시스트로빈 액상수화제	오티바
	카+다3	디티아논.피라클로스트로빈 유현탁제	매카니
탄저병(무인항공기)	다3	크레속심메틸 액상수화제	스트로비
	카+다3	디티아논.피라클로스트로빈 유현탁제	매카니
	사1+사1	프로피코나졸.테부코나졸 유현탁제	영일베스트

2. 살충제 - 콩

병해충	작용기작	농약품목명	상표명
거세미나방	3a	베타사이플루트린 분제	지오골드
	4a+1b	클로티아니딘.페니트로티온 입제	다아라
	1b	포레이트 입제	싸이메트
노린재류	4a	디노테퓨란 액제	슐탄
	4a+3a	디노테퓨란.에토펜프록스 수화제	청실홍실
	3a	비펜트린 수화제	타스타
	3a+22a	비펜트린.인독사카브 수화제	후려니
	3a+4a	람다사이할로트린.티아메톡삼 입상수용제	스토네트
	3a	에토펜프록스 유탁제	명타자
	4a+3a	아세타미프리드.에토펜프록스 수화제	만장일치
	3a	에토펜프록스 유제	세베로
	3a+18	에토펜프록스.메톡시페노자이드 유현탁제	바로확
	3a+22a	에토펜프록스.인독사카브 수화제	바이킹
	4a	클로티아니딘 수화제	세시미
	1b	페니트로티온 유제	스미치온,슈라치온,새메프,옥토
	4a	클로티아니딘 액상수화제	빅카드
	4a	티아메톡삼 입상수화제	아타라
	4a	클로티아니딘 입상수용제	똑소리
담배거세미나방	15	루페뉴론 유제	활주로,워무킬,나방다망,충저지,나방스타,스마트킬,젠토나방킬,파밤탄,매치
	15	노발루론 액상수화제	라이몬
	3a+22a	비펜트린.인독사카브 수화제	후려니
	18	메톡시페노자이드 액상수화제	런너
	18	메톡시페노자이드 수화제	팔콘
	미분류	사이클라닐리프롤 액제	라피탄
	5	스피네토람 입상수화제	델리게이트
	4a+15	아세타미프리드.디플루벤주론 수화제	천하평정
	3a+18	에토펜프록스.메톡시페노자이드 유현탁제	바로확
	3a	에토펜프록스 유탁제	명타자
	22a	인독사카브 수화제	암메이트
	3a+28	에토펜프록스.플루벤디아마이드 수화제	패키지
	28	클로란트라닐리프롤 입상수화제	알타코아
	28	플루벤디아마이드 액상수화제	애니충
	15	클로르플루아주론 유제	아타브론

2. 살충제 - 콩

병해충	작용기작	농약품목명	상표명
담배거세미나방 (무인항공기)	3a+22b	에토펜프록스.메타플루미존 유현탁제	살리미
대만총채벌레	5	스피네토람 액상수화제	엑설트
	6	에마멕틴벤조에이트 유제	에이팜,모스파워,카이노바,쓸이충,킹팜골드,에마킹,말라타,워록,에코골드,동작그만,맥스팜,메가트론,코난,브리핑,트라제,닥터팜,메가히트,
열대거세미나방	1b+3a	디클로르보스.람다사이할로트린 분산성액제	돌격대
	18	메톡시페노자이드 액상수화제	런너
	3a+4a	람다사이할로트린.티아메톡삼 입상수용제	스토네트
	18	메톡시페노자이드 수화제	팔콘
	3a+22a	비펜트린.인독사카브 유현탁제	절대강자
	3a+22a	비펜트린.인독사카브 수화제	선제타격,후려니
	5	스피네토람 액상수화제	엑설트
	5	스피네토람 입상수화제	델리게이트
	3a+22a	에토펜프록스.인독사카브 수화제	바이킹
	22a	인독사카브 수화제	암메이트
	3a+28	에토펜프록스.플루벤디아마이드 수화제	패키지
	1b+4a	아세페이트.이미다클로프리드 수화제	아나콘다
	28	클로란트라닐리프롤 입상수화제	알타코아
	28	플루벤디아마이드 액상수화제	애니충
콩나방	1b	페니트로티온 유제	슈라치온,새메프,옥토,스미치온
	22b	메타플루미존 액상수화제	앨버드
	4a+18	클로티아니딘.메톡시페노자이드 액상수화제	유토피아
	5	스피네토람 액상수화제	엑설트
	미분류	피리달릴 유탁제	알지오
	3a+4a	람다사이할로트린.티아메톡삼 입상수용제	스토네트
	22b	메타플루미존 액상수화제	앨버드
콩진딧물	29	플로니카미드 입상수화제	세티스,헥사곤
	4a	티아클로프리드 액상수화제	프레쉬팜,융단폭격,큐티클,칼립소
	4a	아세타미프리드 수화제	젠토스타,어택트,샤프킬,모스피란
	4a+15	아세타미프리드.루페뉴론 액상수화제	젠토런
	9b	피리플루퀴나존 액상수화제	팡파레에스
	4c	설폭사플로르 입상수화제	스트레이트
	3a+4a	비펜트린.이미다클로프리드 수화제	천하무적

2. 살충제 - 콩

병해충	작용기작	농약품목명	상표명
콩진딧물	4c	설폭사플로르 액상수화제	트랜스폼
톱다리개미허리노린재	1b+3a	디클로르보스.람다사이할로트린 분산성액제	돌격대
	3a+4c	람다사이할로트린.설폭사플로르 액제	백만장자
	3a+4a	델타메트린.티아클로프리드 액상수화제	하이캇트
	3a	비펜트린 액상수화제	리모트
	3a	비펜트린 입상수화제	메이저,메가줄,캡쳐
	3a	비펜트린 유제	타스타
	3a+22a	비펜트린.인독사카브 유현탁제	절대강자
	3a+15	비펜트린.노발루론 액상수화제	다이몬파스트
	4c	설폭사플로르 입상수화제	스트레이트
	4a+15	아세타미프리드.루페뉴론 액상수화제	젠토런
	4a+3a	아세타미프리드.비펜트린 입상수화제	직격탄
	4a+15	아세타미프리드.디플루벤주론 수화제	천하평정
	1b+4a	아세페이트.이미다클로프리드 수화제	아나콘다
	3a	에토펜프록스 유제	요절충,충케이오
	3a	에토펜프록스 수화제	타키온
	3a	에토펜프록스 유탁제	젠토충패스,충졸라
	3a	에토펜프록스 캡슐현탁제	쾌속탄
	3a+22b	에토펜프록스.메타플루미존 유현탁제	살리미
	3a+28	에토펜프록스.플루벤디아마이드 수화제	패키지
	18+3a	크로마페노자이드.에토펜프록스 유제	프라우스
	4a+18	클로티아니딘.메톡시페노자이드 액상수화제	유토피아
톱다리개미허리노린재(무인항공기)	15+3a	비스트리플루론.에토펜프록스 유현탁제	자칼
	3a	비펜트린 유제	타스타
	3a+18	비펜트린.메톡시페노자이드 액상수화제	나도야
	3a+22b	에토펜프록스.메타플루미존 유현탁제	살리미
	3a+18	에토펜프록스.메톡시페노자이드 유현탁제	바로확
	3a	에토펜프록스 유탁제	명타자
파밤나방	3a	에토펜프록스 유탁제	명타자
	22a	인독사카브 수화제	암메이트
	22b	메타플루미존 액상수화제	앨버드
	28	사이안트라닐리프롤 유상수화제	베네비아

3. 기타농약 - 콩

작물세부명	용도	병해충	작용기작	농약품목명	상표명
콩	균충	조류기피	카+1a	티람.메티오카브 종자처리 액상수화제	보호망
	제초	일년생 화본과잡초	A	페녹사프로프-피-에틸 미탁제	콩풀
		일년생잡초	K3+K1	디메테나미드-피.펜디메탈린 유제	상지기
			K3	디메테나미드-피 유제	프론티어골드
			C2	리뉴론 수화제	아파론,한사리
			C2+N	리뉴론.티오벤카브 유제	아시매
			K3	메타자클로르 입제	바태바태
			K3	메톨라클로르 세립제	밧가리
			K3	메톨라클로르 유제	풀타파,바테스타, 젠토풀제거,전초전
			K3	메톨라클로르 입제	서두러,밧가리,전초전, 아리올킬,바테스타
			K3	메톨라클로르 유탁제	밧가리
			K3	알라클로르 유제	선문알라,알쏘라, 아리알라,라쏘, 성보알라,동방알라, 삼공알라,경농알라
			K3	알라클로르 입제	선문알라,아리알라, 라쏘,동방알라, 삼공알라,경농알라
			K3	에스-메톨라클로르 유제	둥실,슈러장군,밭대장, 듀알골드
			K3	에스-메톨라클로르 입제	밭대장,듀알골드,둥실
			F3	클로마존 입제	콩맨드
			K1	에탈플루랄린 유제	쏘나란
			K1	트리플루랄린 유제	삼공트리린,동방트리린
		일년생잡초 (광엽 및 화본과)	K1	에탈플루랄린 입제	쏘나란
		일년생잡초 (화본과)	A	세톡시딤 유제	나브
			A	클레토딤 유제	셀렉트
			A	페녹사프로프-피-에틸 유탁제	화본킬,푸로레
			A	프로파퀴자포프 유제	아질
			A	플루아지포프-피-뷰틸 유제	풀명장,그래스다운, 젠스필드,뉴원싸이드
			A	할록시포프-아르-메틸 유제	슈퍼갤런트
콩밭	제초	일년생 화본과잡초	A	페녹사프로프-피-에틸 분산성액제	푸레만
		일년생잡초	H	글루포시네이트암모늄 액제	바스타,삭술이, 바로바로
			H	글루포시네이트-피 액제	자쿠사,바로바로

3. 기타농약 - 콩

작물세부명	용도	병해충	작용기작	농약품목명	상표명
콩밭	제초	일년생잡초	K3	메타자클로르 액상수화제	바태바태
			K3	나프로파마이드 입제	파워리놀
			K3+K3	메톨라클로르.나프로파마이드 입제	롱런
			K3	에스-메톨라클로르 유제	초깨비,초간편,풀에신
				에스-메톨라클로르 입제	미리처
			E+H	플루티아셋메틸. 글루포시네이트암모늄 미탁제	확타
			K3+N	에스-메톨라클로르. 티오벤카브 입제	밭대왕
			K3+N	에스-메톨라클로르. 티오벤카브 유제	다지기
		일년생잡초(화본과)	A	플루아지포프-피-뷰틸 유제	신싸이드
콩밭(휴간)	제초	일년생잡초	H+E	글루포시네이트암모늄. 티아페나실 액상수화제	테라도골드

부록

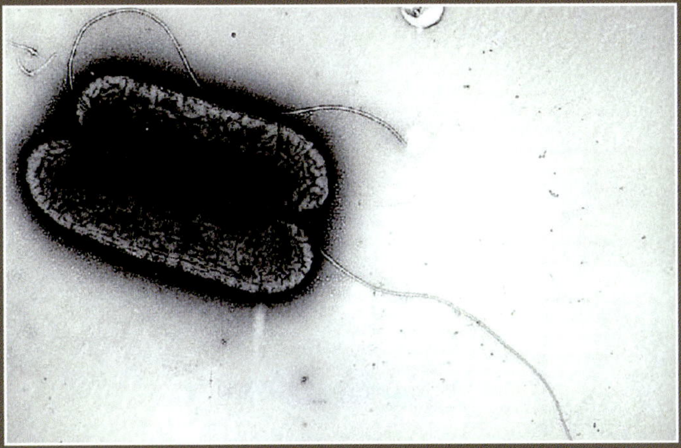

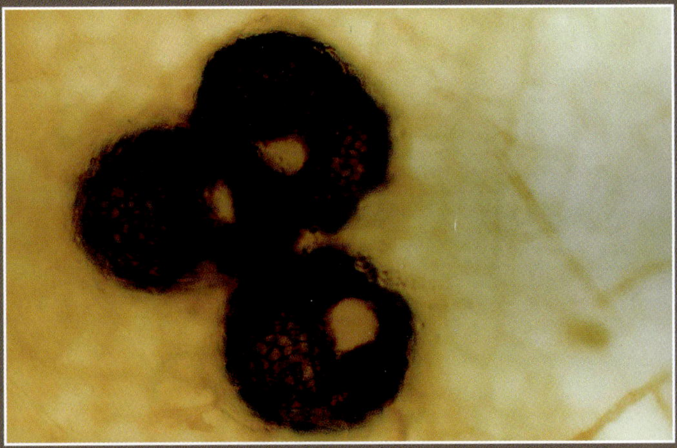

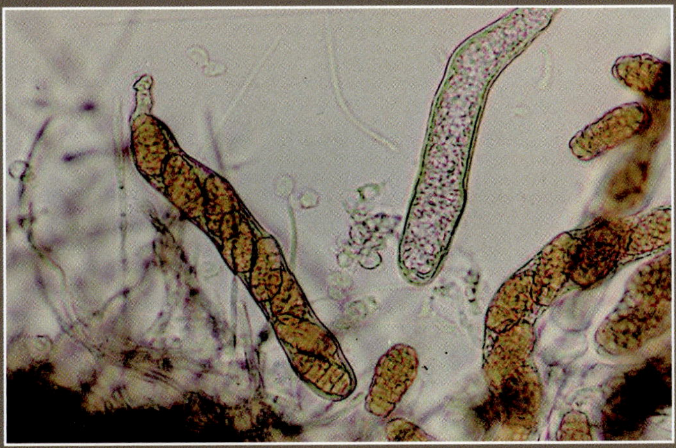

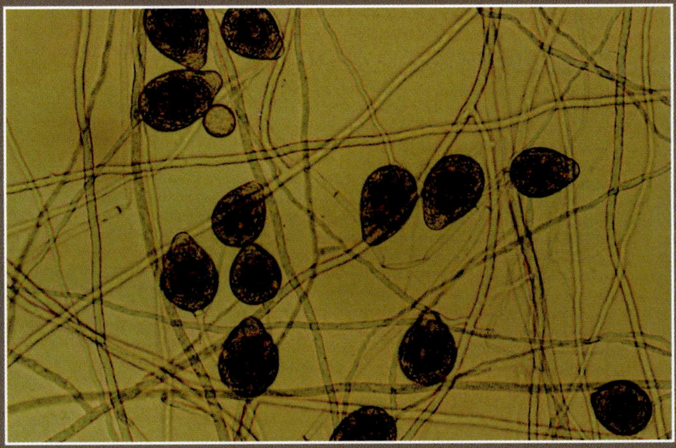

식물병원체

1. 바이러스의 분류
2. 세균의 분류
3. 진균 및 기타 균류의 분류

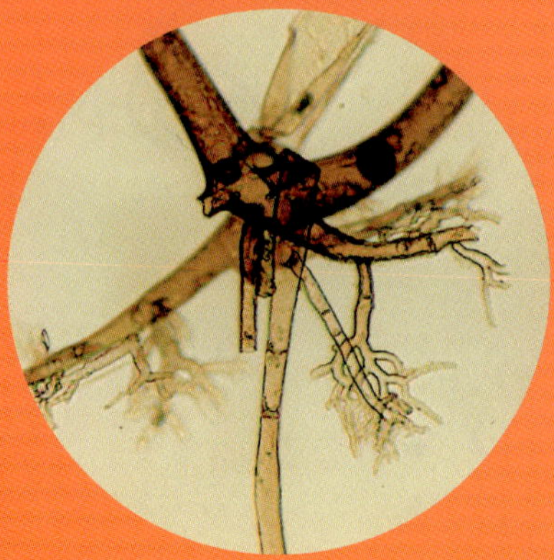

식물병원체의 분류

Ⅰ. 바이러스 분류

초기의 식물바이러스 분류는 분리기주, 기주반응 및 전염양식을 대상으로 하였는데, 1950년~1960년대에 수백 종의 바이러스들이 분류 보고되면서 식물바이러스에 대한 분류체계의 필요성을 인식하게 되었다. 이에 보다 정확한 분류와 동정을 하기 위해서는 바이러스의 외피단백질, 핵산의 염기서열 및 핵산교잡(hybridization) 등을 이용한 분자생물학적 방법이 사용되고 있다. ICTV(The International Committee on Taxonomy of Viruses)는 1998년에 그 때까지 보고된 총 987종의 식물바이러스를 게놈의 종류에 따라 DNA 바이러스와 RNA 바이러스로 나누었으며, 또한 게놈의 가닥에 따라 외가닥(ss)과 겹가닥(ds)으로 구분하여 Group Ⅰ~ Ⅶ까지 7종으로 구분하였다. 그 중 ssDNA 바이러스 Group Ⅱ는 4종의 속(genera), dsRNA인 Group Ⅲ을 6종의 속으로 분류하였으며, 거의 대부분을 차지하는 positive(+) ssRNA는 7과(family) 47속으로, negative(-) ssRNA는 6종의 속으로, Group Ⅶ에 속하는 RNA역전사를 갖는 dsDNA 바이러스는 2종의 속으로 분류하였다

그림1. 식물바이러스의 분류 (ICTV. 1998)

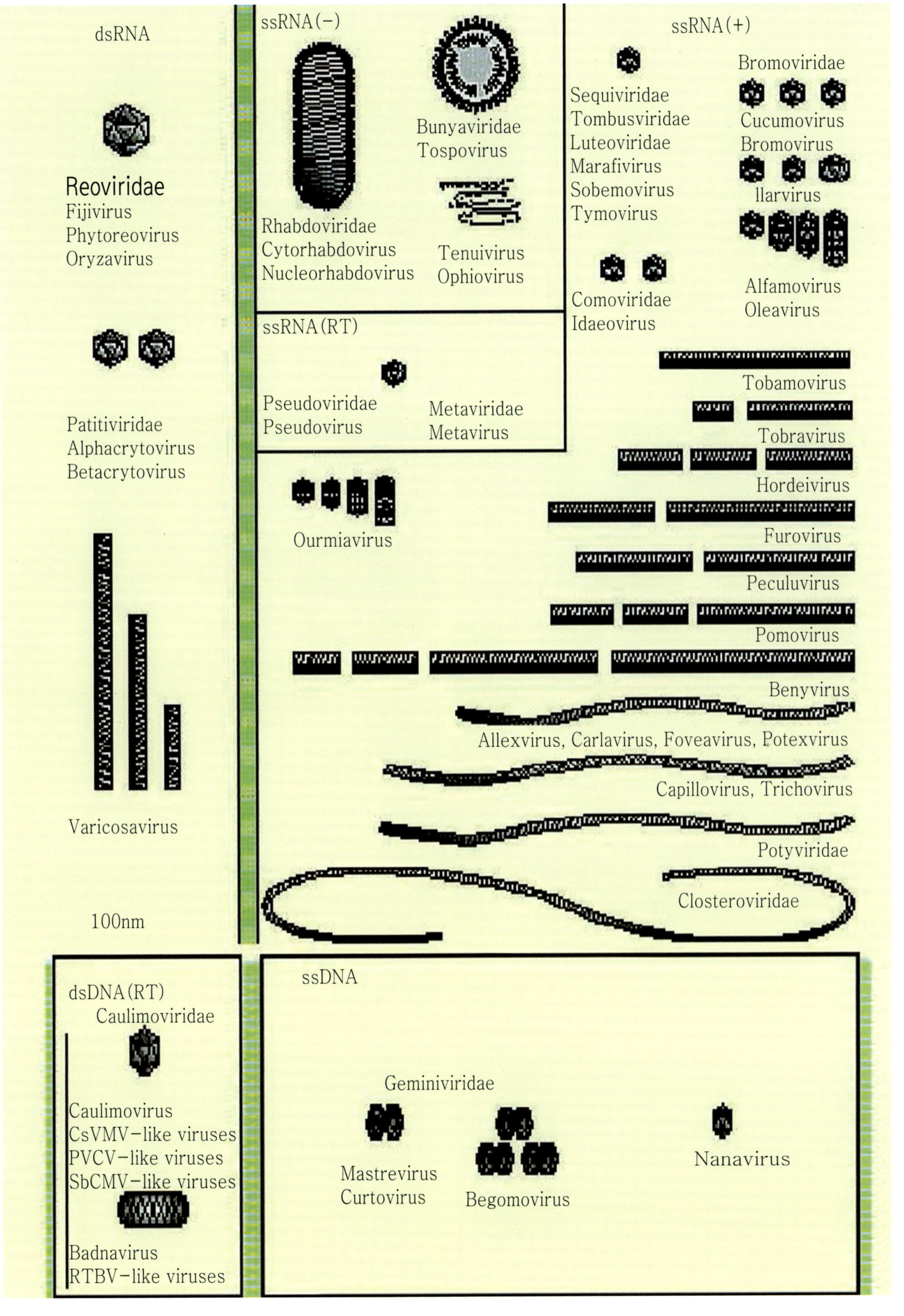

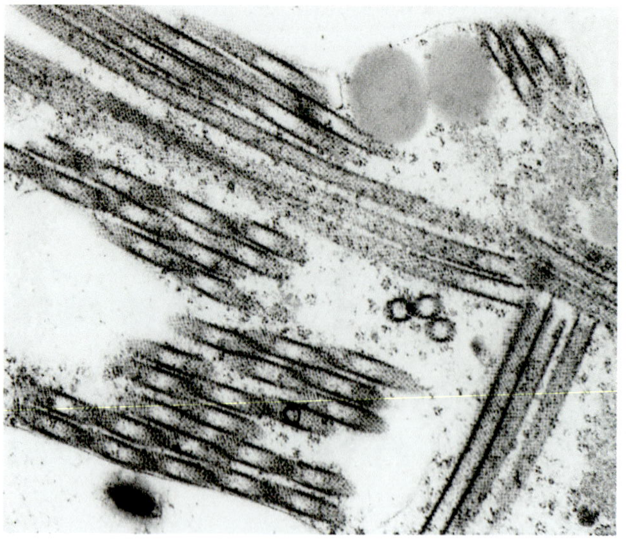

Broad bean wilt virus (감염조직)

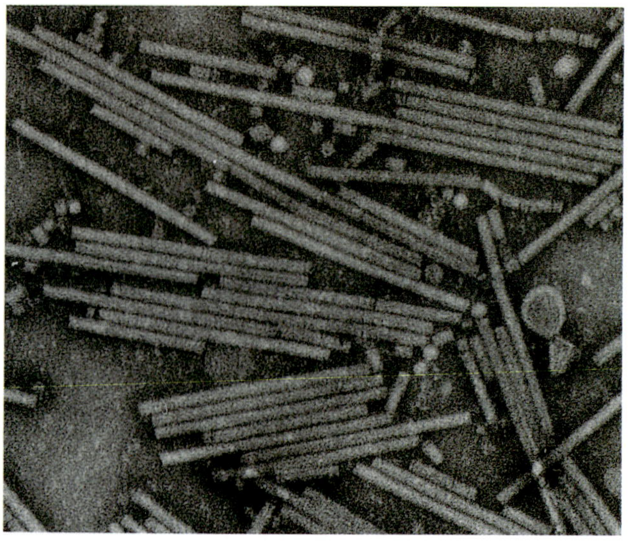

Cucumber green mottle mosaic virus(입자)

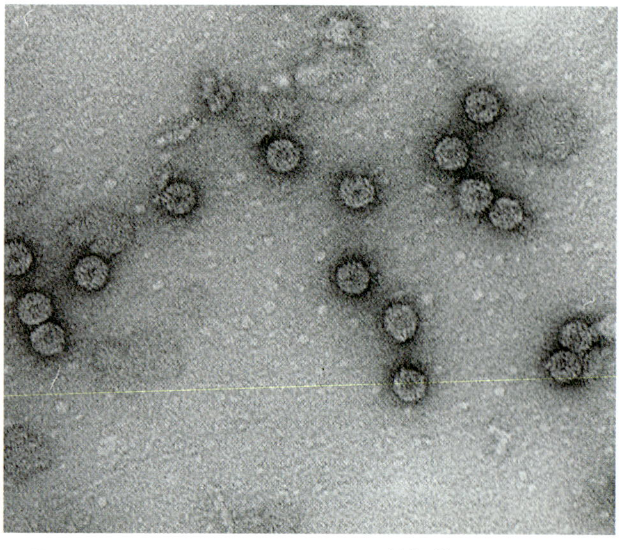

Cucumber mosaic virus (입자)

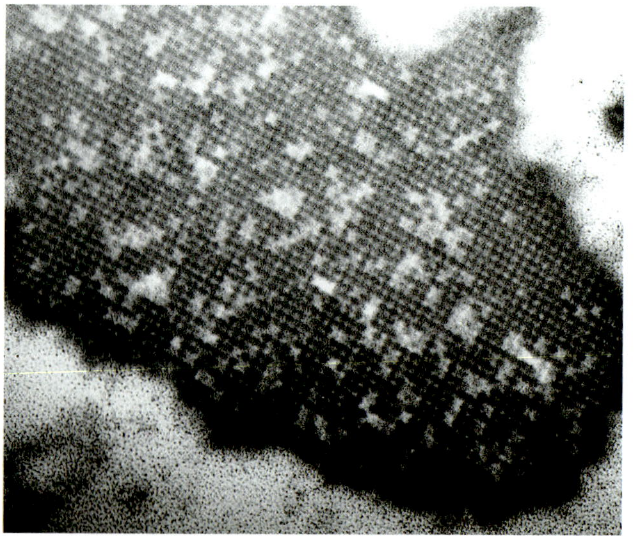

Cucumber mosaic virus-N (감염조직내 바이러스 입자)

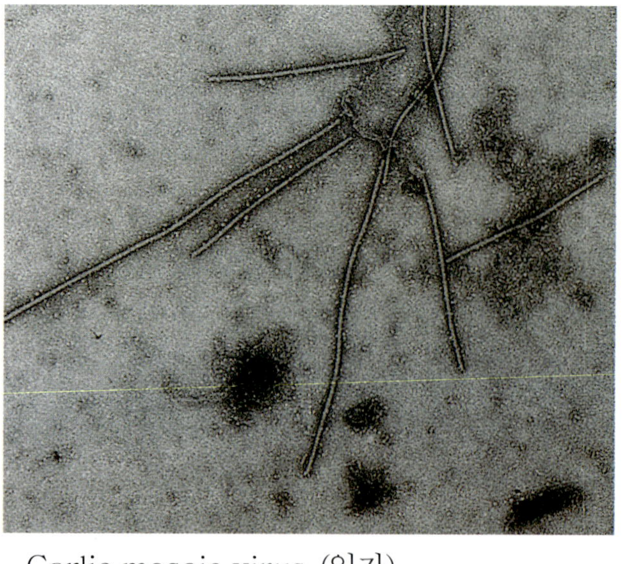

Garlic mosaic virus (입자)

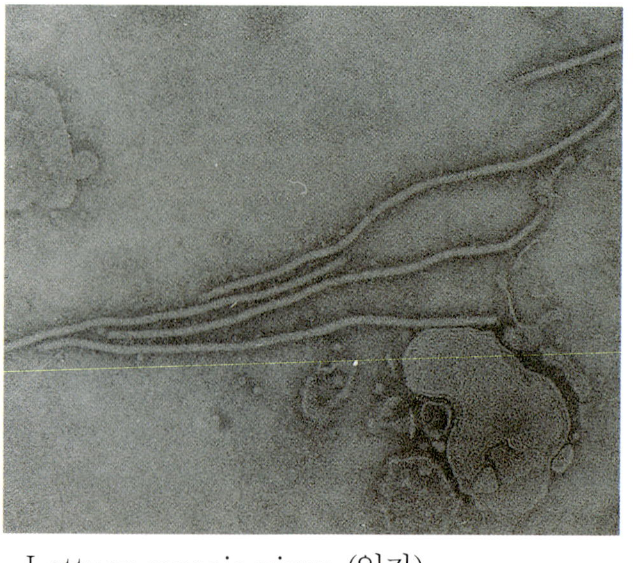

Lettuce mosaic virus (입자)

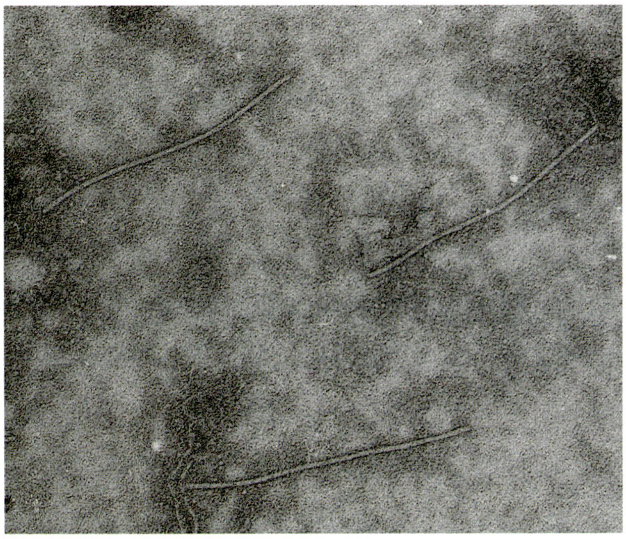

Onion yellow dwarf virus (입자)

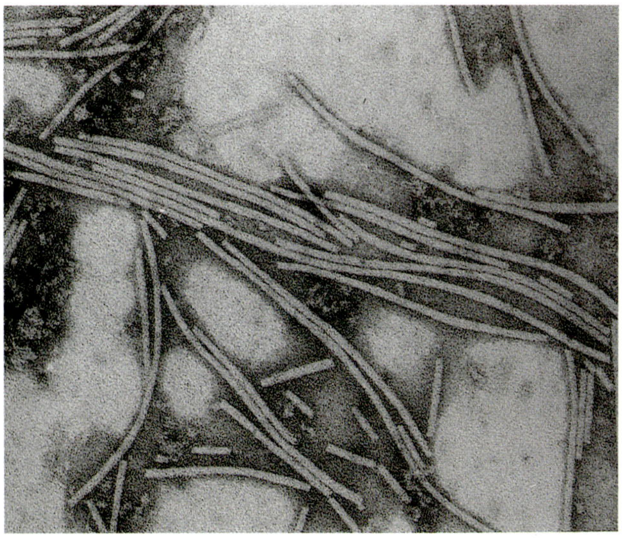

Potato virus Y (입자)

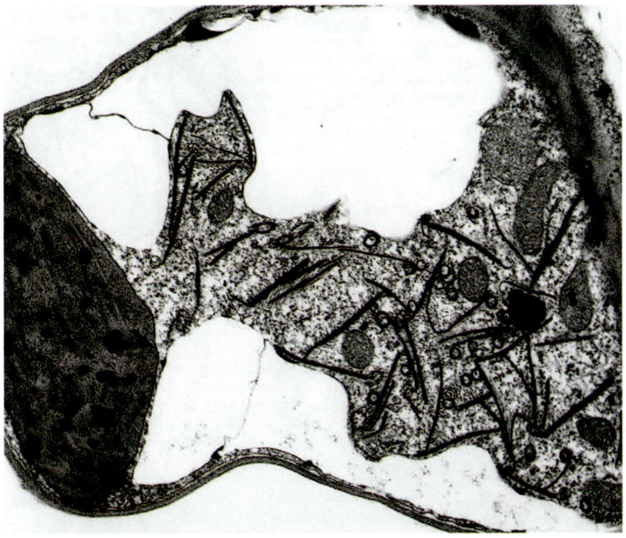

Radish vein clearing virus (감염조직)

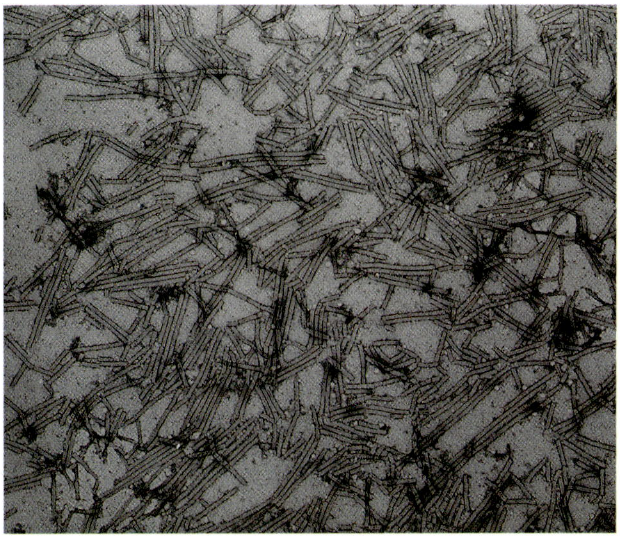

Radish mosaic virus (입자)

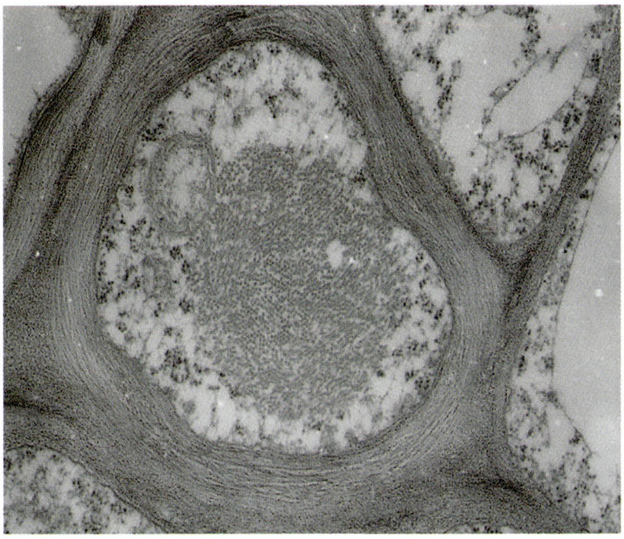

Strawberry mottle virus (감염조직)

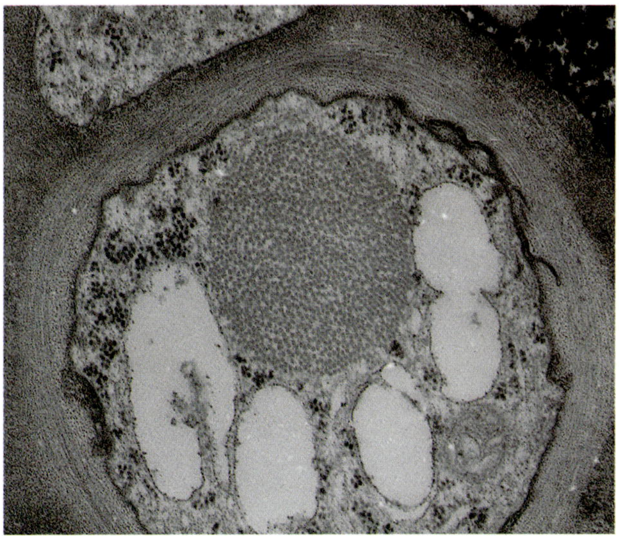

Strawberry mild yellow edge virus (감염조직)

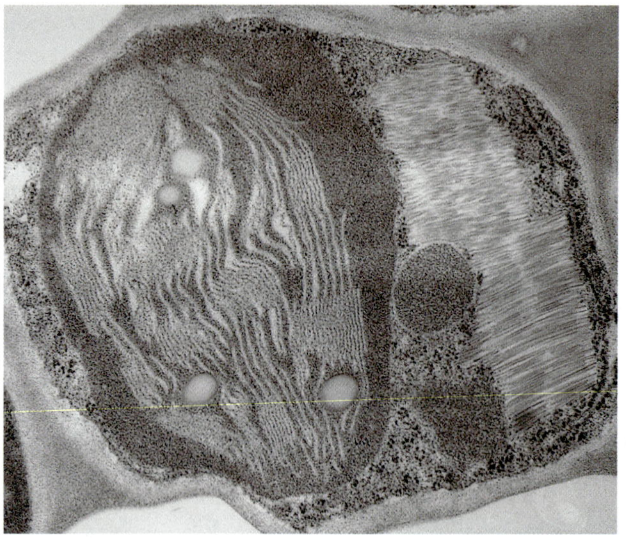

Tobacco mosaic virus (감염조직)

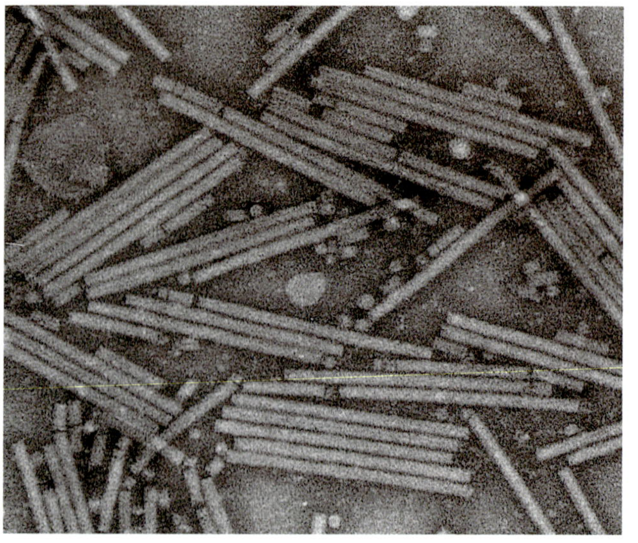

Tomato mosaic virus (입자)

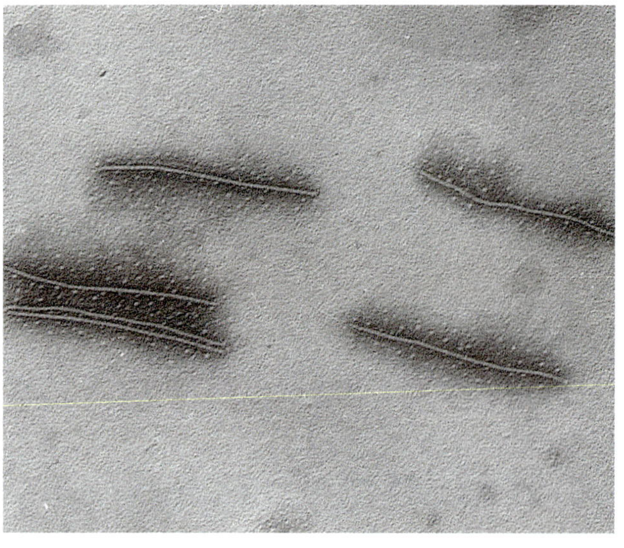

Turnip mosaic virus (입자)

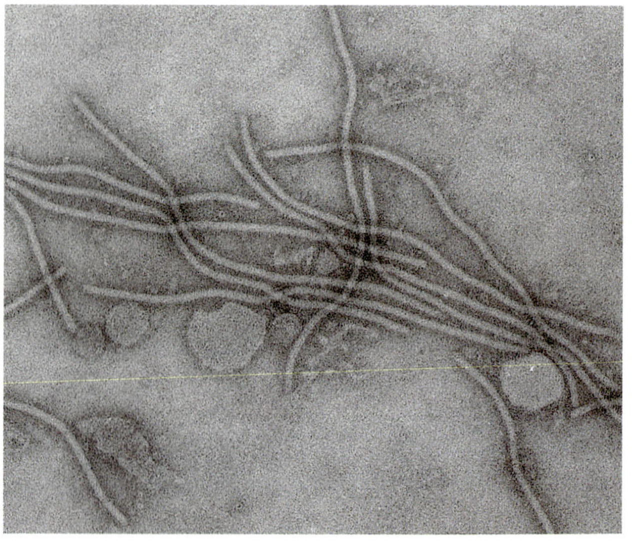

Watermelon mosaic virus (입자)

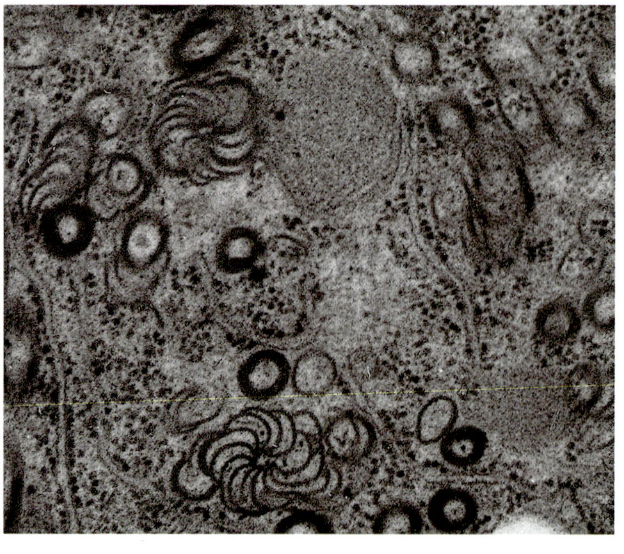

Zucchini yellow mosaic virus
(감염조직)

Ⅱ. 세균의 분류

1996년 국제식물병리학회 산하 식물 병원세균 분류 소위원회는 식물에 병을 일으키는 세균으로 120여 종, 340여 병원형(pathovar)이 존재한다고 보고하였다. 1998년에 발간된 한국식물병명 목록에는 국내에 32종, 52병원형의 식물 병원세균이 기록되어 있다. 최근에 식물 병원세균의 새로운 학명이 계속 발표되고 있으며, 집필자에 따라 사용하는 학명이 달라 혼동되는 경우가 많다. 새로운 학명 및 새로운 분류를 제안하게 된 것은 새로운 속과 종이 발견되고, 분류수단의 발달로 분류의 기준에 대한 견해가 변화되었기 때문이다. 현대의 세균 분류는 수많은 종류의 표현형질, 유전형질, 계통분류학적인 정보를 종합하여 분류하는 다상분류(polyphasic taxonomy)로 발전하고 있으며, 유전형질의 정보는 세포에 존재하는 핵산으로부터 얻는 반면, 표현형질의 정보는 단백질, 화학분류의 지표, 그 외 표현되는 특징으로부터 얻어진다. 현재까지 정립된 식물 병원세균의 분류체계 및 각 분류군별 해당되는 속명은 다음과 같다.

Kingdom Procaryote(원핵생물계)

Division Gracilicutes : 균체의 외피는 외막, 세포벽, 세포막으로 구성되어 있으며, 내생포자를 형성하지 않는다.

Class Proteobacteria : rRNA의 상동성에 기초를 두어 만들어진 강으로 알파, 베타, 감마군으로 나뉘어지며, 그램음성이다.

Alpha subclass

Family Rhizobiaceae

Genus *Agrobacterium*

Family 미정

Genus *Rhizomonas, Rhizobacter*

Beta subclass

Family Comamonadaceae

Genus *Acidovorax, Burkholderia, Ralstonia, Xylophilus*

Family 미정

Genus *Herbaspirillum*

Gamma subclass

Order Spirichaetales

Family Pseudomonadaceae

Genus *Pseudomonas, Xanthomonas*

Family Enterobacteriaceae

Genus *Erwinia, Pectobacterium, Pantoea, Brenneria*

Order 및 Family 미정

Genus *Xylella*, Rickettisia like bacteria

Division Firmicutes : 외막이 없고, 세포벽은 두꺼운 펩티드글루칸으로 되어 있으며, 그램양성이다. 내생포자를 형성하는 것과 형성하지 않는 것이 있다.

Class Firmibacteria : 내생포자를 형성한다.

Order 및 Family 미정

Genus *Bacillus, Clostridium*

Class Thallobacteria : 내생포자를 형성하지 않는다.

Order 및 Family 미정

Genus *Arthrobacter, Clavibacter, Curtobacterium, Rathayibacter*

Family Norcardiaceae

Genus *Rhodococcus*

Family Streptomycetaceae

Genus *Streptomyces*

Division Tenericutes : 외막과 세포벽이 없고, 세포막은 외부와 접하고 있으며, 모양과 크기에 변화가 많다.

Class Molicutes

Order Mycoplasmatales

Family Spiroplasmataceae

Genus *Spiroplasma*

Order 및 Family 미정

Genus *Phytoplasma*

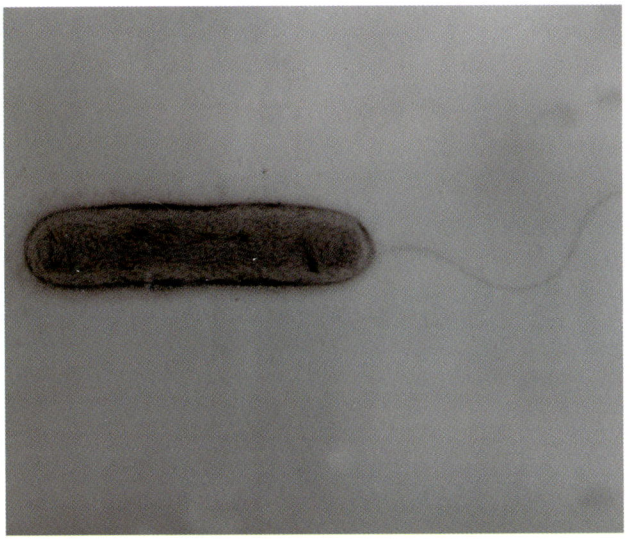

Acidovorax avenae subsp. citrulli

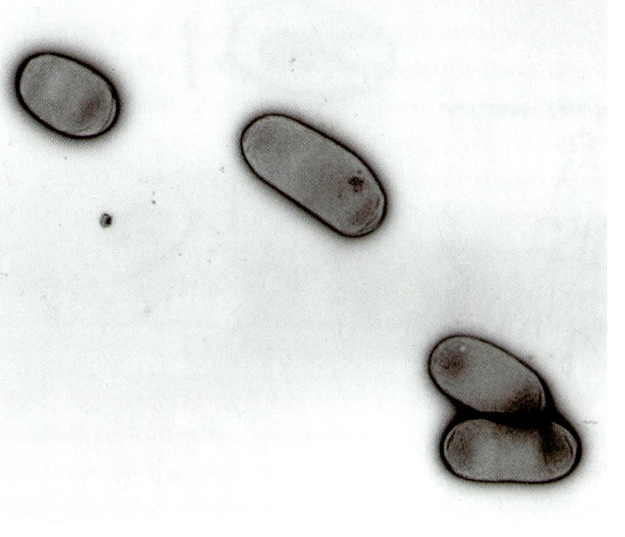

Clavibacter michiganensis subsp. *michiganensis*

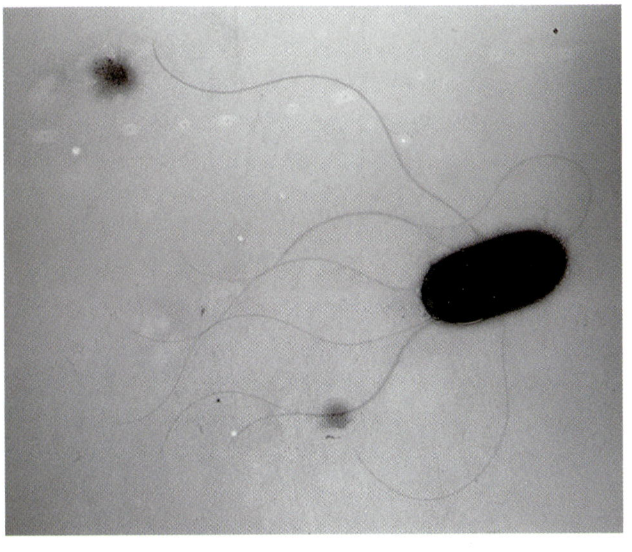

Erwinia carotovora subsp. *carotovora*

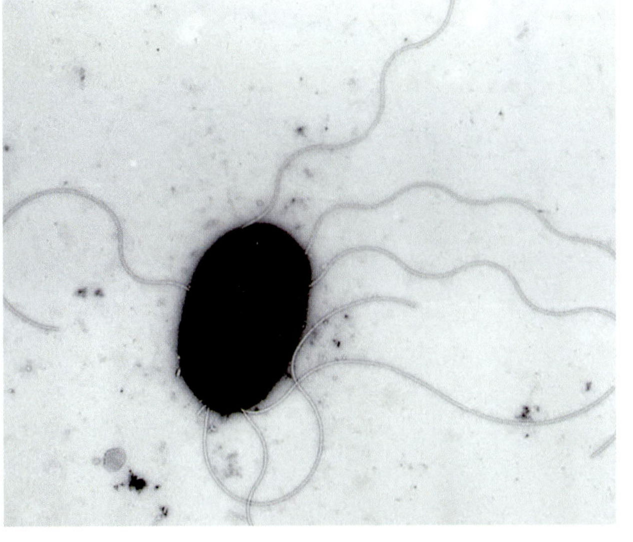

Erwinia tracheiphila

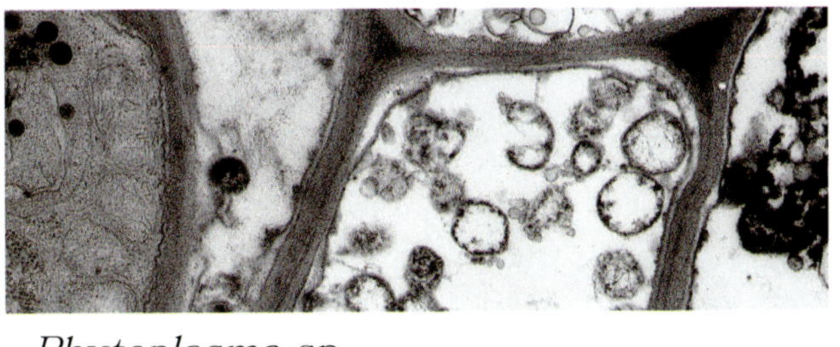

Phytoplasma sp.

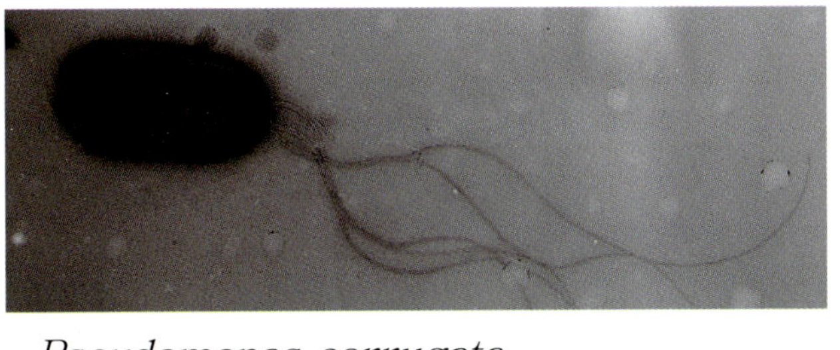

Pseudomonas corrugata

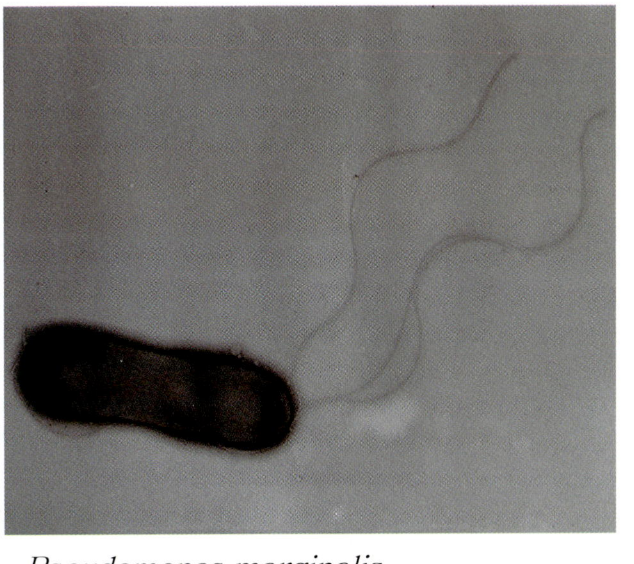

Pseudomonas marginalis

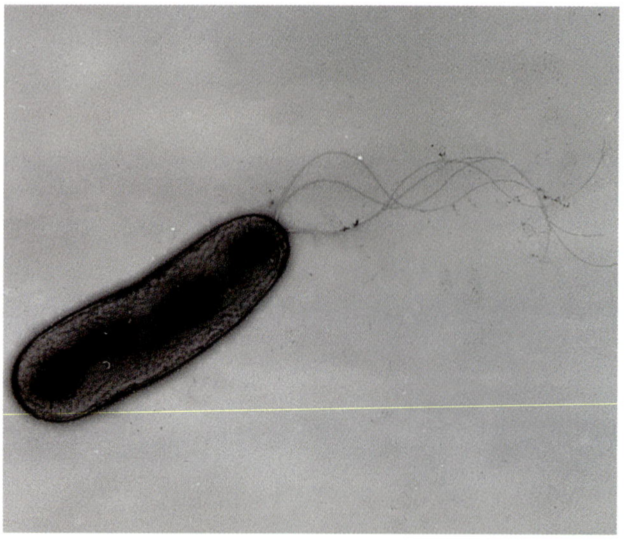

Pseudomonas syringae pv. *lachrymans*

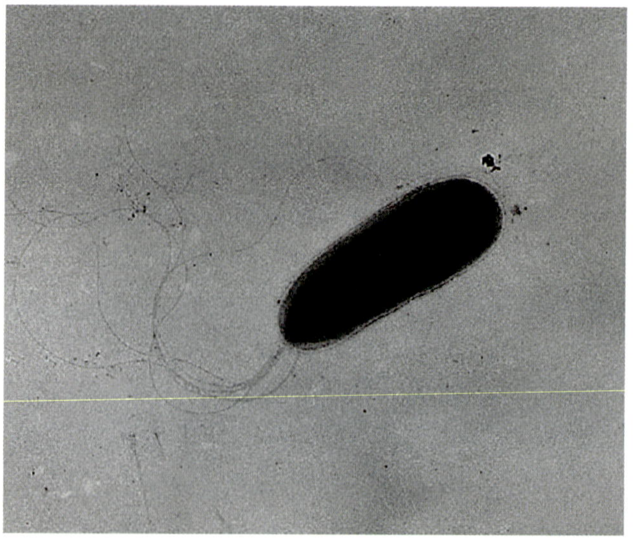

Pseudomonas syringae pv. *maculicola*

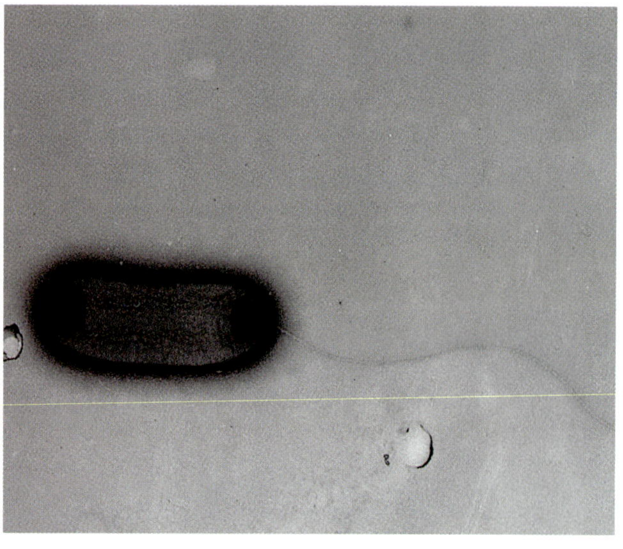

Pseudomonas viridiflava

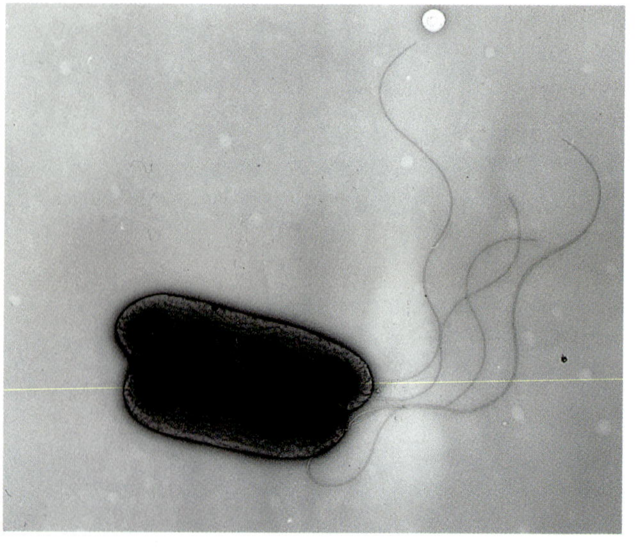

Ralstonia solanacearum

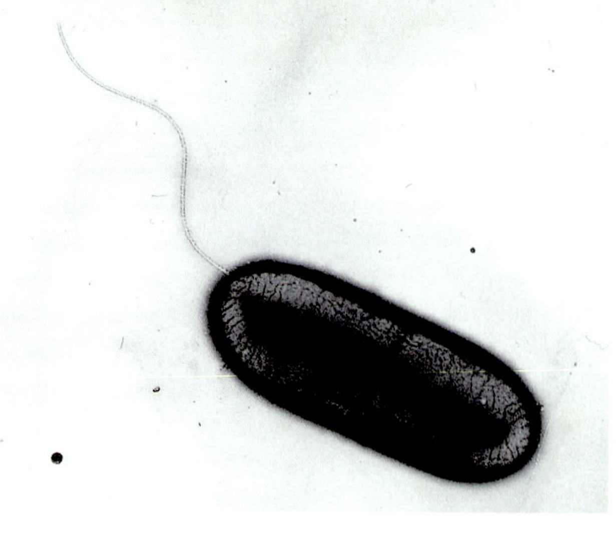

Xanthomonas campestris pv. *campestris*

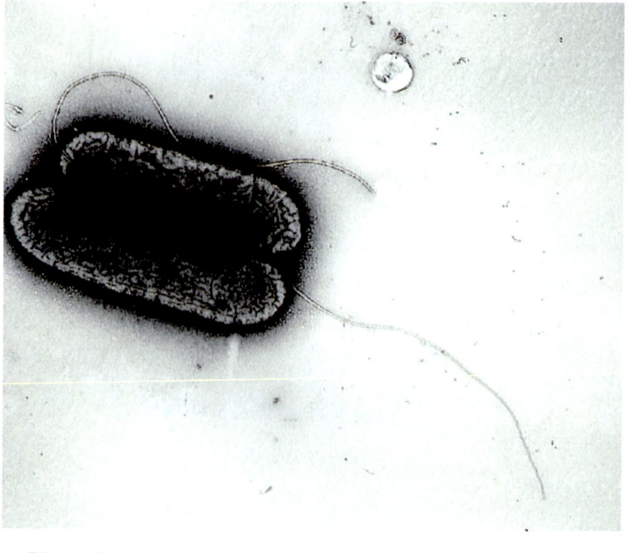

Xanthomonas campestris pv. *vesicatoria*

Ⅲ. 진균 및 기타 균류의 분류

현재까지 세계적으로 7만여 종의 균류가 보고되어 있으며, 그간 균류의 분류지침으로서 널리 채택되어 온 Ainsworth 등(1973)의 분류체계가 개정되어 최근 분자생물학적 계통분류 연구의 결과에 기초하여 정리된 Hawksworth 등(1995)의 분류체계가 널리 받아들여지고 있다. 새로 개정된 균류의 분류체계에서는 원생동물계(Kingdom Protozoa)에 4개의 문(Division), 크로미스타계(KingdomChromista)에 3개의 문, 그리고 진균계(Kingdom Fungi)에 4개의 문이 각각 소속되어 있다. 각 분류군의 특성 및 검색사항은 다음과 같으며, 각 분류군에 속하는 종의 수 및 분류군별 주요 발병 특성은 표 1에 나타나 있다.

표1. 세계적으로 보고된 균류의 종류 및 각 분류군에 속하는 식물 병원성 균류에 의한 주요 식물병

계	문 및 강	종수	주요 식물병
원생동물 (Protozoa)	Acrasiomycota	12	-
	Dictyosteliomycota	46	-
	Myxomycota	719	-
	Myxomycetes	690	각종점균병
	Protosteliomycetes	29	-
	Plasmodiophoromycota	45	뿌리혹병,가루더뎅이병 등
크로미스타 (Chromista)	Hyphochytriomycota	24	-
	Labyrinthulomycota	42	-
	Oomycota	694	잘록병,썩음병,노균병, 역병 등
진균 (Fungi)	Ascomycota	32,267	각종 병해
	Basidiomycota	22,244	-
	Basidiomycetes	13,857	각종 병해
	Teliomycetes	7,134	녹병 등
	Ustomycetes	1,064	깜부기병 등
	Chytridiomycota	793	잘록병, 혹병
	Zygomycota	1,056	-
	Trichomycetes	189	-
	Zygomycetes	867	무름병, 털곰팡이병 등
	Mitosporic fungi	14,104	각종 병해

1	포식영양상이 존재한다.	원생동물계(Kingdom Protozoa) 2
	포식영양상이 존재하지 않는다.	5
2	(1)포식영양상이 세포외적이다.	3
	포식영양상이 세포내적이다.	뿌리혹균문(Plasmodiophoromycota)
3	(2) 동화작용상이 부생적 변형체이다.	점균문(Myxomycota)
	동화작용상이 자유생활 점액아메바로서 생식 전에 위 변형체로서 융합한다.	4
4	(3) 열편상의 위족을 가진 점액아메바와 중앙에 위치한 핵소체를 가진 핵이 있다.	아크라시오균문(Acrasiomycota)
	주로 실 모양의 위족을 가진 점액아메바와 두 개 혹은 그 이상의 외곽 핵소체를 가진 핵이 있으며, 위변형체 형성시 한데 모이는 흐름을 형성하므로서 집합한다.	딕티오스텔리오 (Dictyosteliomycota)
5	(4) mastigoneme이 있는 편모를 가지고, 운동성이 있으며, 세포벽은 일반적으로 셀룰로오스로 구성되어 있다.	크로미스타계 (Kingdom Chromista)6
	mastigoneme이 없는 편모를 가지고, 운동성이 있으며, 포벽은 카이틴으로 구성되어 있다.	진균계(Kingdom Fungi) 8
6	(5) 영양상은 세포 활주운동이 있는 외질의 망상조직위 혹은 그 내부에 있다.	라비린쓰로균문 (Labyrinthulomycota)
	영양상은 외질의 망상조직위에 있지 않고, 활주운동 세포는 없다.	7
7	(6) 유주자에는 한 개의 전방편모가 있다.	하이포키트리오균문 (Hyphochytriomycota)
	유주자에는 두 개의 편모가 있다.	난균문(Oomycota)
8	(7) 운동성인 유주자가 존재한다.	호상균문(Chytridiomycota)
	운동성인 유주자가 존재하지 않는다.	9
9	(8) 유사분열포자가 내부발생적으로 포자낭 안에서 형성되고 (혹은 포자낭으로부터 무성번식체 유도), 균사접합에 의해 접합포자가 형성된다.	접합균문(Zygomycota)
	유사분열포자(분생포자)가 외부발생적이다.	10
10	(9) 감수분열포자가 내부발생적으로 자낭 안에서 형성된다.	자낭균문 (Ascomycota)
	감수분열포자가 외부발생적으로 담자기(혹은 동등한 구조) 위에서 형성된다.	담자균문(Basidiomycota)

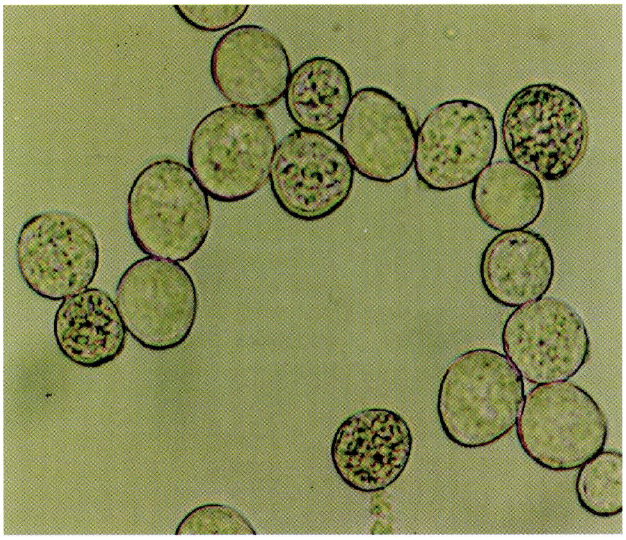

Albugo candida (포자낭)

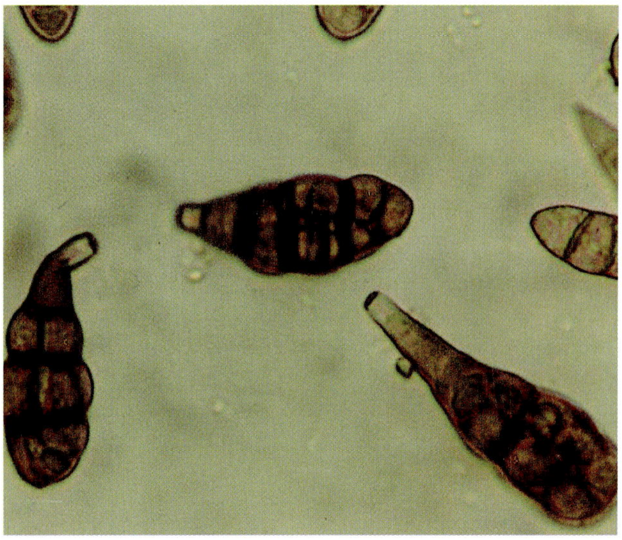

Alternaria alternata (분생포자)

Alternaria brassicae (분생포자)

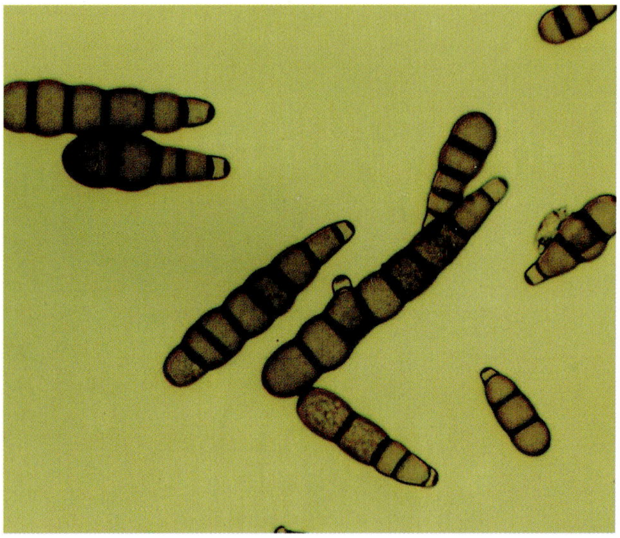

Alternaria brassicicola (분생포자)

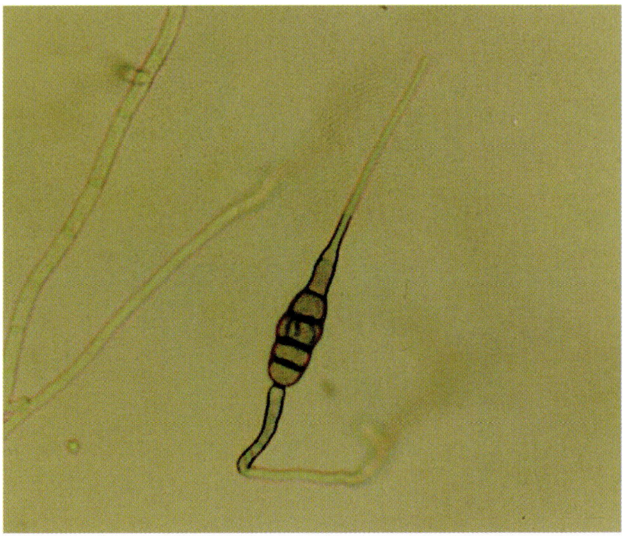

Alternaria cucumerina
(분생자경 및 분생포자)

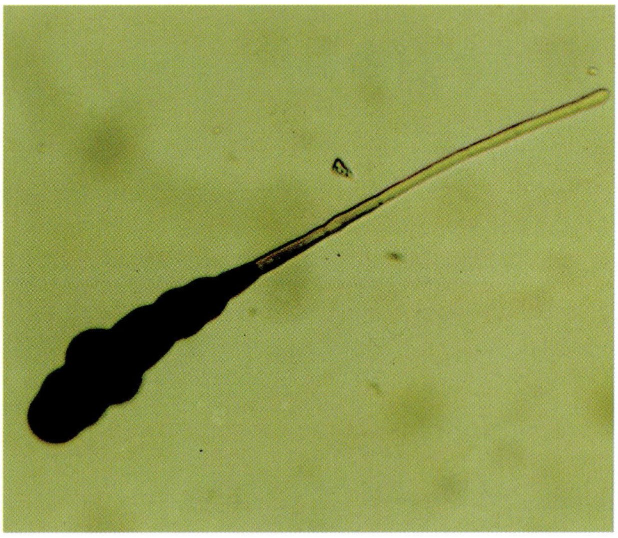

Alternaria dauci (분생포자)

Alternaria porri (분생포자)

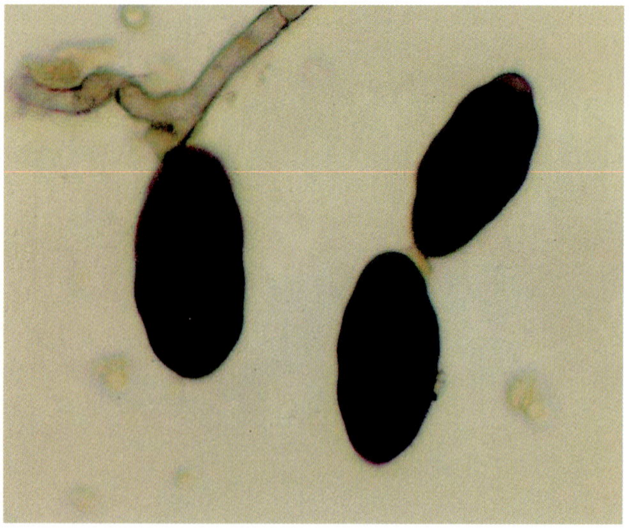

Alternaria radicina
(분생자경 및 분생포자)

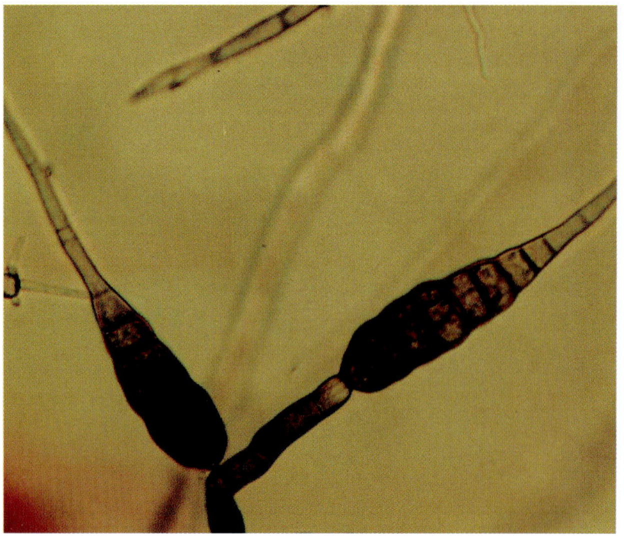

Alternaria solani
(분생자경 및 분생포자)

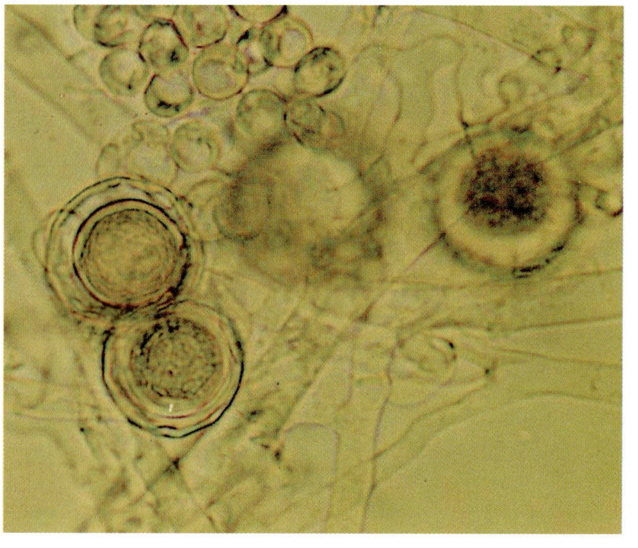

Aphanomyces raphani
(균사, 유주자 및 난포자)

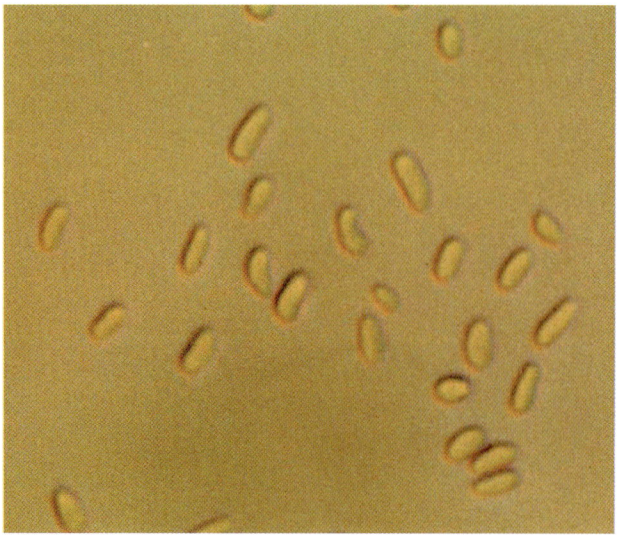

Ascochyta cucumis (분생포자)

Botrytis allii (분생자경 및 분생포자)

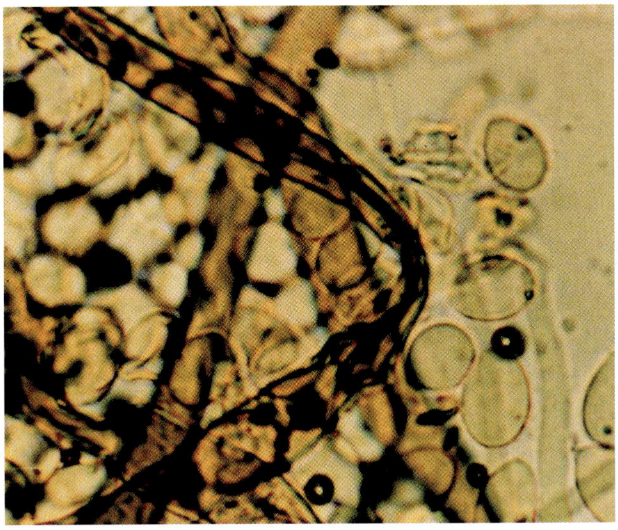

Bortytis byssoidea
(균사 및 분생포자)

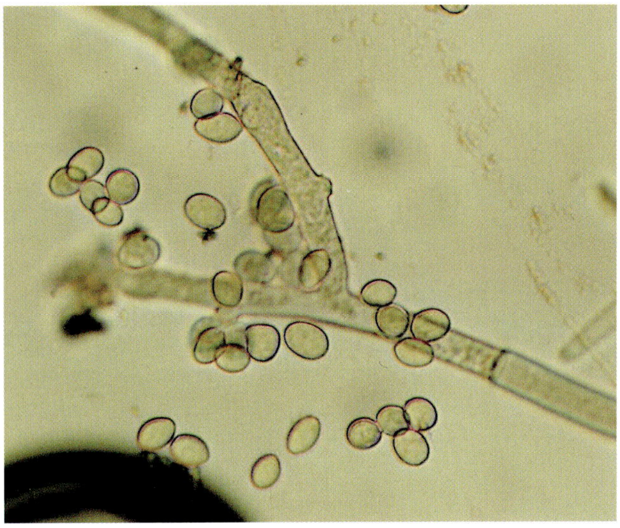

Botrytis cinerea
(분생자경 및 분생포자)

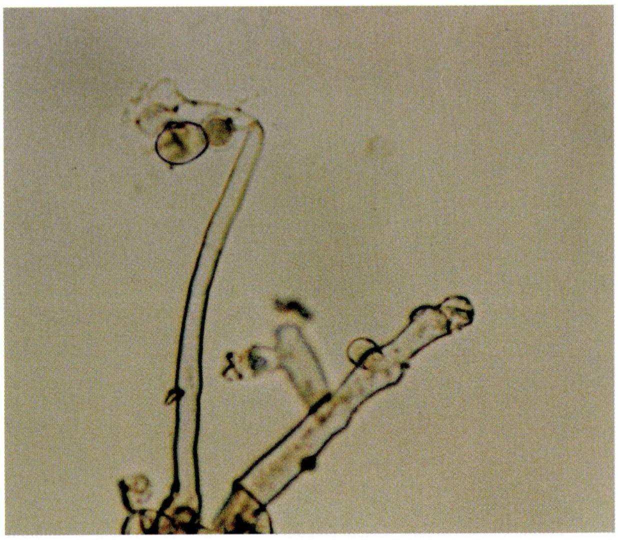

Botrytis squamosa
(분생자경 및 분생포자)

Bremia lactucae
(포자낭병 및 포자낭)

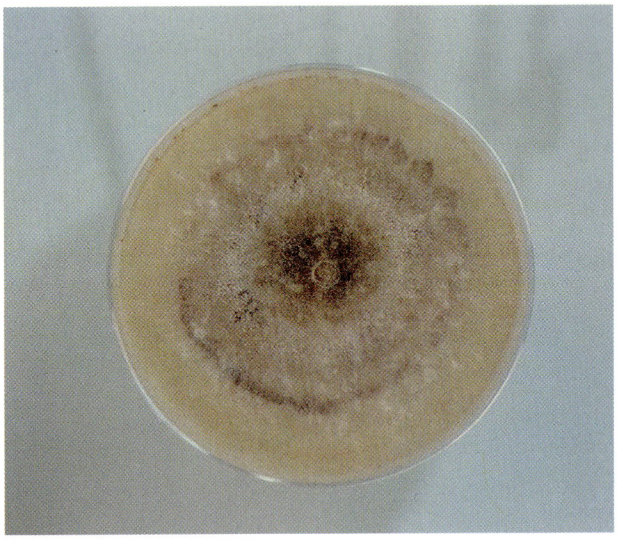

Ceratobasidium setariae(배양균총)

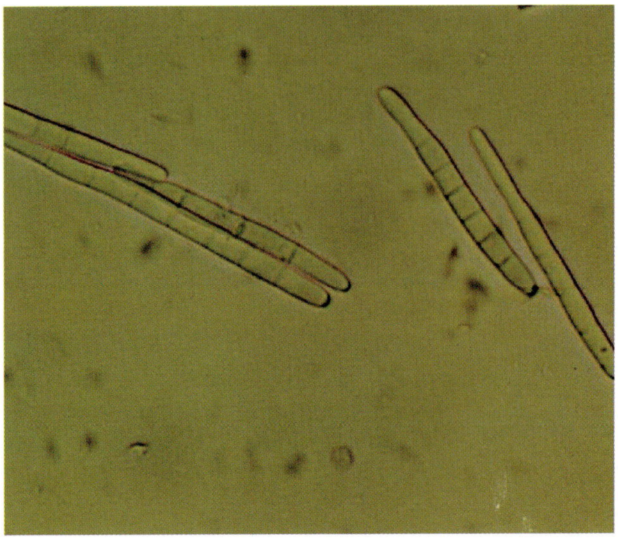

Cercospora apii (분생포자)

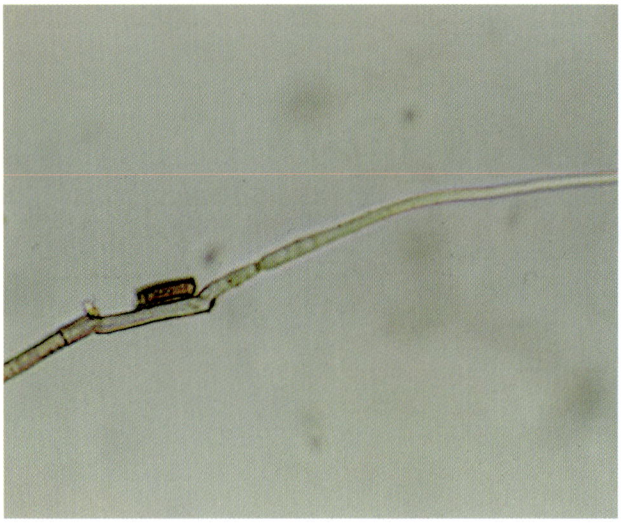

Cercospora capsici
(분생자경 및 분생포자)

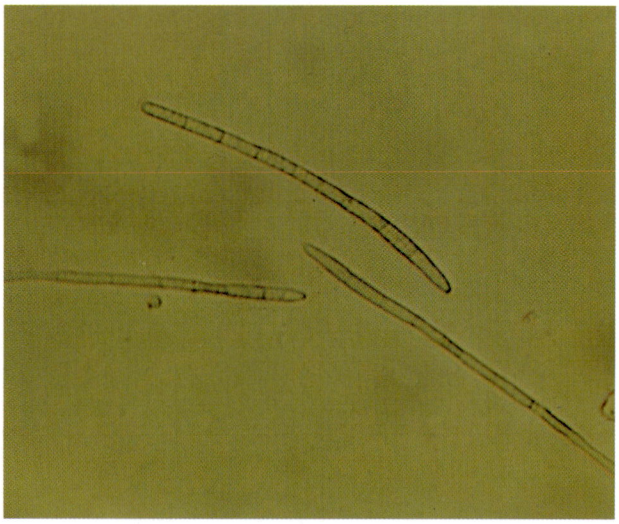

Cercospora carotae (분생포자)

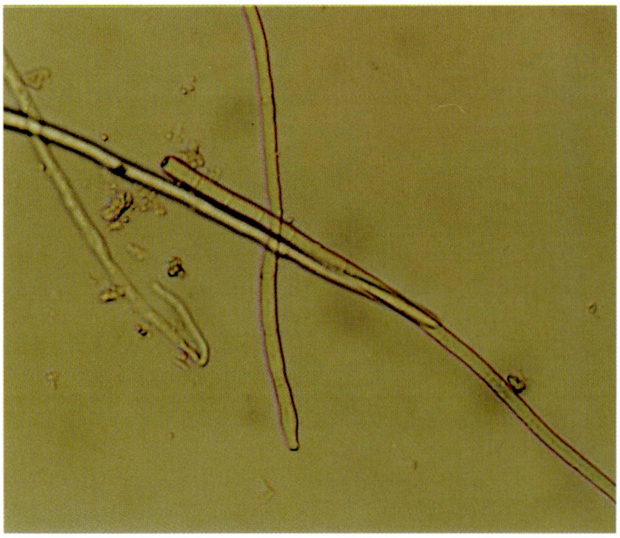

Cercospora citrullina (분생포자)

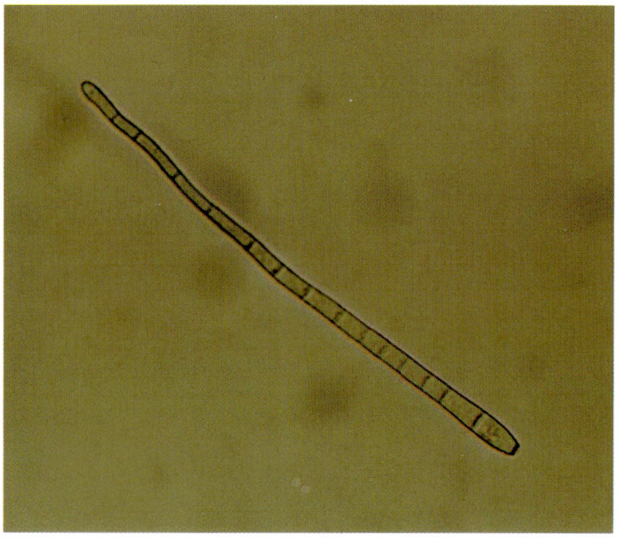

Cercospora longissima (분생포자)

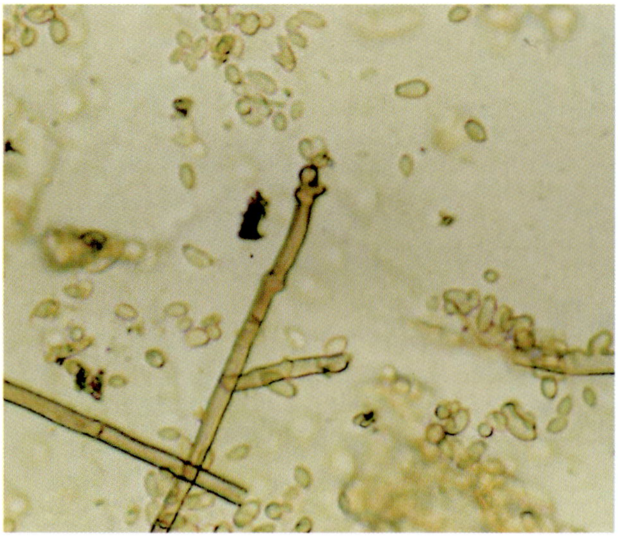

Cladosporium cucumerinum
(분생자경 및 분생포자)

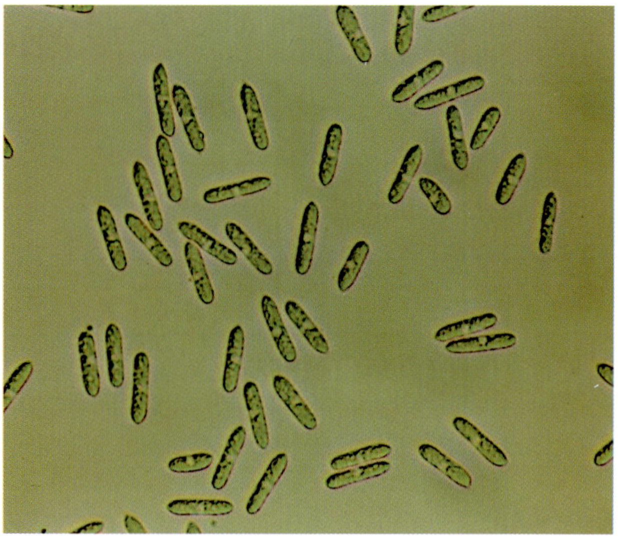

Colletotrichum coccodes (분생포자)

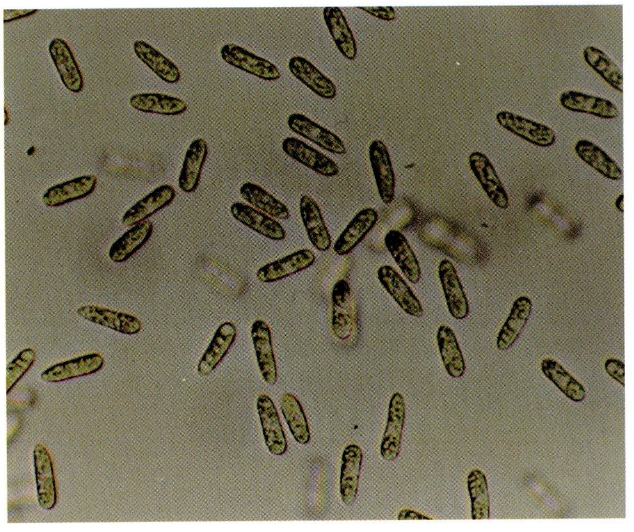

Colletotrichum gloeosporioides
(분생포자)

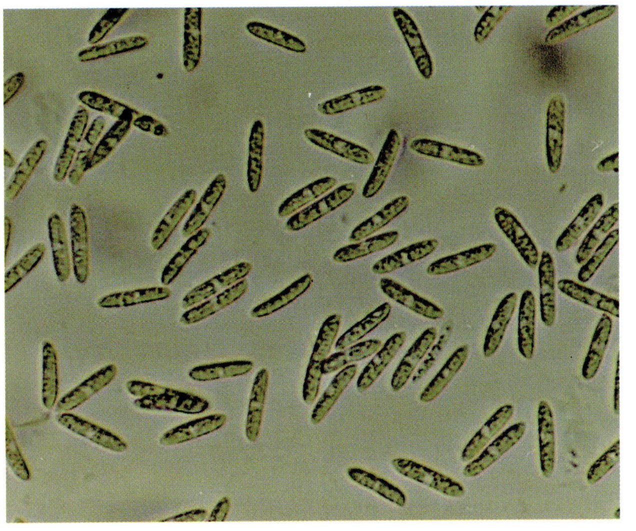

Colletotrichum higginsianum
(분생포자)

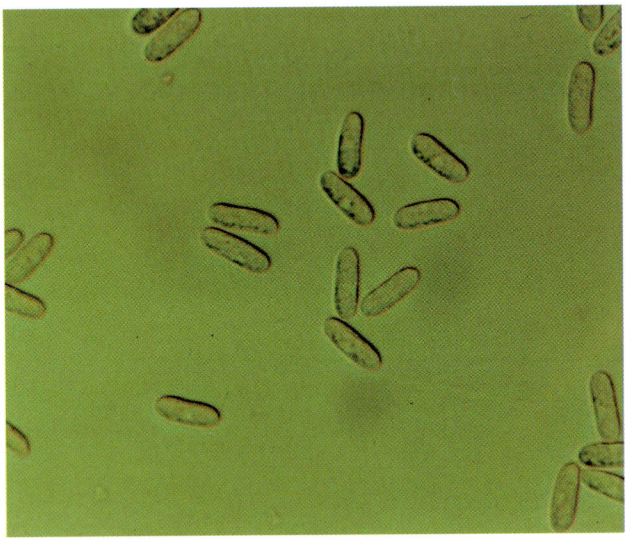

Colletotrichum malvarum
(분생포자)

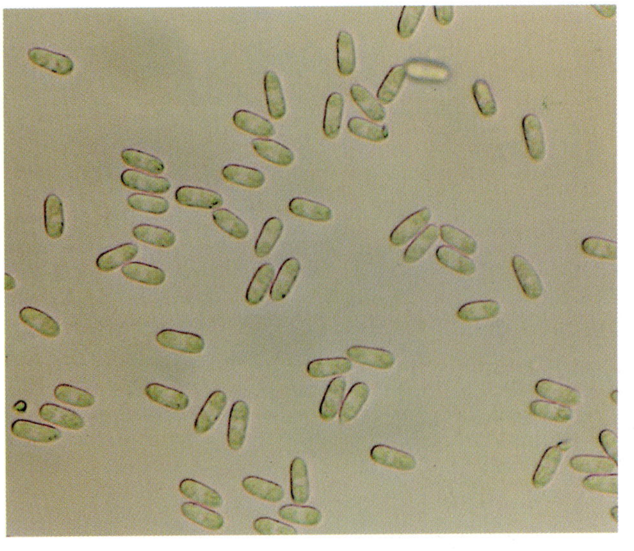

Colletotrichum orbiculare
(분생포자)

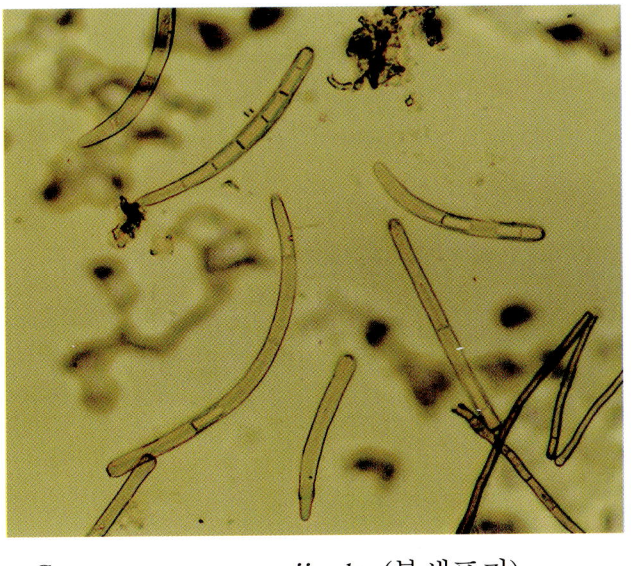

Corynespora cassiicola (분생포자)

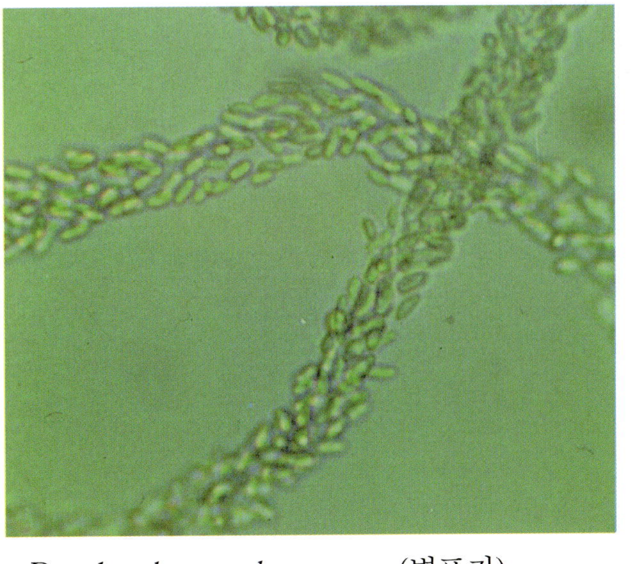

Dendrophoma obscurans (병포자)

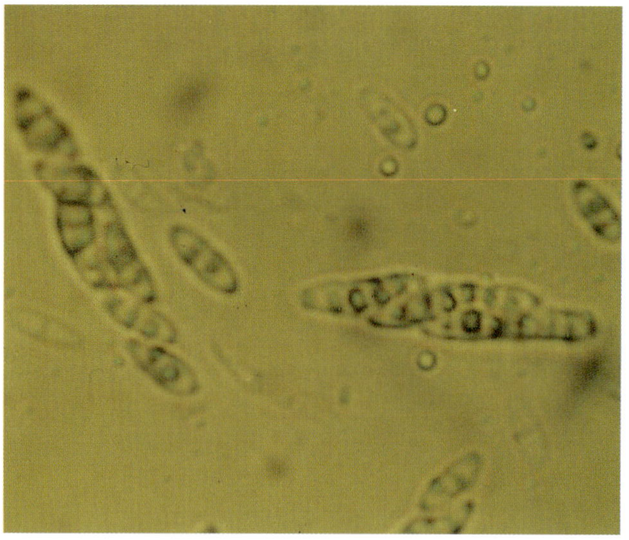

Diaporthe phaseolorum
(자낭 및 자낭포자)

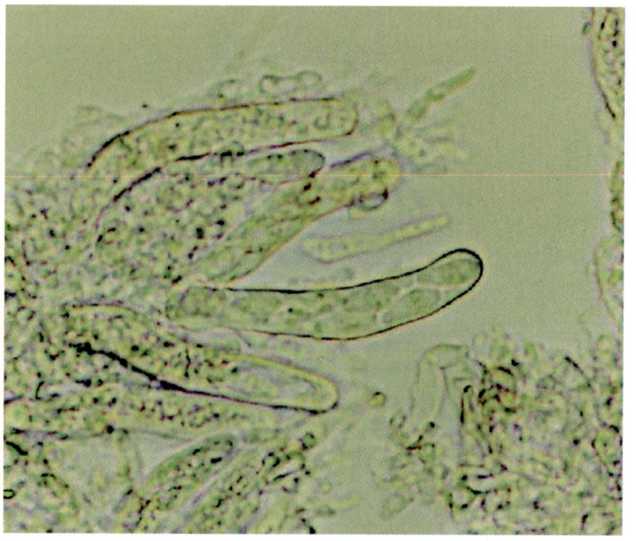

Didymella bryoniae
(자낭 및 자낭포자)

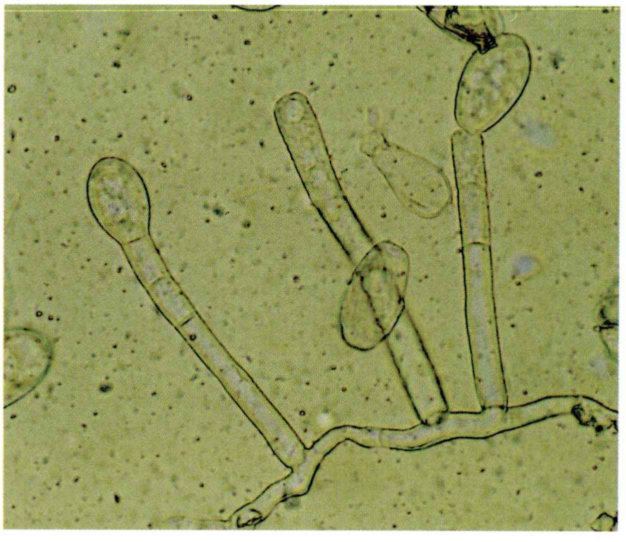

Erysiphe cichoracearum
(분생자경 및 분생포자)

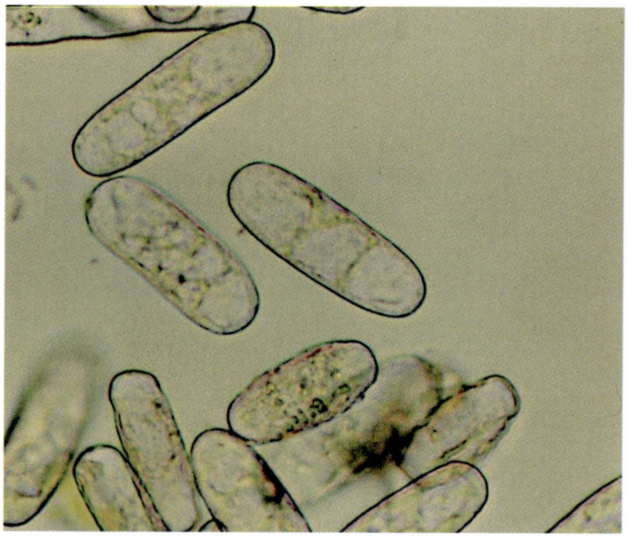

Erysiphe heraclei
(무성세대 : 분생포자)

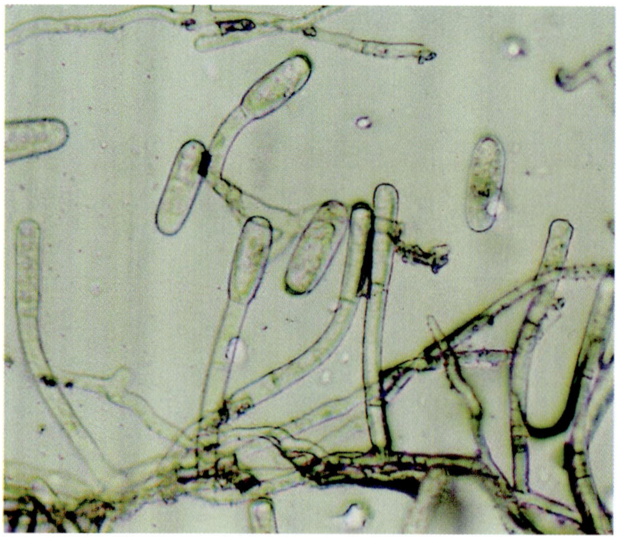

Erysiphe polygoni
(무성세대 : 분생자경 및 분생포자)

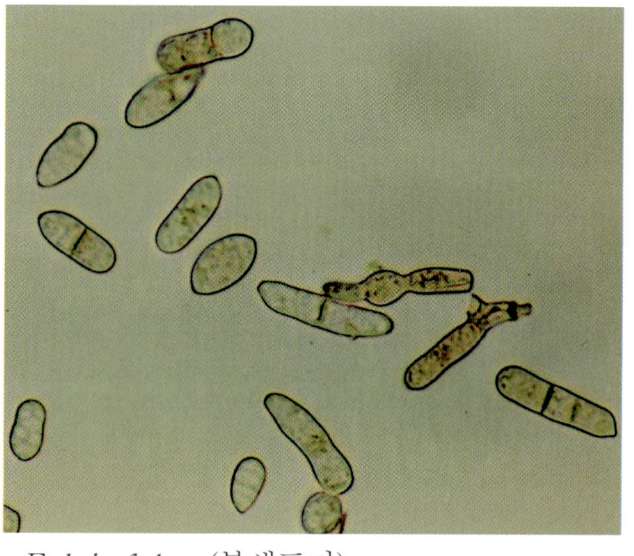

Fulvia fulva (분생포자)

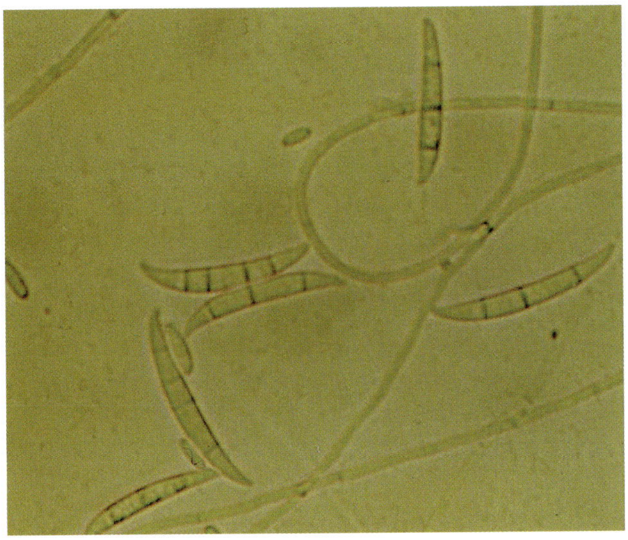

Fusarium oxysporum
(대형 및 소형 분생포자)

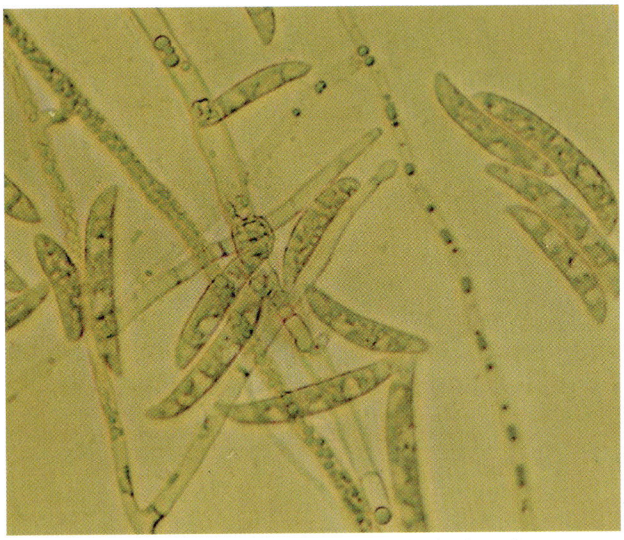

Fusarium solani (균사, 분생자경, 대형 및 소형 분생포자)

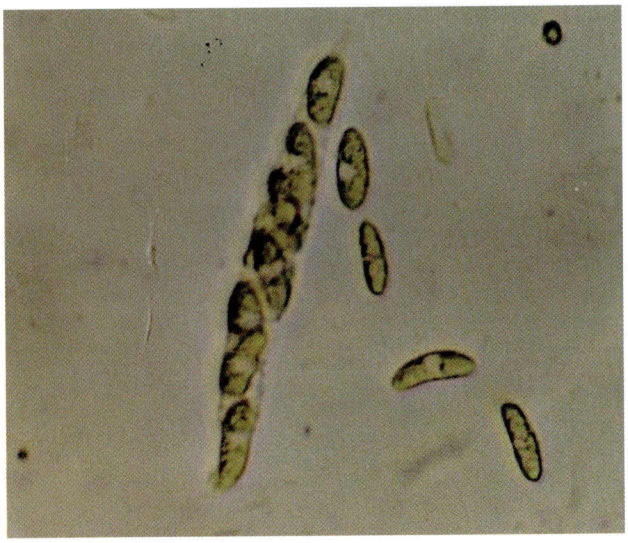

Glomerella cingulata
(자낭 및 자낭포자)

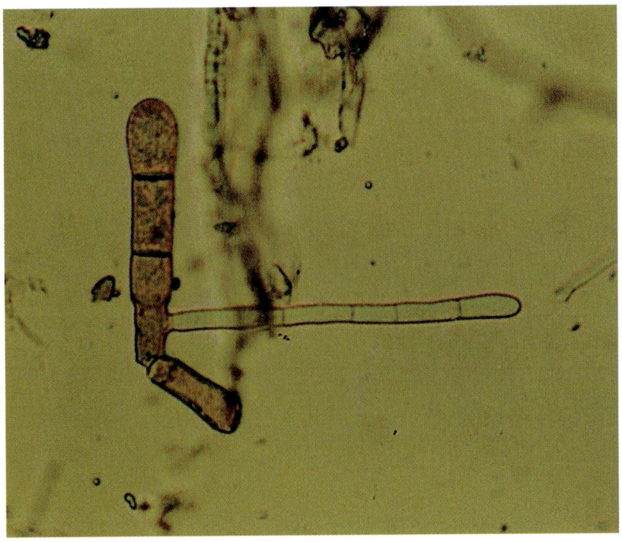

Heterosporium allii (분생포자)

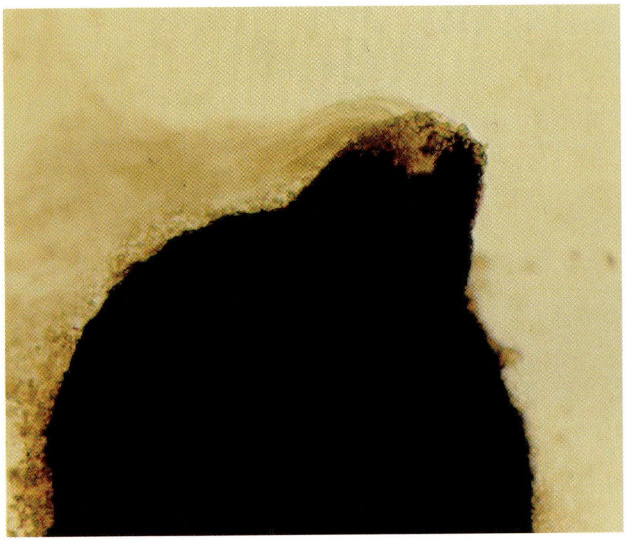

Leptosphaeria maculans
(무성세대 : 병자각 및 병포자)

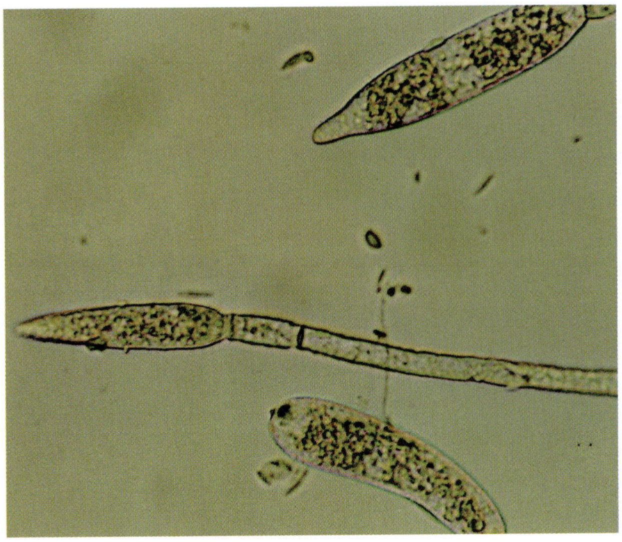

Leveillula taurica
(무성세대 : 분생자경 및 분생포자)

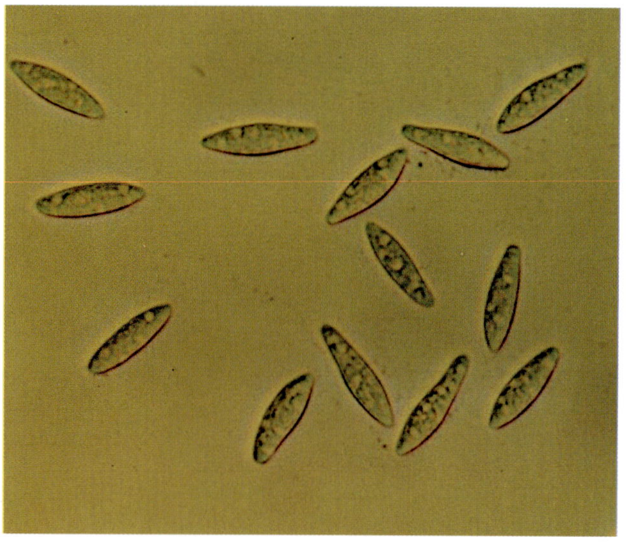

Macrophomina phaseolina(병포자)

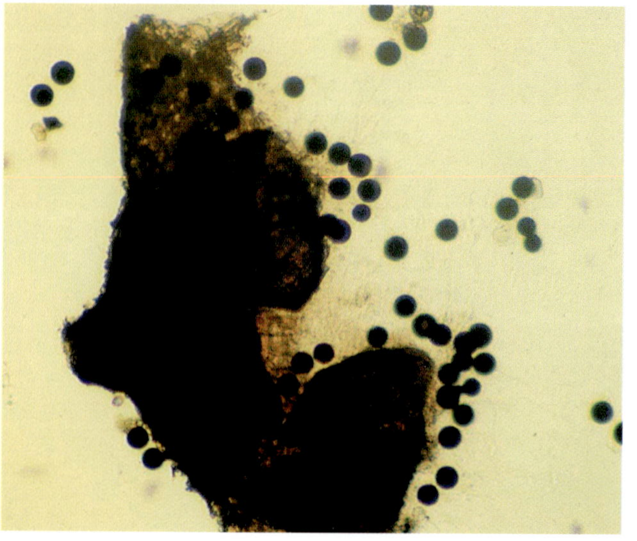

Monosporascus cannonballus
(자낭각, 자낭 및 자낭포자)

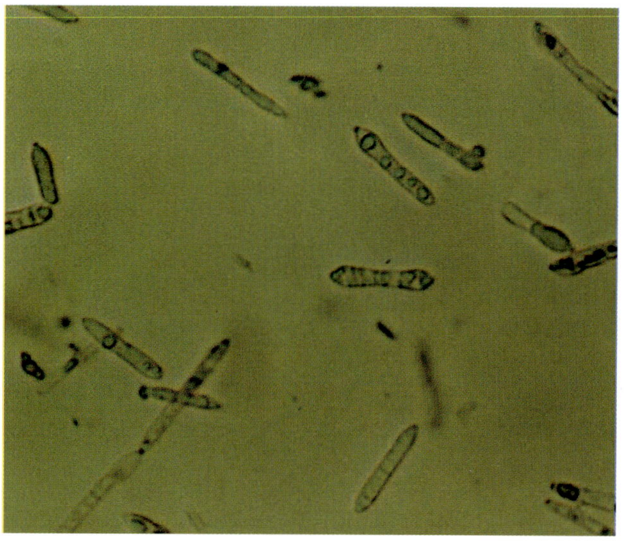

Mycosphaerella fragariae
(무성세대 : 분생포자)

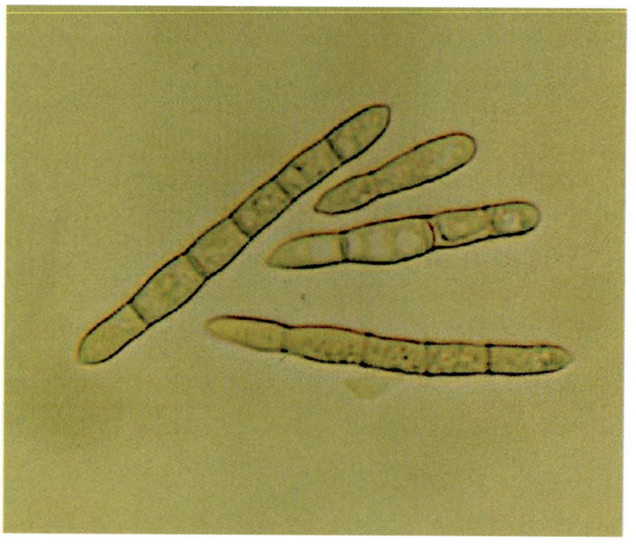

Mycovellosiella nattrassii
(분생포자)

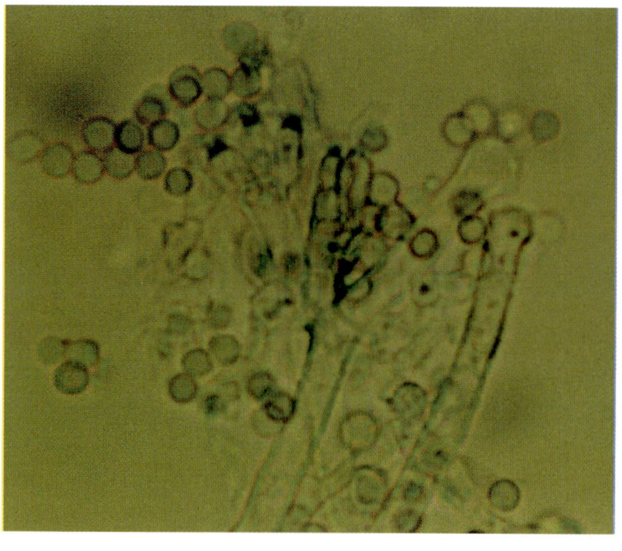

Penicillium hirsutum
(분생자경 및 분생포자)

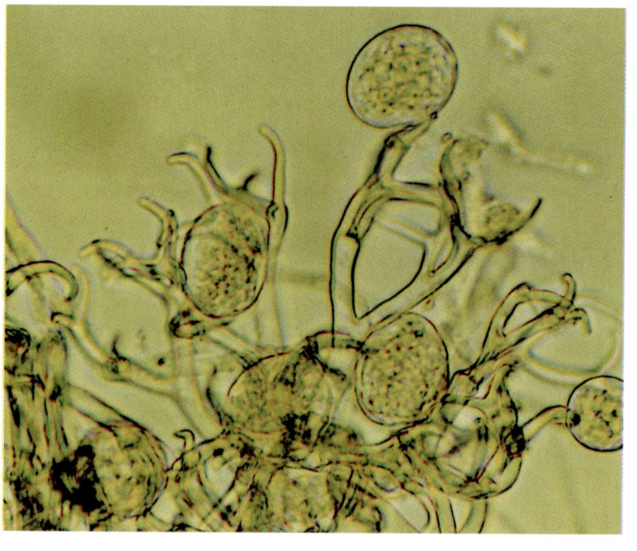

Peronospora brassicae
(포자낭병 및 포자낭)

Peronospora destructor
(포자낭병 및 포자낭)

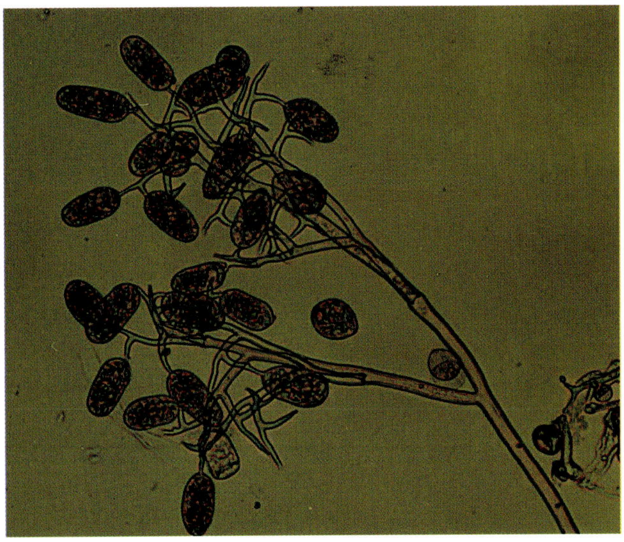

Peronospora spinaciae
(포자낭병 및 포자낭)

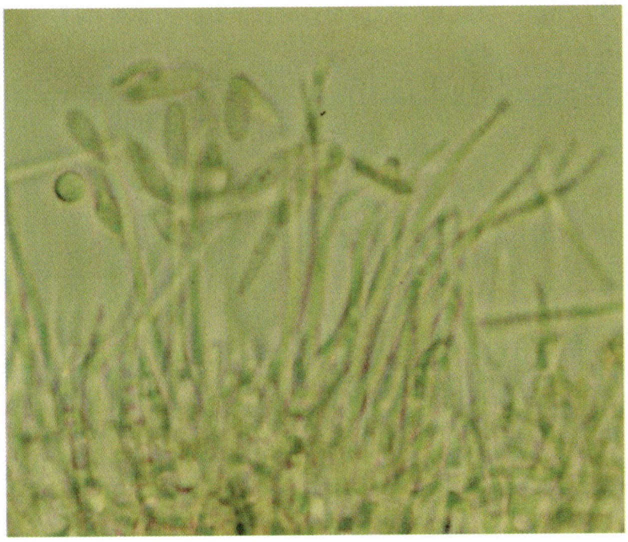

Phomopsis phaseoli
(병포자; α와 β포자)

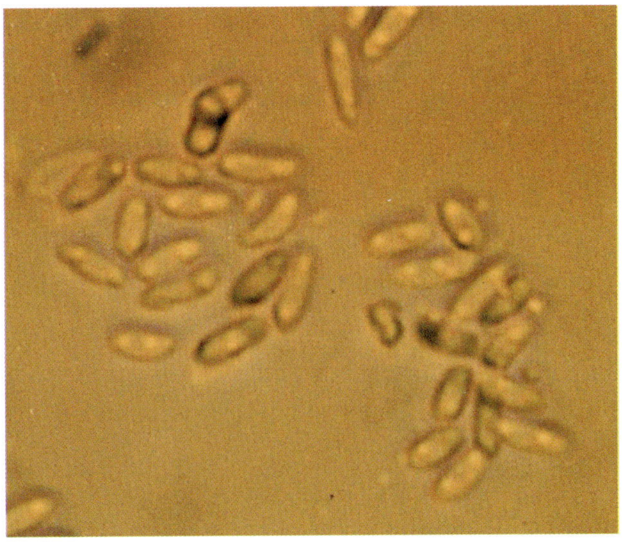

Phomopsis vexans (병포자; α포자)

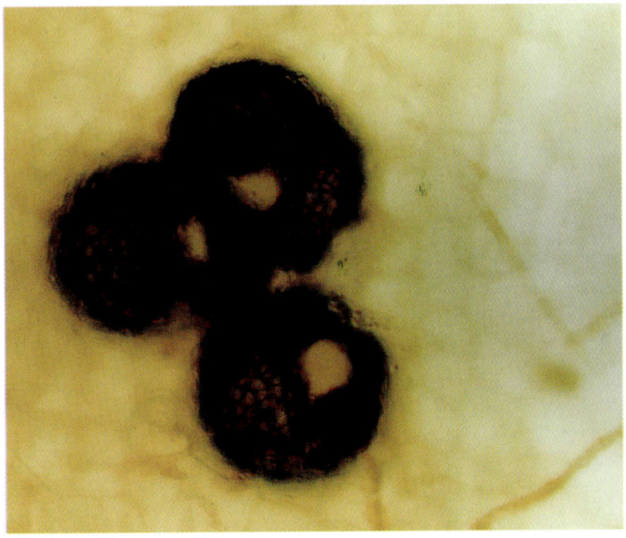

Phyllosticta zingiberi
(병자각 및 병포자)

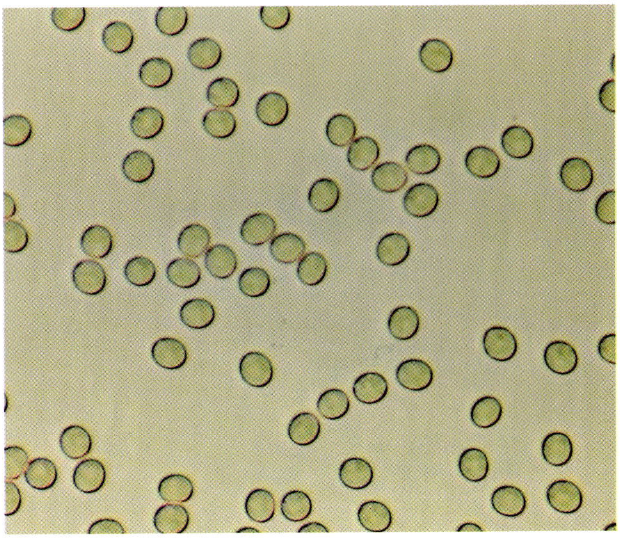

Physarum sp. (포자)

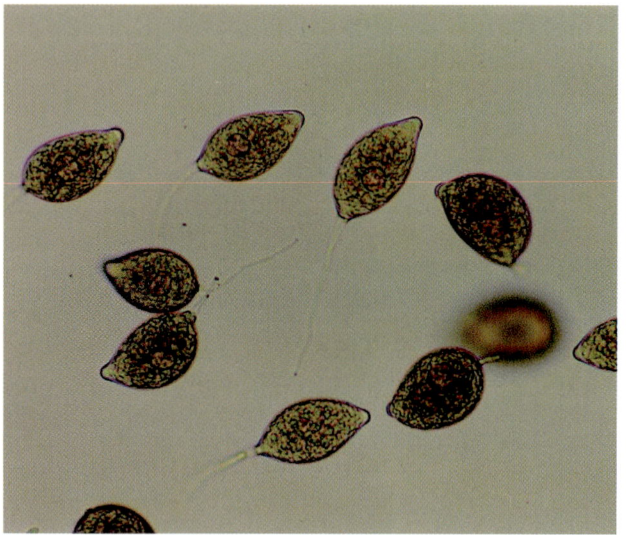

Phytophthora capsici (유주자낭)

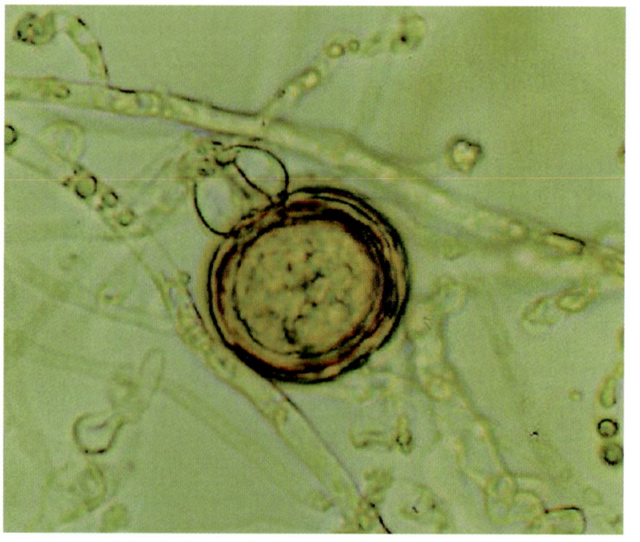

Phytophthora capsici
(균사 및 난포자)

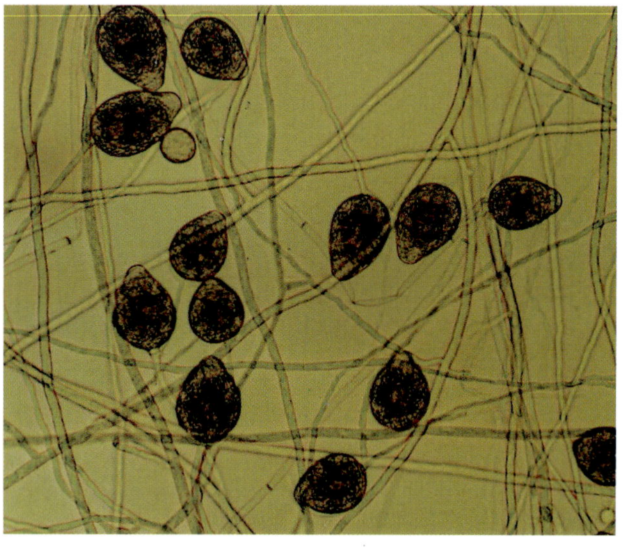

Phytophthora cryptogea
(균사 및 유주자낭)

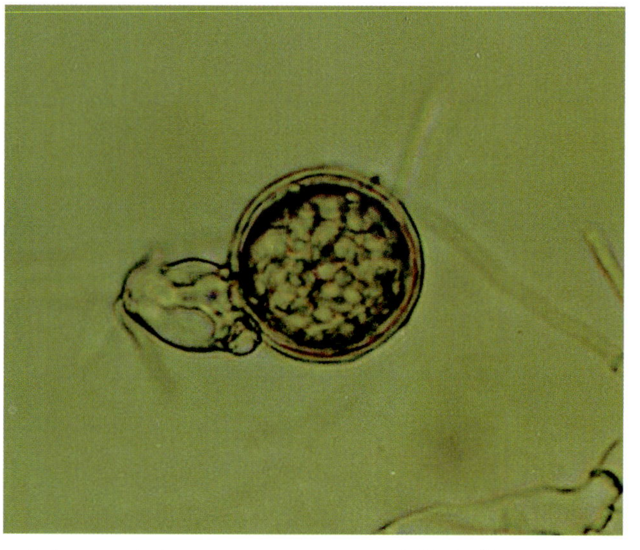

Phytophthora cryptogea (난포자)

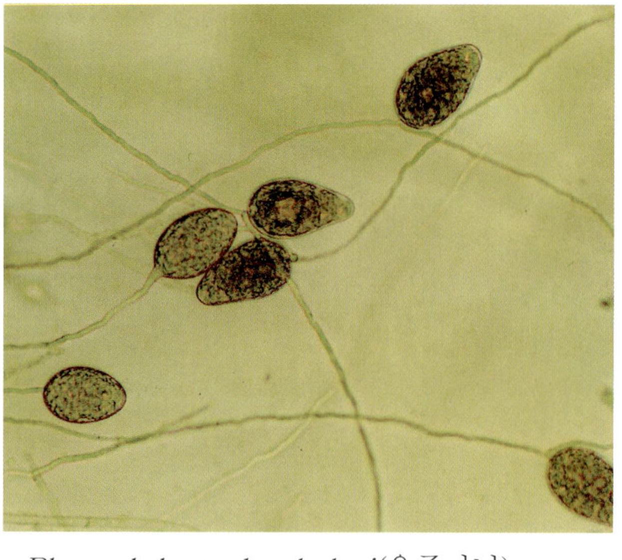

Phytophthora drechsleri(유주자낭)

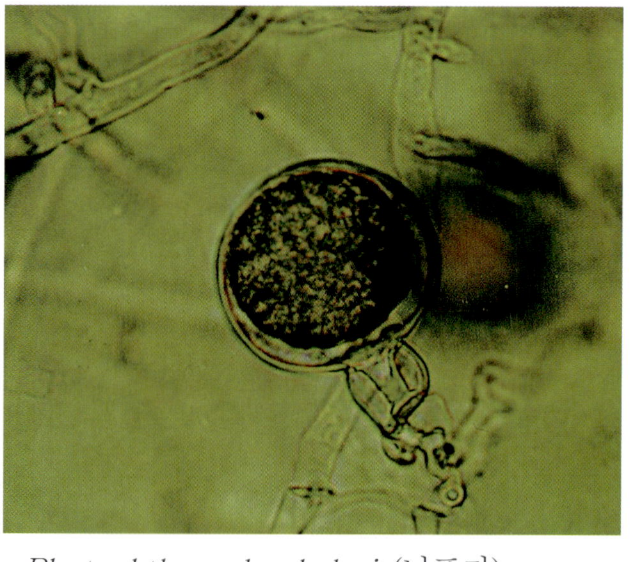

Phytophthora drechsleri (난포자)

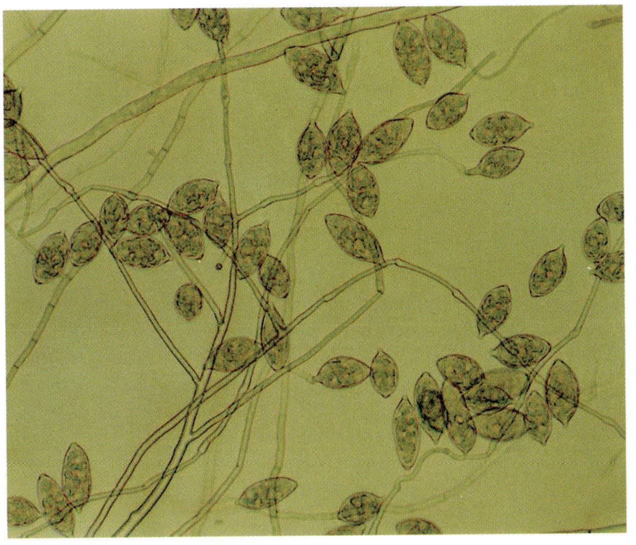

Phytophthora infestans
(균사 및 유주자낭)

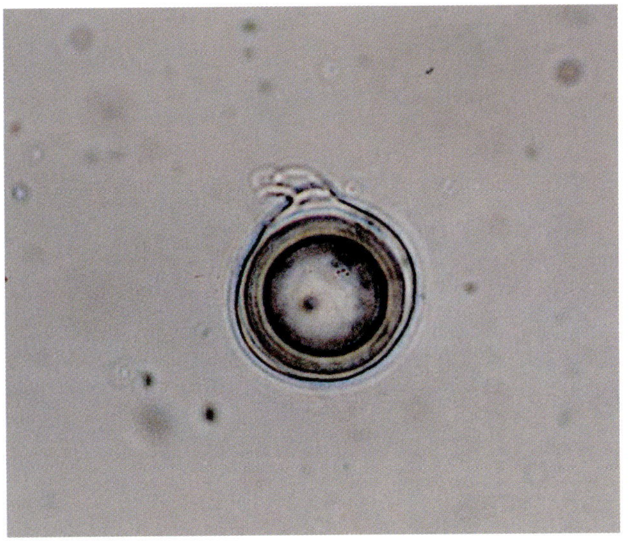

Phytophthora infestans (난포자)

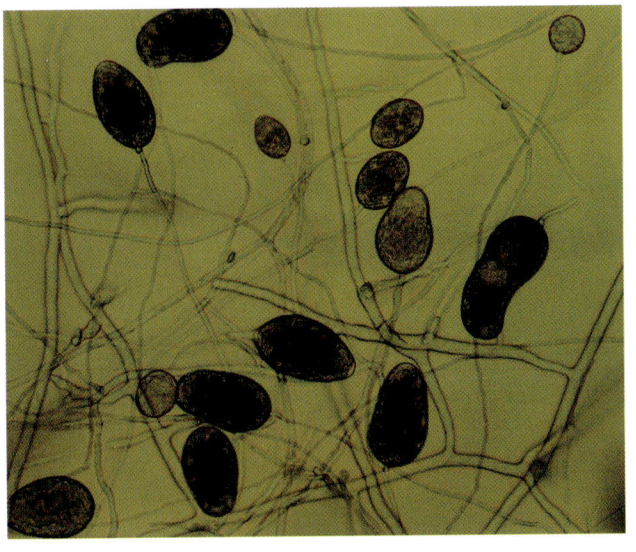

Phytophthora megasperma
(균사 및 유주자낭)

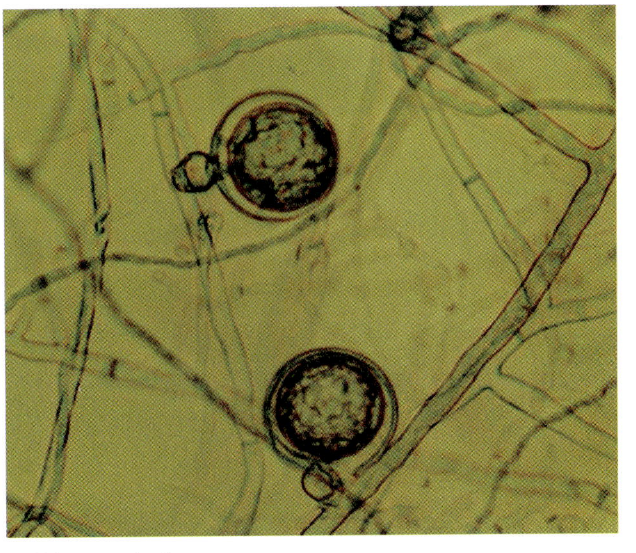

Phytophthora megasperma
(균사 및 난포자)

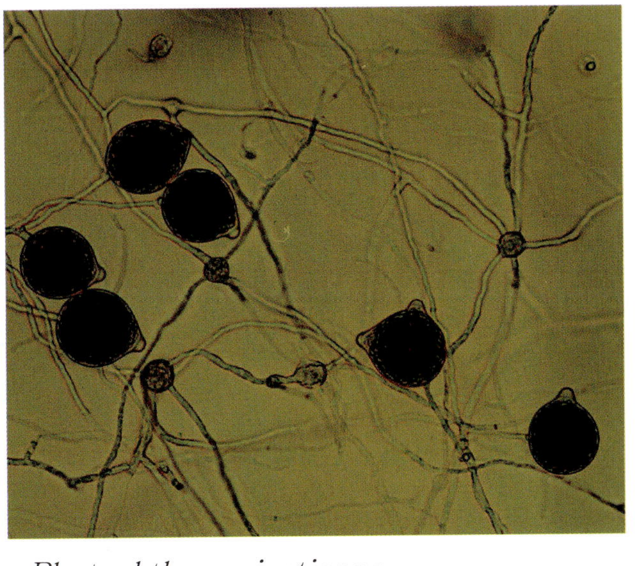

Phytophthora nicotianae
(균사 및 유주자낭)

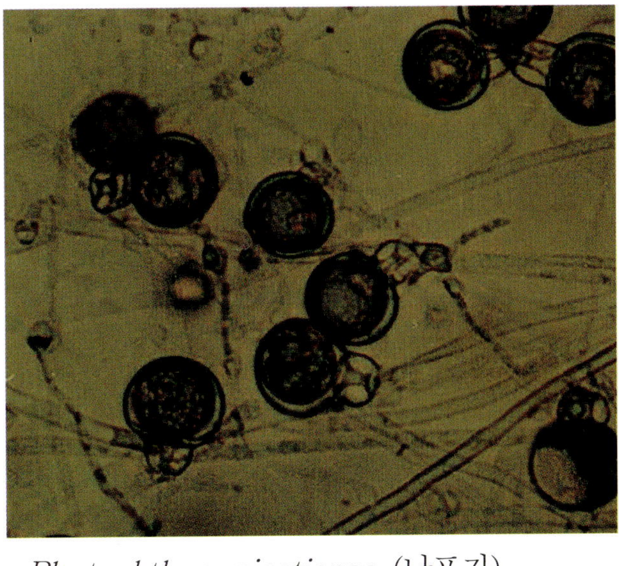

Phytophthora nicotianae (난포자)

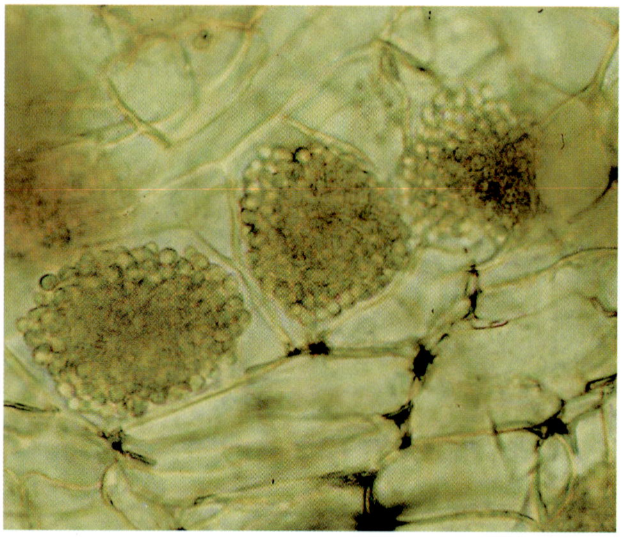

Plasmodiophora brassicae
(감염조직내 휴면포자)

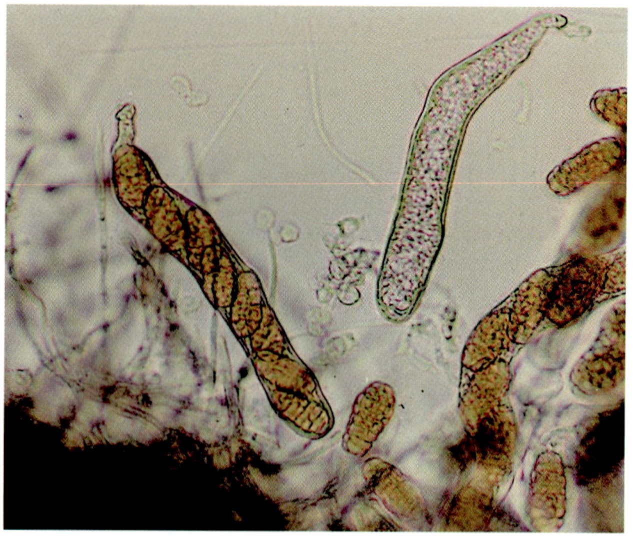

Pleospora herbarum
(자낭 및 자낭포자)

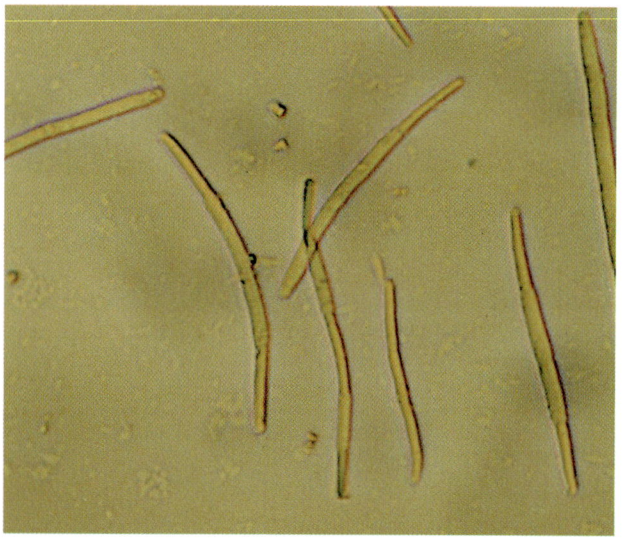

Pseudocercosporella capsellae
(분생포자)

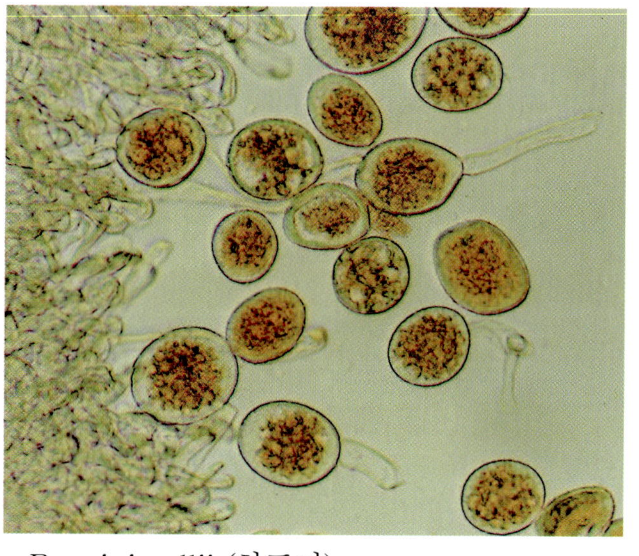

Puccinia allii (하포자)

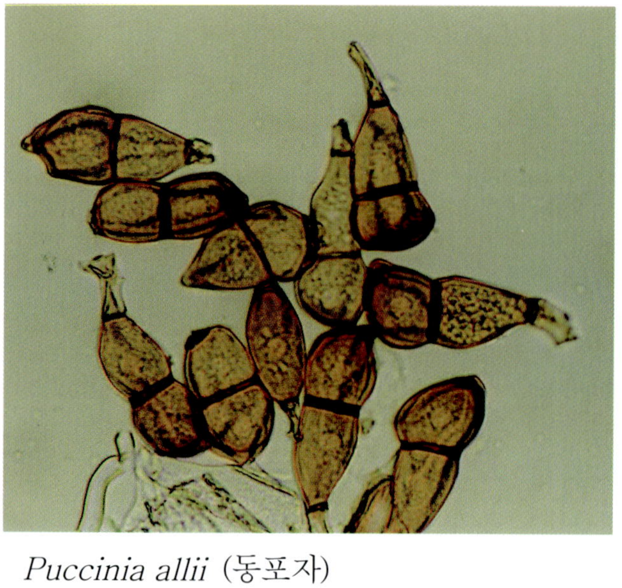

Puccinia allii (동포자)

Puccinia oenanthes-stoloniferae
(하포자 및 동포자)

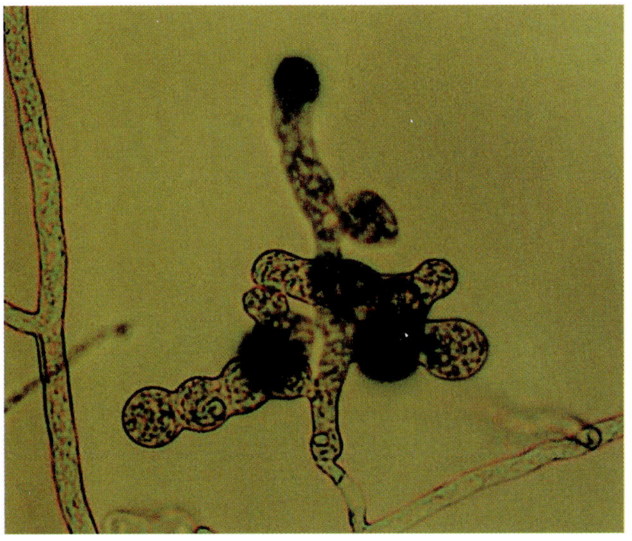

Pythium aphanidermatum
(균사 및 유주자낭)

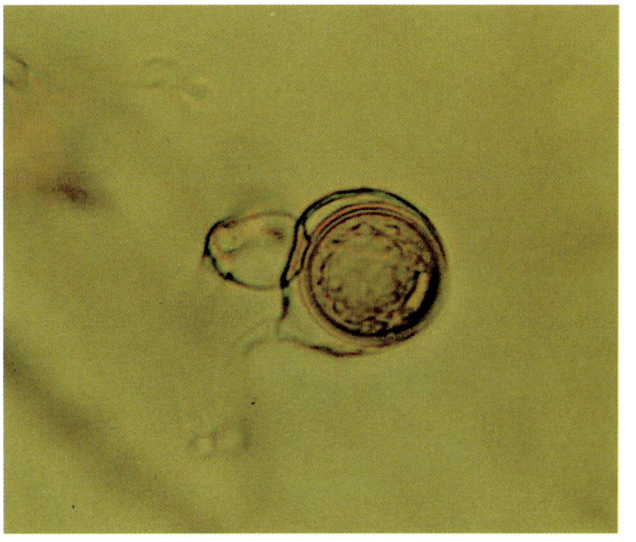

Pythium aphanidermatum(난포자)

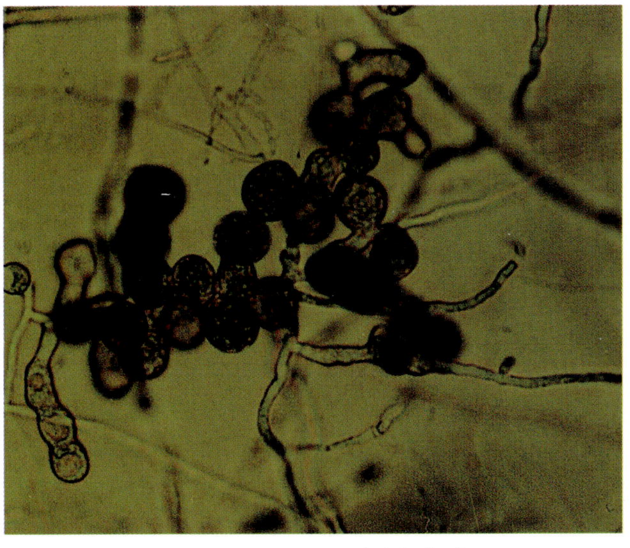

Pythium myriotylum (유주자낭)

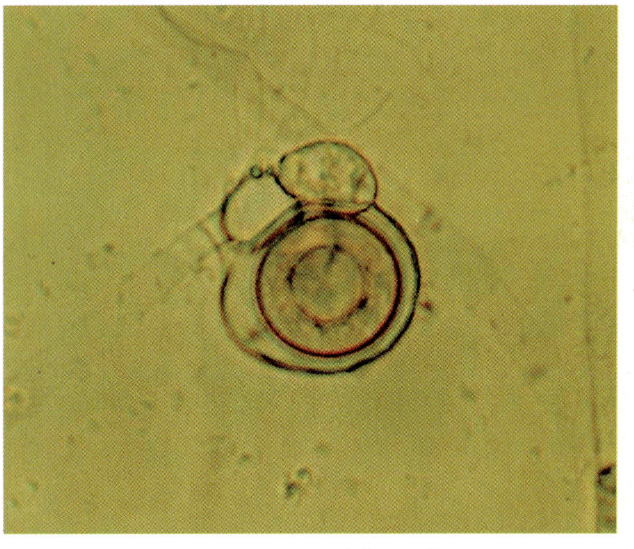

Pythium myriotylum (난포자)

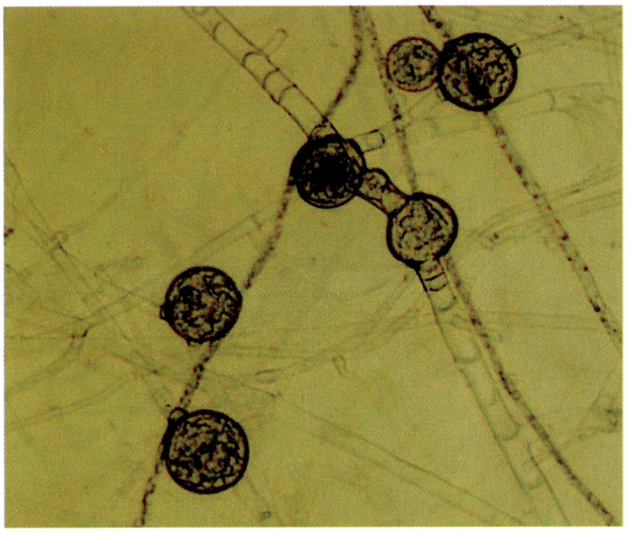

Pythium ultimum
(균사 및 유주자낭)

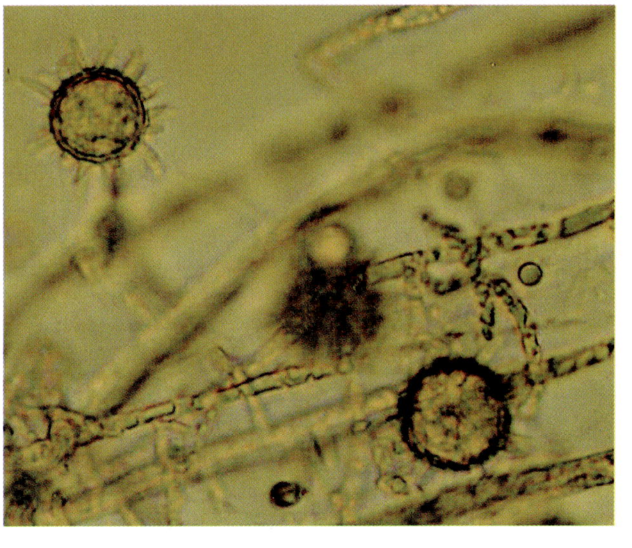

Pythium spinosum (유주자낭)

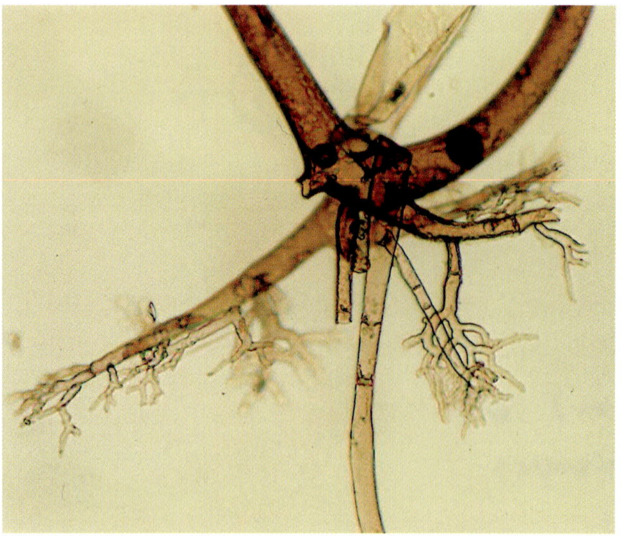

Rhizopus stolonifer
(포자낭, 포자 및 가근)

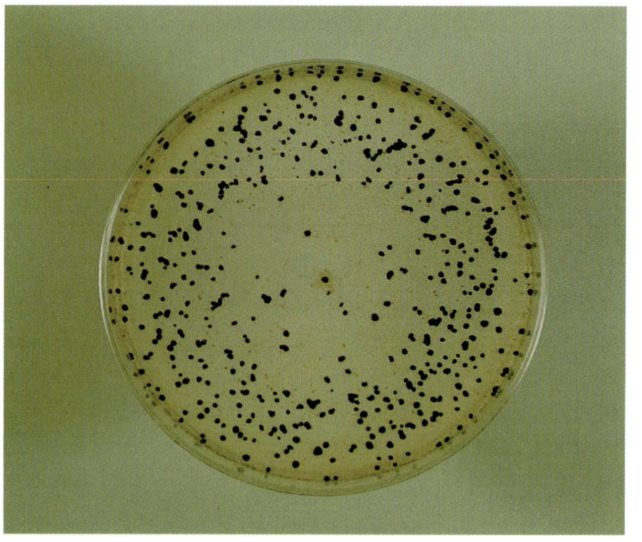

Sclerotinia minor (배양균핵)

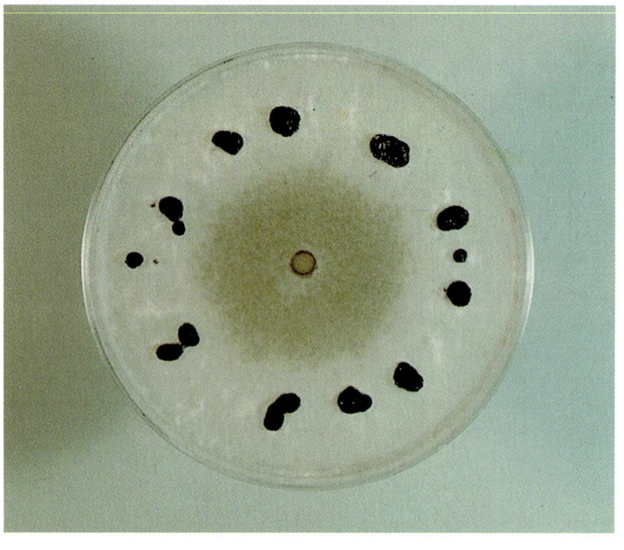

Sclerotinia sclerotiorum(배양균핵)

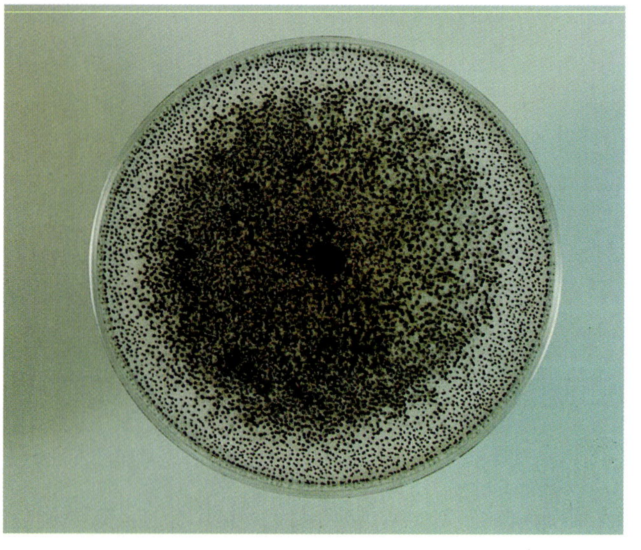

Sclerotium cepivorum (배양균핵)

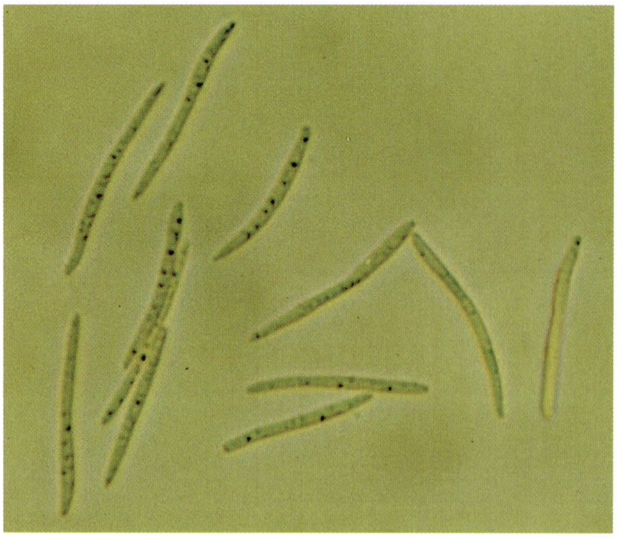

Septoria apiicola (병포자)

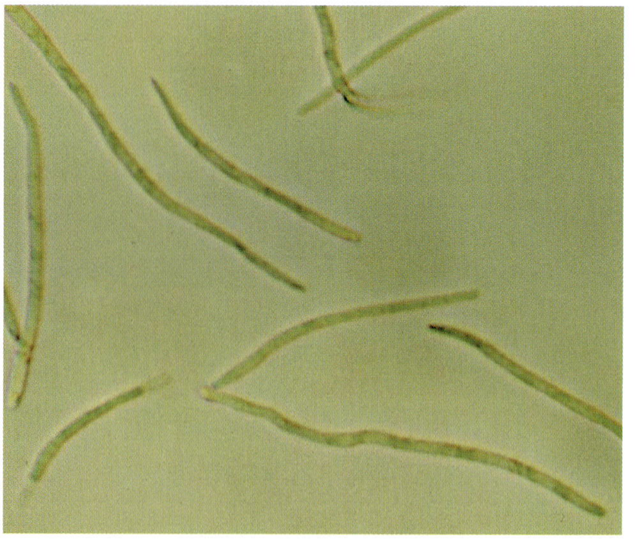

Septoria lycopersici (병포자)

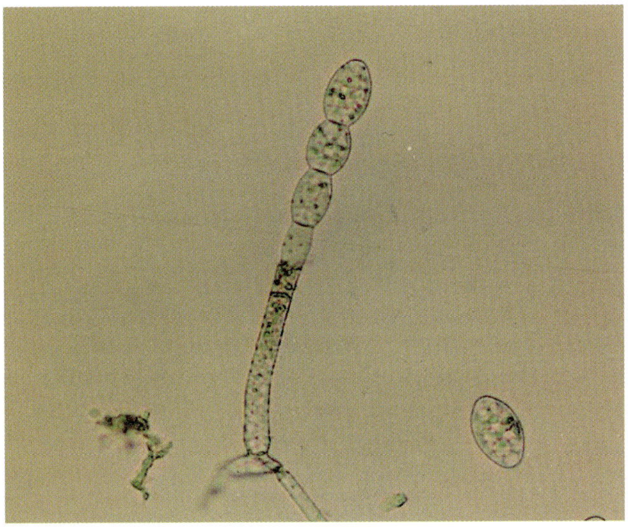

Sphaerotheca fuliginea
(무성세대 : 분생자경 및 분생포자)

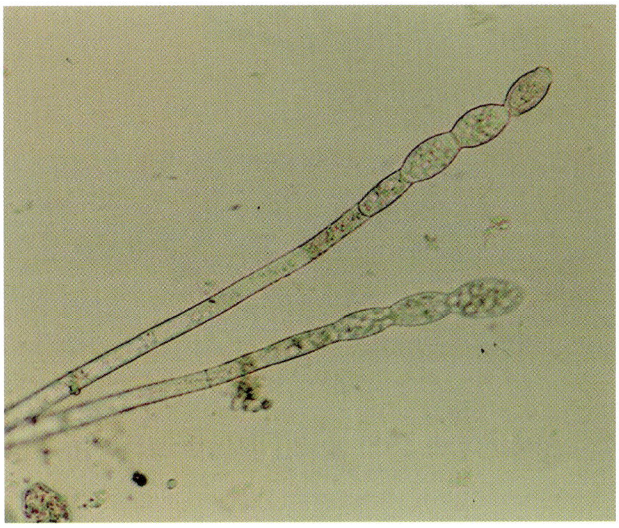

Sphaerotheca humuli
(무성세대 : 분생자경 및 분생포자)

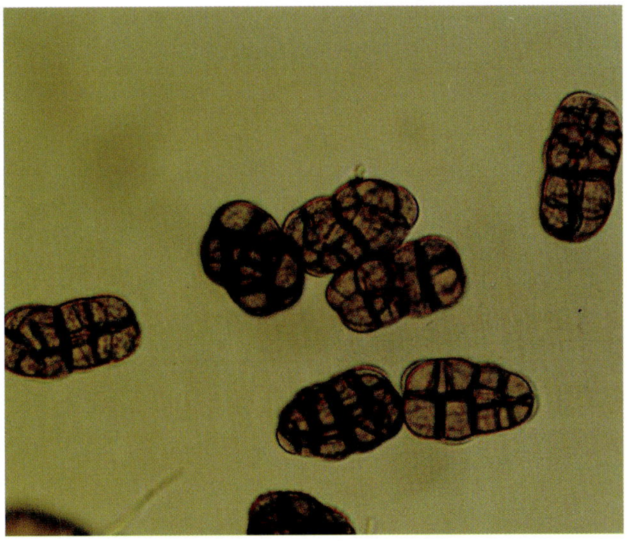

Stemphylium botryosum(분생포자)

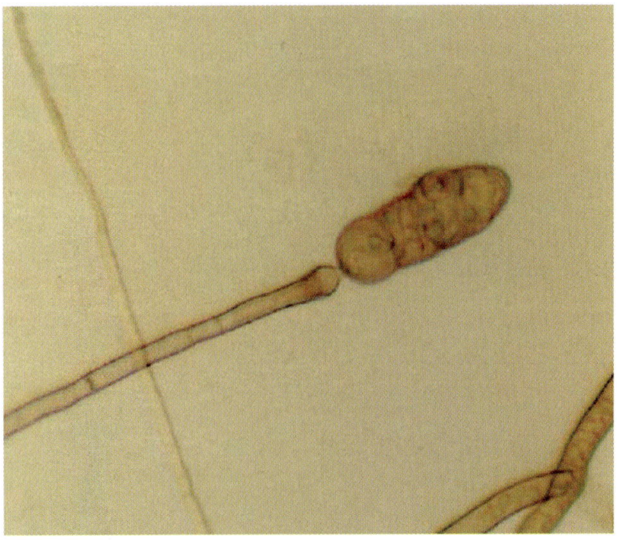

Stemphylium lycopersici
(분생자경 및 분생포자)

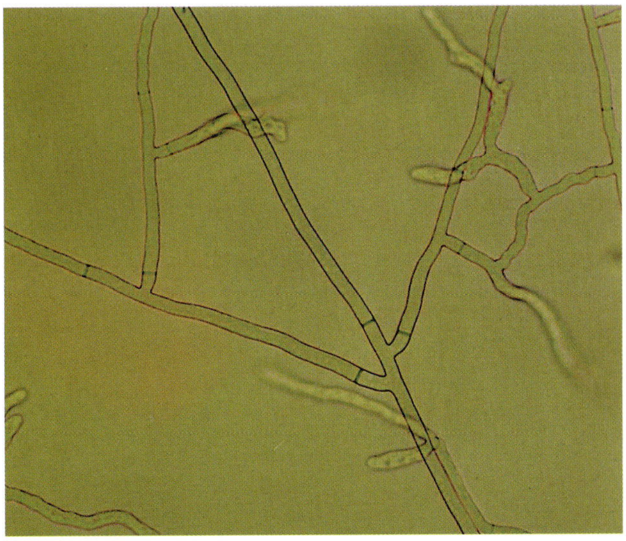

Thanatephorus cucumeris
(무성세대 : 균사)

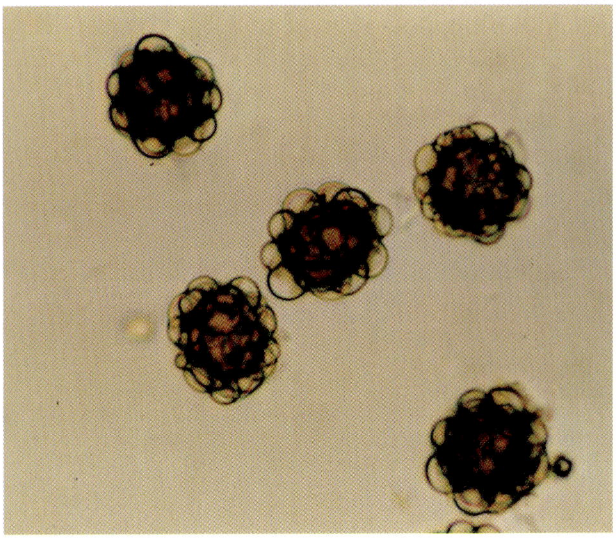

Tuburcinia cepulae (후막포자)

천적이용
방제편

천적 이용 실천 전략

01 천적 이용의 기본 모델

생물적 방제에 사용되는 천적을 어떻게 사용할 것인가에 관한 모델이 있으면 좀 더 쉽게 천적을 이용할 수 있다. 표1~1은 천적의 이용방법에 대한 모델이다. 모델 설정은 외국에서 천적 이용 사례를 참고로 하여 작성하였다. 천적 이용 방제는 해충 개체군의 밀도와 직접 관련이 있을 뿐만 아니라 온도, 습도,작물종류, 농약 사용 등 여러 가지 환경에 영향을 받기 때문에 천적 이용방법이 다르므로 이용 모델 설정이 쉽지 않다. 표1~1의 모델도 기본 모델로 개별 포장에 따라 차이가 있어서 참고용으로 활용하기 바란다.

잎응애 방제에 칠레이리응애를 사용하며 이는 치료용으로도 사용된다. 해충이 처음 발생된 것이 확인된 직후에 방사한다. 방사량 횟수는 점박이응애의 발생 정도에 따라 2~3회가 된다.

온실가루이 방제에 온실가루이좀벌을 사용하고, 예방용으로는 해충 발생 2주전에 투입하고, 치료용은 해충 발생이 확인된 후 1주 간격으로 5~8회 투입한다.

잎굴파리 천적은 굴파리좀벌과 굴파리고치벌을 혼합된 제품을 사용하며, 잎굴파리는 잎굴파리가 발생한 직후 사용하며, 조기 천적 투입으로 포장에서 천적이 증식하도록 한다.

총채벌레 천적은 오이이리응애, 으뜸애꽃노린재이며, 오이이리응애는 총채벌레가 발생하기 전에 투입하고, 남방애꽃노린재는 총채벌레 발생 직전에 사용한다. 굴파리좀벌과 애꽃노린재는 방제 효과는 우수하나 가격이 비싸 많이 사용할 수 없는 것이 문제점이다.

콜레마니진디벌은 예방, 치료, 포장증식 효과가 모두 있으나 예방용으로 사용이 효과적이다. 포장증식하기 위하여 뱅커플랜트를 이용한다. 뱅커플랜트에서 진디벌이 많이 증식하도록 하기 위하여서는 자주 뱅커플랜트를 관찰하여 진딧물이 부족하거나 없을 때는 추가 접종을 해야한다. 진딧물의 천적으로 진디혹파리, 무당벌레, 풀잠자리 등이 있으나 이들 천적은 진딧물 콜로니가 형성되었을 때 사용한다.

나방류의 알 기생 천적으로 쌀좀알벌과 곤충기생선충이 있다. 쌀좀알벌은 해충 발생 직후에 투입한다. 담배나방과 같이 나방류는 몇 천 개의 알을 흩어 놓기 때문에 기생률을 높이기가 쉽지 않다. 곤충기생선충은 방제 효과가 빠르며 자외선이 없을 때 농약과 같이 분무기로 살포한다.

02 온도와 습도의 영향

천적의 활동 가능 온도는 대체로 12~30℃ 이나 낮은 온도로 보면 콜레마니진디벌이 5℃로 가장 낮고, 다음으로 칠레이리응애와 오이이리응애가 12℃로 낮다(표1~2). 고온에서 활동 가능 온도로 보면 오이이리응애, 으뜸애꽃노린재, 풀잠자리가 35℃로 높았고, 나머지 천적은 30℃이다. 천적의 활동 적온은 대체로 20~25℃이다. 활동적온이 가장 낮은 천적은 굴파리고치벌이고, 가장 높은 천적은 풀잠자리다. 겨울철에는 콜레마니진디벌을 제외하고는 저온에서 활동을 못하여 천적을 넣어도 아무 소용이 없다.

대부분의 천적은 최저 습도가 65~80%이다. 콜레마니진디벌은 55~65%로 최적 습도가 낮다. 진디혹파리는 최적 습도 하한이 75%로 높고, 온실가루이좀벌은 최적 습도의 상한이 90%로 높다.

표 1~1 시설채소의 해충방재에 사용되는 천적의 표준 이용 모델

대상해충	천적	천적의 발육단계	전략	처리시기 (해충발생)	처리빈도	투입량 /10a	방 사 지 점 /10a
잎응애	칠레이리응애	성충,약충	치료	직후	2~3회	6,000	400
온실가루이	온실가루이좀벌	머미	예방 치료	직전 직후	2주 5~8주	1,500 3,000	30 60
잎굴파리	굴파리좀벌	성충	치료 포장증식	직후	1~3회	500	2
	굴파리고치벌	성충	치료	직후	1~3회	100	2
총채벌레	오이이리응애	약-성	포장증식	직전	1~3회	100,000	400
	으뜸애꽃노린재	5령,성충	치료	직전	1~3회	1,000	10
	총채가시응애	성-약	치료	직후	1~3회	10,000	400
목화진딧물, 복숭아혹진딧물	콜레마니진디벌	머미	예방 치료	직전 직후	매주 2회	100 500	5 10
	뱅커플랜트	성충	예방	2개월 전	1회	1~2	1~2
모든진딧물	진디혹파리	번데기	치료 포장증식	발생 시	4주	1,000	10
	풀잠자리	유충	치료	발생 시	-	20,000	발생지점
	무당벌레	성충	치료	발생 시	-	3,500	발생지점
나방	쌀좀알벌	번데기	치료	발생 시	4회	-	-
	곤충기 생선충	3령	치료	발생 시	1~3회	-	-

표 1~2 주요 천적의 활동 온도와 최적 습도

천적	활동 가능 온도	활동 적온	최적 습도
칠레이리응애	12~30°C	22~25°C	65~80%
오이이리응애	12~35°C	21~23°C	65~80%
으뜸애꽃노린재	15~35°C	21~23°C	65~80%
풀잠자리	15~35°C	24~26°C	70~90%
진디혹파리	16~35°C	20~24°C	75~85%
온실가루이좀벌	15~30°C	20~24°C	60~90%
콜레마니진디벌	5~30°C	20~24°C	55~65%
굴파리좀벌	15~30°C	20~25°C	-
굴파리고치벌	15~30°C	15~20°C	-

03 농약과 동시 이용

농약에 가장 잘 적응한 것이 지금 문제되고 있는 해충이라고 할 수 있다. 진딧물이나 점박이응애와 같이 농약에 대하여 저항성이 잘 발달한 것도 있고, 온실가루이 유충과 같이 표피가 왁스로 덮여 있어 농약의 침투가 어려운 것도 있고, 총채벌레나 잎굴파리와 같이 꽃 속이나 잎 조직 속에 살아서 농약의 직접 접촉이 쉽지 않는 것도 있다. 그러나 천적은 농약에 대한 경험이 없어 적응을 하지 못하여 쉽게죽는다. 적용범위가 넓어서 여러 종의 해충을 죽이는 농약이나, 잔효력이 길어 오랫동안 해충을 죽을 수 있는 농약이 천적에 더 해롭다. 이런 농약은 현재 가장 많이 사용되고 있는 합성 피레스로이드계, 유기인계, 카바메이트계 농약이며, 이들 모두 천적에 아주 해롭다. 한편 네오니코틴계 농약은 땅 위를 배회하는 포식자에게는 해롭지 않고 식물잎 배회성 포식자에게는 영양이 크다. 탈피저해제 농약은 기생성 천적과 지상 배회성 포식자에게는 영향이 없으며, 이리응애와 식물 잎 배회성 천적에게는 약간의 영향을 미친다. 식물잎 배회성 천적이 모든 농약에 해로운 것은 농약을 살포했을 때에 물리적인 타격도 영향을 주기 때문이다. 탈피저해제 농약은 천적과 동시에 사용하는 것이 가능하다. 그러나 천적에 해가 덜한 농약은 적용대상 해충이 많지 않고 선택성이 커서 동시에 여러 종의 해충 방제 효과가 떨어지는 단점이 있다.

04 친환경자재(유기농 자재)와 동시 이용 문제

친환경자재란 정의는 없으나 통상 유기농업이나 무농약 재배에 이용되는 자재라고 생각한다. 이 중 많은 자재가 비료라고 표시하면서 농약으로 이용되고 있다. 이런 자재의 특성은 (1) 불명확하여 복합적인 효과가 발현되며 재현이 어렵고, (2) 천적물질을 직접 이용하는 것으로 제조 원료가 다양하고 제품이 불균일하고, (3) 유통 경로가 불확실하고, (4) 품질관리가 곤란한 특성이 있다.

소비자의 안전농산물에 대한 관심이 높아지면서 유기재배 또는 무농약재배가 확산되고있다. 친환경이란 이름 자체만으로는 친환경적일 것이라고 생각하나 실제로는 전혀 친환경과는 관련이 없거나 아직까지 검증된 바 없는 것들이다. 많은 유기재배 등의 인증농가들이 비료로 등록한 친환경농자재가 지금 당장 효과가 있다고 하여 이를 이용하고 있다. 이런 친환경농자재는 천적과 달리 선택성이 없어 광범위한 살충성이 있어 해충만 죽이는 것이 아니라 천적까지도 죽게 하여 방제 효과가 오래 지속되지 못하며, 농약과 같이 해충의 재출현 문제가 발생하게 된다. 곤충의 출산력은 보통 100마리에서 수천마리로 극히 높고 한 세대기간은 한 달도 채 안되는 것이 많다. 천적이 없는 가운데 해충만 있다면 이와 같은 높은 곤충의 증식력으로 인해 해충이 대발생되기 때문이다.

외국에서 병해충 방제가 농약 중심에서 생물적 방제 중심의 종합방제로 전환하게 된 배경은 천적을 없애버림으로서 항상 해충 밀도가 높아지는, 즉 병 주고 약 주는 문제가 나타났기 때문이다. 당장 해충이 먹어들어 가고 있는 상황에서 농약을 사용하지 않으면서 우선 급하게 불을 끌 수 있는 것이 이들 농자재라고 할 수 있으나, 아직 인증되지 않은 자재가 해충 방제의 근간이 되어서는 안 된다고 본다. 선진국에서 찾아보기 어려운 이런 자재가 우리나라에서 급속히 확산되는 것은 바람직하지 않다.

유기농자재는 위와 같은 문제점이 있으면서도 해충의 밀도가 높아 천적 이용이 곤란하면서 무농약이나 유기재배를 하는 경우에 사용하여 해충의 밀도를 낮춘 후에 천적을 이용할 수 있다.

05 뱅커플랜트의 이용

뱅커플랜트(banker plants)는 천적을 유지 증식하는 식물이다. 식물에서 초식자가 증식을 하고, 이 초식자에서 포식자나 기생자가 증식한다. 초식자는 기주 전환을 못하여 작물에 해를 주지 않으나 천적인 포식자나 기생자는 기주 전환을 하여 작물에 발생하는 해충을 공격하는 점을 이용한 것이다. 뱅커플랜트는 작물과 유연 관계가 멀수록 뱅커플랜트 발생하는 초식자는 주 작물에 해를 주지 않는다. 원예작물은 모두 쌍자엽식물이며, 화본과식물은 단자엽식물이라서 두 식물에 발생하는 해충상(害蟲相)은 다르다. 이러한 이유로 보리나 밀 등 화본과식물을 뱅커플랜트로 원예작물의 해충 방제에 이용하고 있다. 또한 원예작물 내에서도 식물분류학상 유연 관계가 멀면 뱅커플랜트로 이용할 수 있다. 박과작물을 뱅커플랜트로 가지과작물에서 이용할 수 있다. 같은 종의 해충이 동시 기주가 아니면 뱅커플랜트로 이용할 수 있다. 뱅커플랜트의 설치 시기는 방제하고 해충이 발생하기 전이 좋다. 뱅커플랜트가 생육이 왕성할 때까지 재배하고 많은 초식자(草食者)를 발생시켜 많은 천적이 발생하여, 이 천적이 방제 대상 주 작물에 발생하는 해충으로 이동하여 방제하게 해야 한다. 뱅커플랜트의 성공 비결은 주작물 정식 초부터 천적을 오랫동안 발생시키도록 뱅커플랜트를 관리하는것이다. 뱅커플랜트의 천적 발생과 주 작물의 해충 발생 시기와의 타이밍을 맞추는 것이 중요하다. 그리고 뱅커플랜트에 초식자가 없거나 적으면 계속적으로 천적이 발생할 수 없으므로 초식자(곤충)를 접종해야한다.

06 천적 이외의 해충 방제방법

건전 묘의 사용 시설에서 해충 발생은 시설 내 자체 발생도 하지만 주로 외부에서 침입하여 시작된다. 바람에 의한 창으로의 침입은 방충방을 설치하여 막을 수도 있다. 겨울에는 해충 발생이 없어서 크게 문제가 되지 않으나 묘목에서의 침입은 일찍부터 번식하여 피해가 크다.

네덜란드 등 선진국의 묘목생산회사에서는 천적을 집중적으로 사용하고 있지만, 우리나라의 묘목회사 농장에서는 농약으로 해충을 방제하고 있으나 온실가루이, 잎굴파리, 총채벌레 등 많은 해충이 여전히 발생하고 있다. 묘목에 해충이 없는 것을 사용해야 한다. 잔류 농약이 문제가 안 된다면 묘목 시기부터 농약을 철저하게 사용하여 방제해야 한다. 부득이 해충이 발생한 묘목을 정식할 때는 정식과 동시에 천적을 방사해야 한다. 다만, 본포에서 묘목할 때에 사용한 농약이 잔류하여 천적에게 해를 줄 수 있어서 주의해야 한다.

천적 이용은 해충의 밀도가 높을 때에는 효과가 뒤늦게 나타나 피해를 받을 수 있어 해충의 밀도가 낮을 때 사용하는 것이 기본이나 조기에 해충이 발생하면 천적 이용은 효과가 떨어지거나 실패하게 된다.

병해충 저항성 품종의 재배 해충에 대한 저항성 품종의 재배는 품종 선택만 잘 하면 방제비용이 전혀 없는 가장 바람직한 방제수단이다. 그러나 저항성 품종의 육종은 쉽지 않아 현재 채소 해충에 대하여 저항성 품종으로 알려진 것이 거의 없다. 조명나방을 죽이는 곤충 독소(Bt)유전자가 들어가 있는 옥수수 품종이 외국에서 개발되어 이용되고 있지만, 아직 국내에는 연구개발 단계이고 실용화된 곤충 저항성 유전자를 가진 품종은 없다. 저항성 품종의 재배는 해충의 밀도를 낮추게 하여 천적 이용의 효과를 높일 수 있다.

잡초 이용 또는 제거 시설 내에 발생하는 잡초에 주 작물의 해충이 발생하는 잡초는 없애 버려야 한다. 잡초는 해충의 발생된 역할을 하게 되므로 제거해야 한다. 그러나 잡초에 발생하는 곤충(초식자)이 작물에 해를 끼치는 것이 아닐 때에는 잡초에 발생하는 곤충은 천적의 먹이 자원이며, 천적의 서식처가 되어 작물에 이롭기 때문에 제거하면 안 된다. 노지작물에서 잡초는 해충의 서식처가 될 뿐만 아니라 종 다양성을 높이며, 천적의 서식처가 되어 잡초 제거는 바람직하지 않다.

해충 침입 저지 자재의 사용 측창에 방충망을 설치하고 출입구는 이중문을 설치하여 해충이 들어오지 못하게 한다. 그 외에 해충 방재 효과가 있다고 알려진 자재로는 자외선 제거 필름, 광 반사 필름,황색등(黃色燈)등의 이용이 있다. 이와 같은 자재의 이용은 해충의 발생밀도를 줄일 수 있어 낮은 해충밀도에서 방제 효과가 있는 천적 사용에 도움을 준다. 이들 자재는 농약이나 유기농자재와는 달리 어떠한 생태계의 교란이나 물리적 타격이 없어 천적에게 영향을 끼치지 않아 천적과 동시에 이용하는데 아무런 문제가 없다.

교미 교란 페로몬의 이용 교미교란 페로몬의 이용은 아직 연구 개발단계이나 사과, 배, 복숭아 등 과수에서 주로 해충 발생은 적으나 피해를 심하게 주는 심식나방이나 잎말이나방의 방제에 이용되고 있다. 교미교란 페로몬의 이용의 조건은 표1~3와 같이 사용에 제한 사항이 많다. 페로몬에 의한 해충 방제는 밀도가 낮으나 피해가 큰 관건 해충을 대상으로 하고 있다. 농약 중심의 해충 방제는 약효 기간이 길고 여러 종의 해충을 죽이는 유기인계나 피레스로이드계 농약이 관건 해충을 잡는 우수한 농약이었다. 그러나 이들 농약은 천적에 아주 나쁜 영향을 주지만 다른 방제 대안이 없기 때문에 어쩔 수 없이 사용해 왔다. 앞으로 페로몬이 이들 농약을 대체하여 관건해충을 방제할 수 있을 것으로 기대하고 있다. 이들 농약의 절감은 그동안 사라졌던 많은 천적을 되살리게 할 것이다. 천적을 되살려 살충제를 절감하는 성공사례는 선진국에서 많이 볼 수 있으며, 우리나라에서도 사과 IPM시범 사업을 통하여 실천하고 있다. P183 하단 좌측 사진은 예찰 또는 대량 유살용 성페로몬 트랩이고, 오른쪽 사진에 구부려 놓은 끈 같이 보이는 것은 교미교란용 페로몬 방출기다. 시설채소작물에는 일본에서 배추좀나방 등이 방제에 이용하고 있다. 우리나라에서도 고추에서 담배나방 방제 연구를 수행하고 있으며 조만간 실용화될 것으로 기대되고 있다.

표 1~3 교미교란 페로몬 이용이 적합한 대상 해충과 조건

항　　목	대상 해충 또는 지형
밀도가 낮으나 피해가 큰 해충	복숭아순나방,복숭아심식나방,담배나방
약제 저항성이 큰 해충	배추좀나방,파밤나방
이동성이 작은 해충	복숭아순나방
상승 기류가 적은 곳	분지
바람이 적고 넓은 지역	안개가 많은지역
바람이 적게 부는 장치가 있는 장소	방풍림이나 건물에 둘러싸여 있는 곳

대량 포획용 성페로몬 트랩

교미 교란용 페로몬 방출기(줄에 감긴 것)

노지재배에서 천적 보호

01 토양, 물, 작물 잔재물의 관리

토양관리 토양관리에는 경작, 유기질 또는 화학 비료주기, pH의 조절 등이 있다. 이런 작업은 작물에 발생하는 해충뿐만 아니라 천적에게도 영향을 준다. 밭갈이를 하면 표토나 토양 속에 있는 해충도 죽이지만 천적도 죽일 수 있다.

물관리 물대기는 토양습도를 높이는 등 여러 종류의 천적에게 좋은 환경을 제공한다. 특히 물대기를 하여 곤충병원성 곰팡이의 활력을 높여 주는 것도 아주 중요하다. 진딧물과 온실가루이 방제를 위한 *Verticillium lecanii* 의 병원균 포자 발아에는 습도가 중요하다.

작물 잔재물의 관리 많은 작물에서 수확 후 잔재물은 밭갈이를 하거나 불에 태워서 처리한다. 이러한 농법은 확실한 이점도 있지만, 다른 한편으로 작물의 잔재물을 없애 버리는 것은 다음 작물의 재배를 위해 토양 표면을 깨끗이 하는 전통적인 방법 이상의 기능은 없다. 어떤 경우에는 작물 잔재물이 해충의 천적 보호에서 중요하다. 토마토에서 온실가루이좀벌을 방사하고 아래 잎을 따내서 밖으로 버리면 그 잎 위에 붙어 있는 천적도 함께 버리는 상황이 된다. 환경농업을 위해서는 깨끗한 농사(clean farming: 잡초와 작물 잔재물이 없는 농업)는 원칙적으로 해서는 안 된다.

02 작물재배 패턴 이용

사과, 포도와 같은 작물과는 달리 일년생 작물은 토양의 비옥도를 높이거나 해충의 발생을 억제하기 위하여 작물 재배 패턴을 변경할 수 있다. 즉, 일년생 작물은 쉽게 천적의 활동을 높일 수 있는 작형으로 바꿀 수 있다.

천적 발생을 도모하는 작물재배 사과, 감귤과 같은 영속적 작물은 여러 해 동안 같은 장소에 있게 된다. 이러한 안정성은 생물적 방제를 촉진한다. 영년생 작물은 만족할 만한 수준으로 해충의 밀도를 유지하거나 억제할 수 있어 천적이 너무 늦게 찾아오는 일년생 작물에서 발생하는 시차(time lag) 문제가 없다. 일년생 작물 주변에 안정성이 높은 영년생 작물이 있으면 천적은 초기부터 영년생 작물에서 일년생 작물로 들어 올 수 있어 생물적 방제가 용이하다.

일부 포장은 주 작물보다 조기 재배하여 일찍 주 작물에 천적을 발생시킬 수 있다. 그림 2-2는 시설 하우스에서 주 작물인 가지 재배보다 1개월 전에 수박 1주를 재배하고 여기에 목화진딧물을 발생시킨 다음 콜레마니진디벌을 접종하여 수박에서 천적인 진디벌을 발생하게 하여 가지에 발생하는 복숭아혹진딧물을 방제에 성공한 장면이다. 수박에 발생하는 목화진딧물은 가지에 피해를 주지 않으며 목화진딧물을 기주로 하여 발생하는 진디벌은 가지에 발생하는 복숭아혹진딧물에 기생한다.

Vorley 와 Wrantten(1987)은 약간의 포장은 가을 재배에 앞서 일찍 파종을 하여 월동하는기생된 진딧물을 확보하므로 진딧물의 생물적 방제방법을 개선하였다.

그림 2-1 숲으로 둘러싸인 시설 고추 하우스 천적은 숲에서 시설작물로 이동한다.

그림 2-2 주 작물(가지)보다 수박 한 포기를 조기 재배하여 진딧물 방제에 성공한 농가포장.

이들 월동 진딧물에서 출현한 진디벌은 조기에 출현하여 늦게 파종한 포장에 정착하였다. 경작면적의 4%만이 조기 재배에 필요하다. 새로운 작물은 오래된 작물 가까이 파종하여 좀더 빨리 천적을 정착시킬 수 있다. 새로운 파종은 오래된 작물이 수확되기 전에 하기도 하고, 오래된 작물이 수확된 곳에서는 수확 잔재물은 천적이 나와 정착할 때까지 기다렸다가 치운다.

넓은 면적이 짧은 기간에 수확되면 그 속에 있는 천적은 먹이 부족으로 살아남을 수 없다. 수확방법은 좁은 면적으로 나눠 실시하는 줄 수확(strip-harvest)이 바람직하다.

간작(intercropping)은 같은 장소에 한 종류 이상의 작물을 동시에 재배하는 것이다. 작물 다양성 전략은 작물에 정착한 해충 발생을 저지하거나 낮추는 데 있다. 작물은 완전히 혼합하거나 엇갈려 줄 재배하기도 한다. 간작은 식물다양성(vegetational diversification)을 높이는 것이다. 식물 다양성은 이론적으로 2가지의 유익한 효과가 있다. 하나는 해충이 작물을 발견하기 어렵게 만들고, 다른 하나는 천적의 활동을 높이는 것이다.

03 비 재배작물의 조작

휴경지 또는 작물 재배 인접지역은 생물적 방제에 영향을 줄 수 있다.

피복작물의 재배 효과 작물 재배 장소에서 천적의 활동을 강화할 수 있는 것 중의 기본은 잡초와 피복작물 재배다. 피복작물을 아무 것도 심지 않은 것과 비교할 때, 토양온도를 낮추고, 상대 습도를 높이며, 이용할 수 있는 물을 더 보존한다. 지표면은 딱정벌레, 반날개, 무당벌레, 꽃등에 등 천적에게 서식장소를 제공한다. 피복작물은 천적의 활동을 조장하여 해충의 밀도를 낮추기도 한다. 피복작물은 영양이나 습도에 대하여 주 작물과 경쟁을 하여 수량을 떨어뜨리기도 하므로 피복작물의 종류와 파종밀도는 좀더 면밀하게 검토하여 지역 특성에 맞게 선정해야 한다.

과수작물에서 피복작물은 주 작물인 과수와 경쟁이 되지 않기 때문에 좀더 널리 이용되고 있다. 나무에서 피복작물은 응애와 진딧물 천적의 활동을 높일 수 있다. 초생재배를 하면 잎응애나 진딧물은 문제가 되지 않는다,

우리나라에서는 과수원 토양의 물리성을 개량할 목적으로 호밀을 재배하고 있다. 토양개량 효과 이외에 호밀 재배는 과수원에 발생하는 진딧물 발생을 줄일 수 있다. 호밀에 발생하는 보리두갈래진딧물은 벼과작물에만 가해하며 원예작물에는 발생하지 않아 원예작물에는 피해를 주지 않는다. 보리두갈래진딧물을 먹고 사는 진디벌은 호밀뿐만 아니라 원예작물에 발생하는 진딧물에도 기생하여 진딧물 발생을 억제한다. 그림 2~3은 배 과수원에서 초생재배를 하여 천적을 발생시켜 진딧물과 점박이응애 밀도를 경제적 피해 수준 이하로 낮춘 농가의 포장이다.

그림 2-3 배 과수원에서 피복작물 이용.
피복작물재배는 과수에 발생하는 해충의 밀도를 경제적 피해 수준 이하로 낮춘다.

농경지 주변 잡초 이용 논둑이나 밭둑의 잡초는 천적이 살수 있는 서식처인 동시에, 천적에게 먹이를 제공하는 장소가 된다. 논에 농약을 살포하였을 때, 논에서 살아남은 천적은 먹이를 논둑에서 구할 수 있다. 또한 논둑은 살아남은 천적의 은신처가 되어 준다. 논둑에 발생하는 잡초에 사는 해충들은 벼메뚜기와 섬서구메뚜기를 제외하면 대부분 경제적 피해를 주지 않는다. 따라서 논둑 잡초는 벼에 지장을 주지 않을 정도라면 제초제를 살포하거나 풀베기를 하지 말고 그냥 두는 것이 좋다.

그림 2-4는 밭둑의 잡초를 그대로 놓아 두어 잡초에 발생한 천적이 포도나 채소작물로 이동하여 밭작물에 발생하는 해충 방제에 이용될 수 있는 모델을 제시한 것이다. 초식자는 기주 특이성이 높아 잡초에 발생하는 곤충이 밭작물에 발생할 가능성은 높지 않은 반면, 천적은 기주 전환 가능성이 높아 잡초에 발생하는 곤충은 천적의 먹이 자원으로 이로움을 주기 때문에 제초는 나쁘다.

그림 2-4 비 경작지에서 천적의 역할.
비 경작지의 식생은 천적의 서식처가 되고, 농약 살포시 피신처 역할을 하며, 생물종다양성을 높인다.

진딧물의 천적을 유인하는 식물로는 망초, 개망초, 무궁화, 보리, 메꽃, 소리쟁이 등이 있다(그림 2-5). 총채벌레의 천적을 유인하는 식물은 토끼플, 민들레가 있다. 나방류의 천적인 고치벌이나 맵시벌은 꽃이 피는 식물에 많이 유인된다.

오이, 참외, 수박, 멜론 등 박과작물에 발생하는 목화진딧물은 다른 식물(잡초)에는 거의 발생을 하지 않으며, 잡초에는 복숭아혹진딧물 등 박과작물에는 전혀 발생하지 않는 진딧물이 발생하므로 박과작물 시설에서 발생하는 잡초는 진디벌, 곤충기생균, 포식자의 발생원으로서 뱅커플랜트 역할을 한다.

그림 2-5 소리쟁이에 발생한 복숭아혹진딧물.

인접지역에서 작물 재배 작물의 인접지역에서 작물 재배는 꿀과 꽃가루 같은 먹이 자원을 제공하여 주기 때문에 천적에 이롭다. 이러한 재배는 감로와 같은 탄수화물을 제공하는 진딧물과 같은 절족동물의 서식처가 된다. 작물 재배지역과의 경계에서 절족동물은 포식자의 먹이가 되거나 또는 기생자의 기주가 된다. 야생 꽃에서 꿀은 여러 종류의 벌목 곤충의 먹이가되며, 그런 꽃이 많으면 기생률이 높아진다.

인접지역에서 작물을 재배할 때 주 작물과 인접지역 작물의 선택은, 가능한 한 식물의 유연관계가 멀어 해충 발생 종류가 달라서 인접작물로 해충이 이동하는 피해를 줄이면서도 천적은 두 작물에 동시에 발생함으로써 작물간 이동으로 주 작물에서 해충 방제 역할을 할 수 있는 것으로 한다.

04 먹이나 은신처 제공

천적의 생존과 증식을 위하여 직접 먹이나 은신처를 제공할 수 있다. 이것은 상대적으로 비싸지 않아야 하며 자재와 노동 비용을 보상할 수 있을 정도로 해충의 사망률을 높여야한다. 천적은 활동하기 위해 탄수화물이 필요하며 자손 생산을 위해 단백질을 필요로 한다. 자연생태계에서 탄수화물은 먹이나 기주 체액, 감로, 식물의 즙액(nectar), 설탕에 있는 다른 물질에서부터 얻는다. 이런 물질이 부족하면 인위적으로 제공할 수도 있다.

가지에 발생하는 총채벌레를 방제하기 위하여 이랑에 쌀겨와 밀기울을 놓아 천적(오이이리응애)의 먹이가 되는 가루응애를 발생하게 하고 여기에서 이리응애가 증식하도록 하여 가지의 총채벌레 방제를 하고 있다.

대량증식 천적 이용

천적이 없을 때, 또는 천적이 해충을 방제하기에는 너무 늦게 발생하거나 그 수가 적을 때에 사육한 천적을 방사하게 된다. 이러한 것을 대량 증식(augmentation) 이용이라고 하며, 민간기업이나 정부의 지원으로 이루어지고 있다. 대량 생산 천적 이용은 영속적으로 천적의 정착이 어려운 시설이나 천적이 없는 곳에서 사용하게 된다. 천적이 없는 경우에는 대상 해충의 원산지에서 천적을 도입하여 영구적으로 정착시키는 방법을 사용한다. 영속적 정착이 어려운 경우에는 도입 천적의 대량 증식을 이용하여 토착 천적의 역할을 도울 수 있게 한다. 방사된 천적의 자손까지 이용하는 증식을 접종증식(inoculative augmention)이라 하고, 방사된 천적의 자손은 이용하지 않고 방사한 당 세대만을 이용하는 것을 대량증식(inundative augmentation)이라고 한다.

01 방제인자 선발

증식을 통한 생물적 방제의 첫 단계는 대상 해충의 밀도를 억제할 수 있으며, 대량 생산이 가능한 천적을 선발하는 것이다. 대량증식 프로그램에 이용된 천적은 정착하여 대상해충을 공격할 수 있어야만 한다. 세계적으로 수백 종의 해충이 있으며, 이 중 극히 일부의 천적이 조사되었다. 대량증식 생물적 방제를 확대하기 위해서는 해충의 천적에 관한 많은 정보를 갖고 있어야 할 필요가 있다.

많은 생물적 방제인자는 그 특성이 다양하다. 어떤 종은 어느 해충 방제에 아주 효과적이지만 그 종과 유사한 다른 종에는 방제 효과가 전혀 없는 것도 있다. 특성의 분화는 기주선호성, 증식물, 기후에 대한 내성 등의 영향에 기인한다. 종 내에서도 휴면에 필요한 일장반응(Havelka and Zemek 1988), 기생력(Pak and van Heiningen 1985),약제에 대한 저항성(Rosenheim and Hoy 1986; Inoue et al. 1987)과 같은 특성에 차이가 있는 것이 알려져 있다. 유용한 천적을 선택하기 위하여 실험실에서의 검정이 필요하다. 높은 기주 특이성이 있는 것은 일반적인 것보다 더 우수하다.

대상 천적은 실험실에서 대량 생산이 가능한 가를 먼저 검정할 수 있다. Van Lenterenand Woets(1988)는 계절별로 천적을 선발하기 위한 계획을 발표하였다. 검정 계획은 여러 단계가 있다. 1단계는 그 종(種)이 대상해충 방제에 어떠한 부정적인 면을 갖고 있는 가를 평가한다. 2단계는 그 종이 대상해충에서 성충까지 발육하는 가를 조사한다. 3단계는 그종이 작물에 있는 해충을 공격하고 그 장소에서 성공적으로 발육하는가를 조사한다. 4단계는 대상 천적이 대상 해충보다 증식률이 높아야 한다. 그리고 같은 환경에서 다른 익충을 공격하지 않아야 한다. 대량증식방법(inundative manner)은 땅 속에 있는 유충을 방제하는 데는 다소 부적합할 수도 있다. 대량증식 방사(inundative release)는 기주를 모니터링하여 방사시기를 결정할 수 있으므로 대상 기주가 발생하고 천적이 뒤따라오는 현상은 본질적으로 없다. 이와 반대로 접종적 방사(inoculative release)는 기주 탐색력과 출산에 관한 정보를 갖는 것이 중요하다.

결론적으로 특별한 사용에 특별한 천적 후보종이 우수하다는 것의 증명은 포장조건에서 후보 천적을 검정해야만 한다. 어느 종의 효과는 작물, 작형, 지역에 따라 다를 수 있으므로 해당지역에서 대상작물에서 검정을 해야 한다.

02 품질

대량 생산하게 되는 천적은 이들이 만족할 정도로 임무를 수행하려면 적절한 품질을 갖추어야 한다, 품질에 영향을 주는 것은 (1) 상업적으로 생산하는 동안 최초 사육집단의 품질 확보, (2) 상업적 생산조건에서 품질을 유지하기 위한 사육과정,(3) 천적의 품질을 개선하기 위한 유전적 선발방법 등이 있다.

최초 사육집단의 품질 확보 증식 프로그램에 사용되는 천적은 대표적인 기후와 농업조건에서 대상작물의 대상해충에 대하여 어느 정도 받아들일 만한 품질을 갖고 있어야 한다. 목적한 바에 적합하도록 선택하려면, 유전적 다양성이 있는 크고 건전한 기본 집단을 얻어야 하고, 병원균과 중기생자(hyperparasitoids), 기타 오염물이 없어야 하며, 번식을 잘 하는 것이어야 한다. 건전한기본집단이면 생산의 품질은 상업적 생산을 하는 동안 유지시켜야 한다.

상업적 생산조건에서의 품질 유지 효율적으로 사육을 하는 조건과 최고의 품질을 유지하는 조건과의 차이는 분명히 있다. 실험실의 것과 본래의 것과는 차이가 있다. 품질 유지에는 유전성, 영양, 오염 방지, 기주나 먹이의 화학물질 접촉 금지 요인이 관여한다.

▶**유전성** 사육 중에 품질을 떨어뜨리는 것으로는 자식열세(inbreeding depression), 절손(drift), 선발(selection)의 3가지가 있다(Mackauer 1972; Roush 1990). 앞의 2가지는 집단이 작을때 나타나고, 마지막은 집단의 크기와 상관없이 나타난다. 자식열세는 열성 형질이 있는 자손이 동질성이 높아질 때 근친교배를 하여 나타나며, 임의교배하는 집단에서 집단이 작을 경우에만 나타난다. 작은 집단에서 절손은 어떤 대립유전자가 우연히 다음 세대에 전사될 때 이 대립유전자가 없어져서 나타난다. 절손과 자식열쇠와 달리 선발은 야외환경에 대한 적합성이 떨어지고 실험실조건에서 유사성 선발이 일어난다. 상업적 집단에서 일어나는 적응의 유형은 사육하게 되는 집단의 생물적 특선과 물리적, 화학적 조건에 의존하다. 대표적으로 대규모 사육은 사육밀도가 높고, 비행조건이 나쁘고, 비 자연적 먹이를 이용하고, 비 자연적 광 조건 등의 상업적 집단에서 기주는 발견하기 쉽고, 기생자는 감소된 비행력에서 선발되며, 보행 속도는 느려진다. 품질이 모두 유전적인 것은 아니다. 질병이나 부적합한 영양분과도 관련이 있다. 품질 저하가 유전적 선발에 의하여 이루어지는지 여부를 결정하는 것은 야생의 것과 교배해 보면 알 수 있다. 문제가 유전적인 것에 있다면 자손은 좀더 나은 특성을 보인다. 선발효과의 치료는 상업적 집단에 야외집단을 주기적으로 넣어 줌으로써 이루어진다 (Roush 1990). 그러한 개체는 자연에서 채집하거나 알이나 번데기로 오랫동안 저장한 것중에서 사용할 수 있다. 야외 집단을 이용할 때는 나쁜 야외종이 침입할 수도 있고, 질병에 감염될 위험도 있다.

▶**영양** 상업적으로 천적을 생산하기 위한 먹이나 기주는, 생산하게 될 천적의 크기, 활력, 출산력, 성비, 기주탐색능력에 영향을 준다. 천연 사료는 활력 있는 천적 생산을 위해 최고의 사료라고 추정된다. 최고의 사료를 제공하지 못할 때 이리응애는 화분, 곰팡이, 또는 대체먹이 응애와 같은 것에서 추가 먹이를 얻기도 한다. 천연 사료나 먹이의 이용은 엄청난 비용이 들 수 있고 상업적으로도 이용하기 어려울 때가 있다. 이러한 문제로 인공사료로 대체하여 천적을 사육, 생산하기도 한다. 대체사료를 이용하여 생산한 것은 자연 먹이나 기주를 사용한 것과 차이가 있는지 조사해야 한다. 채소사료 (콩의 꽃가루)를 이용해서 사육한 이리응애(*Amblyseius potentillae*)는 점박이 응애를 먹이로 하여 사육한 것에 비하여 applerust mite에 대한 포식력이 감소했다(Dicke er al. 1989). 이와 반대로 6년 동안 인공사료로 사육한 *Geocoris punctipes* Say는 야생의 것과 비교해 기주탐색력에서 전혀 차이가 없었다 (Hagler and Cohen 1991). 일반적으로 사료는 여러 세대 동안 사육한 천적에 크게 영향을 준다. 품질 저하 여부는 주기적으로 야외의 것이나 저장한 것과 비교하여 조사한다.

▶**오염방지** 사육하는 동안 다른 종류에 오염되기 쉽다. 높은 밀도의 사육은 전염성이 있는 병원균이 접촉하기 쉬워 배지에 침입할 수 있다. 야생 개체를 상업적으로 생산하는 집단에 넣을 경우 병원균에 감염되기 쉽다. 예를 들어 나비목에서 과립 바이러스는 야생 나비의 유충이나 그 기생벌(*Cotesia rubecula*)을 도입할 때 쉽게 감염된다. 사육집단은 중기생자가 침입하여 병원균을 감염시킬 수도 있다. 중기생자는 진딧물무당벌레와 같은 천적을 사육할 때에도 침입할 수 있다. 사육상자를 잘 만들어 그와 같은 오염원이 침입하지 못하도록 해야한다. 그 외에도 다른 종이 침입해 교미를 하는 경우에 생기는 교잡오염(cross contamination)도 있을 수 있다.

▶**먹이나 기주로부터 화학물질 감지** 기주나 먹이와 관련된 화학물질은 천적에게 중요한 정보가 될 수 있다(Ver and Dicke1992). 만약 천적이 인공사료나 대체기주에서 사육되면 사육조건은 기주의 화학물질과 접촉할 기회가 전혀 없다. Anagast Kuebniella에서 사육된 *Trichogramma barssicae*는 본래 기주가 아닌 기주 (*Ostrinia nubilalis*)에서 사육한 것이 원 기주인 O. nubilalis에서 사육한 것보다 덜 효과적이었다. 대체기주를 이용해서 사육한 것은 포장조건에서 효과가 떨어질 수 있다. 천적을 방사하기 전에 대상 해충에 접촉시켜 감지 능력을 높일 수 있다.

▶**품질관리 모니터링** 사육기간 중 천적의 규칙적인 품질평가는 생산의 기본이다. 사육하는 과정에서 문헌에 있는 원래의 특성에 대하여 시기적으로 조사해야만 한다. 사육하는 것은 저장중이거나 야외에서 최근 체집한 것과도 비교할 수 있다. 특성 비교는 유리온실 검정에서 전체를 할 수도 있고 보행속도와 같은 특별한 행동을 측정 할 수도 있다. 예를 들어 *Ostrinia nubilalis*에 이용하고자 사육한 Trichogramma는 생산집단에 대하여 유리온실에 그 알덩어리를 식물위에 놓고 조사할 수 있다. 그 때 사육의 품질은 벌이 옥수수 식물까지 날아가서, 기주 알을 발견하고 ,산란한 뒤 성공적으로 벌육하는가를 조사한다 (Bigler 1994). 여러 가지 방법(일정 시간에 식물까지 도착한 벌의 수, 알무더기를 발견한 수, 알을 공격한 비율, 기생된 알에서 성충으로 출현한 벌의 비율)을 이용하여 원래 사육했던 집단과 비교할 수 있다. 온실작물의 해충에 대한 많은 천적의 품질검사가 개발되었고 이들 검사는 품질 모니터링에 정기적으로 반영된다.

유전선발을 통한 천적 개량 유전선발은 그 종의 기본적인 생물적 특성에 손상을 일으키지 않으면서 바람직한 방법으로 일정 특성을 바뀌거나 강화하기 위한 것으로 천적에 응용할 수 있다. 유전선발을 통하여 선충에서는 이동과 기주탐색능력을 높였고 (Gaugler et al. 1989), 휴면 특성을 바꿨다(Weseloh 1986). 그 외에 한 개 이상의 농약에 대한 저항성을 갖는 것이 선발되었다 (Roushand Hoy 1981; Hoy and Standow 1982; Markwick 1986; Grafton-Cardwell and Hoy1986; Hoy and Cave 1986). 유전적으로 선발된 천적은 포장에 방사된 후 다른 종의 천적에 의하여 바뀔 수도 있고 다른 천적과 교잡할 수도 있다. 농약에 저항성이 있는 천적의 사용은 농약을 사용하면서도 작물을 재배할 수 있어서 생물적 방제를 확산시킬 수 있다.

03 비용

사육비용 상업적으로 천적 사육은 사육된 천적의 판매 가치면에서, 사육 시스템의 생산성이 상대적으로 자본, 노동, 원자재의 비용에 비하여 높을 때 농약과 경쟁이 된다. 생산비는 대량 생산에 의한 투자효율을 높이는 것과 동시에 원자재비를 낮추고, 값싼 대체물질을 찾거나 사육공정을 자동화하여 낮출 수 있다.

▶**자연사육 시스템** 자연사육 시스템은 천적이 자연기주나 먹이를 이용해서 생산되고, 기주나 먹이도 보통식물에서 사육하는 것이다. 점박이응애를 이용한 칠레이리응애의 대량 생산은 성공적이었다(Fournier et al.1985). 이와 유사하게 다른 이리응애도 자연 시스템을 이용하여 생산된다(Friese et al. 1987). 온실가루이좀벌도 자연사육 시스템을 이용하여 생산한다. 그 외에 잎굴파리, 총채벌레, 깍지벌레, 진딧물, 가루깍지벌레의 기생자나 포식자도 이 방법으로 생산한다. 그러나 이 방법은 식물재배에 노동비가 많이 들어 화학적 방제에 비하여 경쟁력이 떨어지고, 작물 생산성에 비하여 천적 이용 비용이 크다. 이 시스템에서 식물은 천천히 자라고 비용이 많이 들거나 밀식재배하면 동족 포식이 일어나거나 식물병 발생이 많다.

▶**대체사육 시스템** 사육시스템에서 식물이나 초식자 대신 값싼 대체물을 찾으면 비용을 절감할 수 있다. 예를 들어 알벌에서 보통 대체기주는 *Anagasta kuehniella*또는 *Sitotroga cerealella*와 같은 저작곡류에 발생하는 나방의 알을 이용하여 싼값으로 쉽게 생산할 수 있어 많이 이용된다. 이들 곤충은 큰 용기에서 값싼 곡식으로 포트에서 식물을 재배하여 생산하는 시스템에 비하여 적은 노력으로 생산할 수 있다. 노동비를 절감하기 위한 대체사육 시스템으로의 전환은 사육 공정과 재료를 기계로 조작할수록 더 커졌다. 기생자가 기주해충으로 사육한 것 중에서 기생이 안 된 기생자를 방사할 때의 문제는 포장에 해충을 방사하게 된다는 점이다. 따라서 기생이 안 된 것은 자외선, 방사선, 열, 추위(Barton and Ster 1970; Brower 1982; Goldstein et al.1983)또는 기계적 분리(물에 띄우기,솔질, 체로 치기)를 통하여 죽인다. 포장에서 이용되는 먹이와 기주는 사육되는 것과 다를 수 있다. 인공사료에서 생산되는 기생자는 기주에서 나오는 카이로몬이 없어 기주 발견에 실패할 수 있다. 그러한 경우 사료에 건조한 기주식물을 첨가해 주어 카이로몬의 활성을 회복시킬 수 있다. 포식자의 사육은 살아 있는 먹이 대신에 음식을 제공하여 좀더 효율적으로 생산할 수 있다. *Lygaeid bug(Geocoris punctipes)* 생산에 간과 쇠고기가루가 들어 있는 고기 사료를 이용하여 곤충 1,000마리당 0.63달러의 비용을 들여서 생산하였다(Cohen 1985). 포식성 응애(*Amblyseius teke Pritchard and Baker*)를 벌꿀,계란 노른자,Wesson' salt, 물이 들어간 사료로 생산하였다(Ochieng et al. 1987). 대체 사료를 이용한 알 기생자의 사육을 위해서는,첫째 발육에 적합한 사료의 개발, 둘째 인공사료에 산란하도록 하는 화학적 자극이 있는 막(membrane)의 개발과 더블어,셋째 인공사료에서 생산된 기생자의 포장 효과시험이 선행되어야 한다.

화학농약과의 경쟁 사육한 천적의 비용은 천적을 이용하여 보호된 작물생산의 가치와, 그리고 농약과 같은 다른 해충 방제수단과의 경쟁을 비교하여 판단해야 한다. 남아프리카에서 감귤 해충 방제에 알기생자 (Trichogrammatoidea cryptophlebiae Nagaraja)의 방제효과가 54~60%뿐이라고 해도 경제적이다. 왜냐하면 농약과 경쟁하여 1/3정도의 비용만이 소요되기 때문이다(Newton and Odendaal 1990). 서유럽 토마토 재배에서 천적은 다른 모든 해충(가루이,잎응애, 총채벌레, 잎굴파리) 방제에 농약보다 비싸지 않다(van Lenteren 1989). 어떤 경우에는 사회 정치적 요소가 생물적 방제와 화학적 방제의 선택에 주요 요인으로 작용하기도 한다. 화분 매개곤충이 필요할 때 천적이 사용된다.

작물의 가치와 방제 비용 천적 구입 비용이 크면 천적 사용은 해충의 피해가 심한 고소득작물로 제한될 수밖에 없다. 미국 매사추세츠에서 카란베리는 연간 헥타르당 11,000달러의 소득이 있었으며, 재파종 비용은 헥타르당 80,000달러를 초과한다. 뿌리바구미가 심하게 발생하여 이 해충 방제에 필요한 천적 구입에 헥타르당 600달러를 사용할 수 있었다. 이와 반대로 매사추세츠에서의 감자 재배는 헥타르당 단지 400~600달러의 이득밖에 없어 천적을 구입할 여력이 없었다. Trumble and Morse (1993)는 캘리포니아 딸기 재배에서 점박이응애 방제에 칠레이리응애를 사용하는것과 농약을 사용하는 것을 비교한 결과, 두 가지를 결합하여 사용하는 것이 가장 경제적이라는 것을 확인하였다.

▲ 점박이응애 성충

▲ 점박이응애 암컷성충

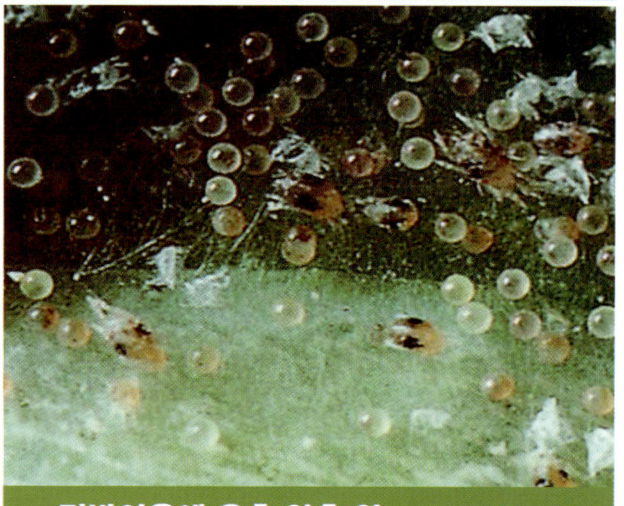

▲ 점박이응애 유충 약충 알

▲ 점박이응애 휴면 암컷성충

04 저장과 선적

저장은 1년 중 몇 달만 필요할지 모르는 천적 생산을 연중할 수 있도록 하므로 아주 중요하다. 효과적으로 저장할 수 없으면 천적이 필요한 시기에 많이 생산해야 하고, 필요 없을 때는 생산을 중단해야 한다. 천적의 저장이 가능하면 사육시설을 천적 수요가 없는 시기에도 생산에 사용할 수 있어 연중 일정 수준으로 천적 생산이 가능하게 한다. 여러 종의 천적을 생산하여 연중 생산이 가능하다. 몸집이 큰 천적(기생자,포식자)은 상대적으로 선충이나 미생물에 비하여 저장이 잘 안된다. 저온은 천적을 오랫동안 저장할 수 있게 한다. 종에 따라서 저온, 상대습도, 일장 등 저장하게 되는 조건이 다르다. 무당벌레인 *Synonycha gradis* Mulsant는 18~20℃ 에서 5개월 동안 저장이 가능했다(Deng et al.1987). 진딧물의 포식자인 진디혹파리는 1℃ 에서 2개월 동안 저장해 사망률이 10% 미만이었고, 5℃ 에서는 10일간 저장할 수 있었다(Gilkeson 1990). 월동하는 벌레는 월동하지 않는 것보다 장기간 보관할 수 있다. 풀잠자리 성충은 5℃ 에서 31일간 보관해도 사망률은 아주 낮다(Tauber et al. 1993). 월동하는 *Trichogramma evanescens* Westwood는 거의 1년간 저장할 수 있다. 그러나 활동하지않는 *Trichogramma minutum*은 단지 1~2일간 저장한다 (Laing and Eden 1990). 포식성 응애 *Amblyseius cucumeris*는 9℃ 에서 10일간 저장하며 생존율은 63%였다(Gillespie and Ramey 1988).

안전하게 소비자에게까지 도착하기 위하여 선적할 때에 용기는 습도 유지와, 추위나 더위에 안전하도록 보온봉지나 저온봉지를 넣는다. 가능한 한 신속하게 소비자에게 도착하도록 해야 한다.

05 이용방법

좋은 품질의 적합한 천적이 생산되어 사용자에게 전달되고 나서 이들 천적의 효과를 극대화하기 위하여 이용 시스템이 필요하다. 천적을 언제 이용할 것인가는 표적해충의 발생에 예찰용 트랩을 사용하고 있다. 예를 들어 캘리포니아 아보카도와 감귤 재배에서 페로몬 트랩으로 알벌의 이용 시기를 결정한다(Ano, 1987).또한 미국 캘리포니아 감귤 재배에서 Califonia red scale을 방제하기 위하여 *Aphytis melinus* 방사시기는 페로몬 트랩과 육안조사로 한다(Philips 1987). 적합한 방사시기 결정은 해충의 특정 발육단계에만 공격을 하고 천적의 수명이 짧기 때문에 아주 중요하다. 예를 들어 기주 산란이 3~4주간에 걸쳐 된다면 알 기생자는 겨우 며칠밖에 살 수 없으므로 천적의 투입은 여러 차례 이루어져야만 한다.

천적의 방사는 물리적으로 피해가 없이 고르고, 빠르게, 저 비용으로 이루어져야 한다. 방사는 손으로 또는 온실가루이좀벌이 있는 카드를 식물에 놓아 하기도 하고, 기계로도 한다. 포식이리응애 방사는 응애가 같이 들어 있는 밀기울을 손으로 뿌리거나 또는 입제농약 살포기로 처리한다. 산림에서 알벌의 방사는 기생된 알이 있는 판지를 나뭇가지 위에 얹어놓거나(Houseweart et al. 1984), 또는 작은 종자파종기를 이용하여 비행기에서 뿌린다(Hope et al.1990). 프랑스에서는 알벌을 방사하기 위해 캡슐을 개발하였다. 캡슐은 발육단계의 천적을 보호한다. 캡슐에 구멍을 뚫어 놓아 성충이 되면 이 구멍으로 탈출하도록 하는 구조다.

천적 방사에서 고려할 하나의 사항은 천적 방사 전에 기주 또는 기주 자극에 노출할 필요가 있으며, 방사는 아침이나 저녁에 하는 것이 좋다. 이렇게 하므로 천적이 외부로 나가는 것을 막을 수 있다. Gross et al(1981)은 벌을 기주 알에 노출시켜서 *Trichogramma Pretiosum*을 다른 곳으로 못 나기게 6배나 억류시켰다. 기주가 오랜 시기 동안 포장에서 공격할 수 있다면 여러 차례 방사할 필요는 없다.

시설작물 해충의 천적

01 진딧물의 천적

진딧물의 천적은 기생자로 콜레마니진디벌(*Aphidius colemani*), 싸리진디벌(*Aphidius giffensis*), 진디좀벌(*Aphelinus abdominalis*), 수염진디벌(*Aphidius ervi*)가 있고, 포식자로 잔디혹파리(*Aphidoletes aphidimyza*), 무당벌레(*Harmonia axyridis*), 칠성풀잠자리(*Chrysopa pallens*), 어리줄풀잠자리 (*Chrysoperle*), 꽃등에(*Eristalomyiatenax*)가 있다. 진딧물은 거의 수컷이 없고, 교미 없이 새끼를 낳으며, 알로 낳지 않고 직접 새끼를 낳는 특징을 가진 다른 어떤 해충보다 번식속도가 빨라 방제가 쉽지 않은 해충이다. 이러한 이유로 진딧물 방제에 이용되는 천적 또한 여러 종류가 있다. 예방용으로 진디벌이 사용되고, 밀도가 높을 때는 무당벌레나 어리줄풀잠자리를 이용한다.

콜레마니 진디벌 (*Aphidius colemani*)

진딧물의 천적으로는 목화진딧물이나 복숭아혹진딧물에 *Aphidius colemani* 를, 수염진딧물에 *Aphidius ervi* 를 각각 이용하고, 고온기에 혹파리 종류인 *Aphidoletes aphidimyza* 를 사용한다. 포식자로 풀잠자리 (*Chrysoperla carnea*), 무당벌레(*Harnonia axyridis*)가 이용되고 있다.

콜레마니진디벌 - 성충

진디벌의 산란

기생된 머미

기생된 머미

기생후의 검은색

진디벌의 우화한 흔적

▶**형태** 고치벌과에 속하는 천적으로 성충은 약간 갸름하며 , 시맥이 분명하지 않고 긴 더듬이가 있으며 체색은 검다. 크기는 기주에 따라 약간 차이가 있지만 약 2mm다. 진디벌은 진딧물 체내에서 알과 번데기 기간을 보내며 성충이 되면 진딧물의 표피를 뚫고 밖으로 나온다. 유충은 4령까지 있다. 성충은 3~4mm이고 체색은 검정색이다.

▶**생활사** 암컷은 복부를 다리 아래로 구부려 산란관으로 진딧물에 알을 낳는다. 진딧물의 성충과 약충에 다 같이 산란을 한다. 기생된 진딧물은 더 많이 먹고 감로를 분비한다. 기생된 진딧물 성충과 4령충은 산란활동을 계속한다. 이 벌의 유충은 치명적으로 진딧물을 흡즙하지 않는다. 21℃ 에서 기생7일 후에 진딧물을 잎에 고정 시키고 고치를 만들어 진딧물을 부풀린다. 이 진디벌의 산란수는 25℃ 에서 388개로 20℃의 302개보다 많다. 유충의 발육기간은 암컷이 20℃ 에서 12.7일, 수컷이 12.6일이고 25℃ 에서 암컷은10.0일, 수컷은 9.6일이다. 유충 사망률은 20℃ 에서 14.1%, 25℃ 에서 27.8%이고, 머미 사망률은 20℃ 에서 1.5%, 25℃ 에서 6.6일로 사망률은 모두 25℃ 에서 높다. 성충의 수명은 20℃ 에서 5.8일, 25℃ 에서 4.4일 이다. 목화진딧물에서 사육한 콜레마니진디벌은 우화 후 3일 이후부터 사망하는 개체가 나타나기 시작하고, 우화 후 9일 이상 살아남은 개체는 없다. 그 결과 온도별 매일 산란수는 20℃ 에서 우화 1일째에 149.7개, 2일째에 92.7개로, 우화 후 2일 이내에 대부분 산란을 마치고, 5일 이후에 산란하는 개체는 적다. 25℃ 에서도 마찬가지로 우화 1일째에 171.1개, 우화 2일 째에 134.5개를 산란하고, 3일째부터는 산란수가 점점 떨어진다. 콜레마니진벌은 대부분 한 마리의 목화진딧물에 한 개의 알만 산란한다. 간혹 2마리 이상의 진디벌유충이 한 마리의 기주 체내에서 발견되기도 하지만, 그 숫자는 극히 적다.

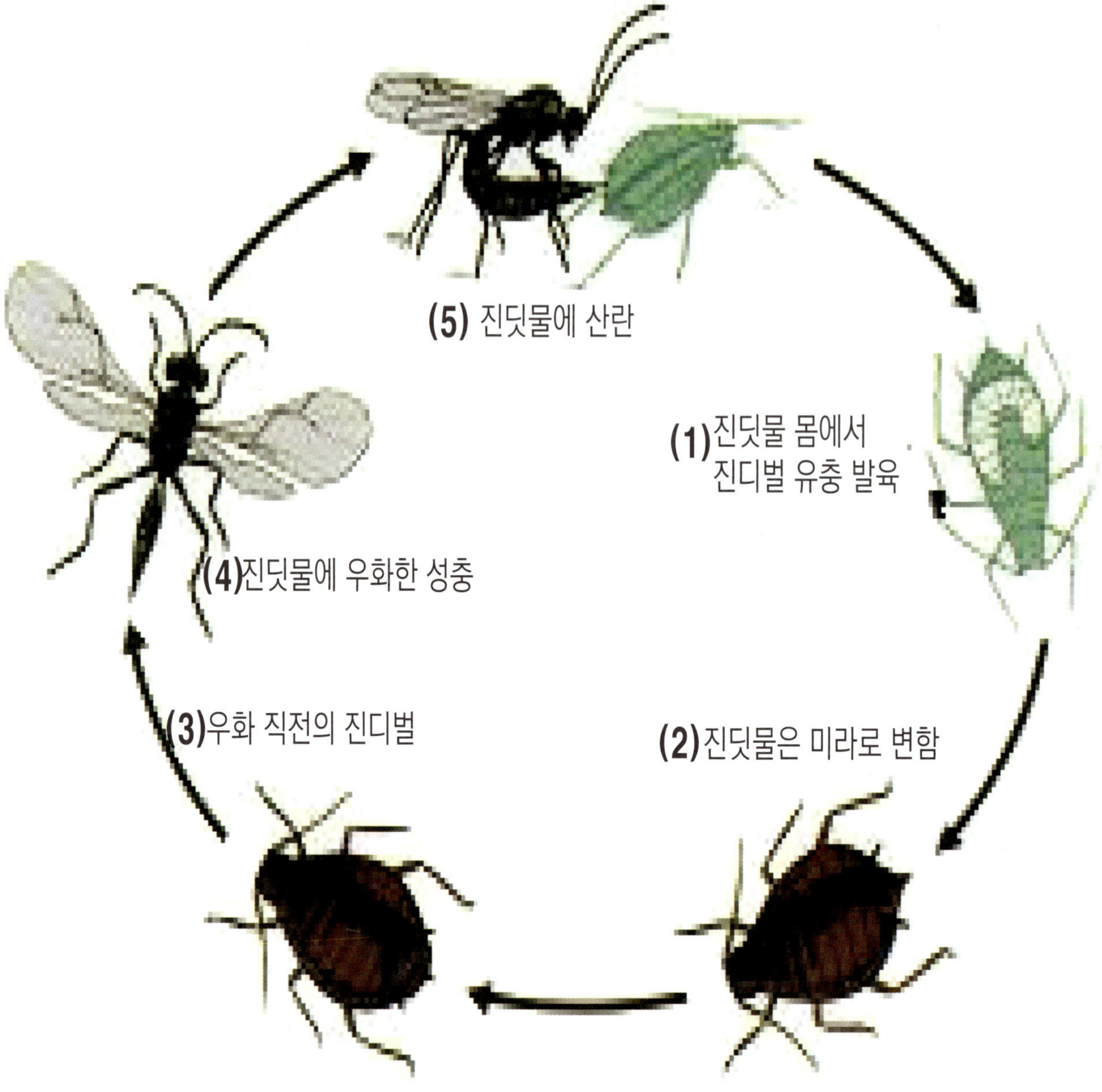

진디벌의 생활사

▶**대상해충과 이용 작물** 복숭아혹진딧물, 목화진딧물 등 40여 종의 진딧물에 기생한다. 그러나 감자수염진딧물 같이 다리가 긴 진딧물은 기생하지 못한다. 이용작물은 채소작물, 화훼작물, 과수 등 대부분의 원예작물에 이용할 수 있다.

▶**이용방법** 진딧물이 발생하기 전에 투입하면 방제 효과가 높다. 진디벌의 최소 방사량은 1주일 동안 ㎡당 0.15마리다. 진딧물이 끈끈이 트랩에 잡히기 시작하면 ㎡당 방사량은 0.5~1마리로 늘려야 한다. 밀도가 높아지면 이 천적만으로는 효과가 떨어지는데 이때는 진디혹파리와 함께 사용하는 것이 효과적이다. 진딧물이 많이 발생하면 무당벌레와 같이 사용하면 좋다. 30℃ 이상에서는 효과가 떨어진다. 이 천적은 여름에는 중복기생봉이 많이 발생하여 효과가 떨어지며, 성충의 수명과 산란기간이 짧아 계속적으로 방사해야 하는 단점이 있다. 진디벌 이용은 주로 천적 유지식물(banker plants)로 이용하는데 이용기간은 10~12주이며, 중기생자(hyperparasites)가 나타나기 전까지이다.

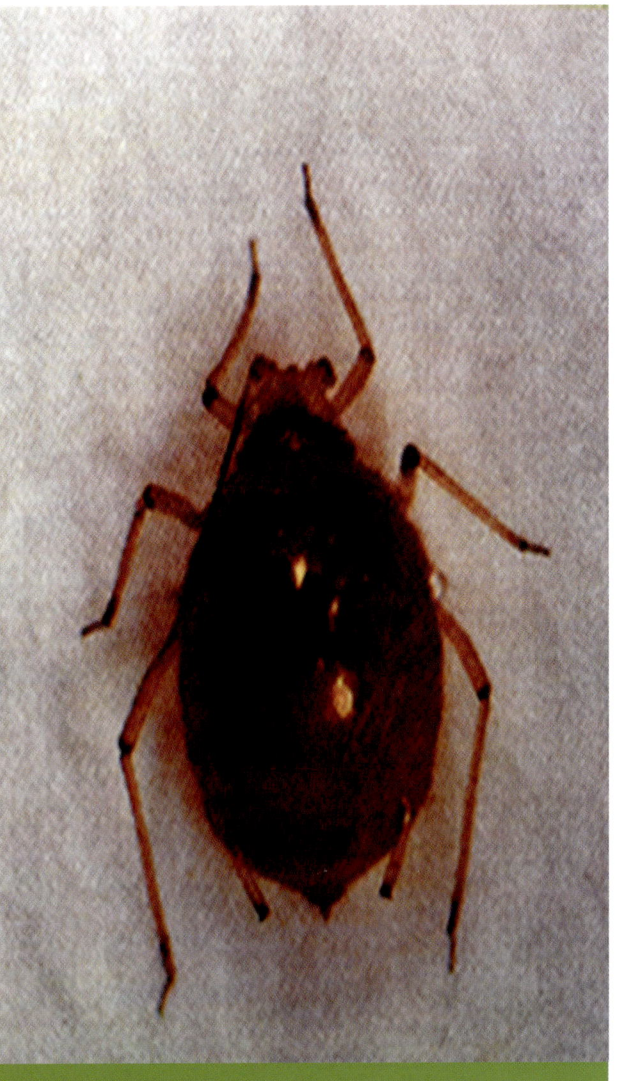

중기생자

▶ 뱅커플랜트(banker plants)란 화분에 보리를 파종하여 20~30일간 재배한 뒤, 그곳에 화본과식물에만 자라는 보리두갈래진딧물 등을 넣어 증식시킨다. 진디벌을 넣어 진디벌이 계속해서 발생하도록 한다. 즉 천적이 살고 있는 보리 재배화분을 만드는 것이다. 뱅커플랜트는 진디벌 성충의 수명과 산란기간이 짧아 오랫동안 방제 효과를 지속할 수없는 단점을 보완하기 위한 것이다. 좋은 뱅커플랜트란 식물이 살아 있는 상태로 기주곤충이 증식하면서 진디벌이 오랫동안 출현하는 것이다. 좋은 뱅커플랜트는 화분 하나에서 진디벌은 약10주간 약300마리의 성충이 출현한다. 점적핀을 이용한 물을 줄 수 있고, 보리 재배화분에서 보리를 분리하여 땅에 파묻어 관리할 수도 있다.

▶ 주의사항

◈ 예방용으로 사용한다.

◈ 시설내에서 병마개를 열고 병은 45도 각도로 기울여 나오게 한다.

◈ 병마개를 닫고 성충이 많이 나올 때까지 온실온도에서 보관한다.

◈ 2~4일 후 성충이 거의 다 나오면 다시 방사한다.

◈ 부화되지 않은 성충이 더 나올지 모르기 때문에 온실 내에 병마개를 열어 놓는다.

진디혹파리(*Aphidoletes aphidimyza*)

진디혹파리는 온실 내 진딧물의 생물적 방제에 있어서 중요하다. 이는 파리목, 혹파리과에 속한다. 유충은 식물의 표면에서 대부분의 생활을 한다. 일부 종의 경우 식물에 혹을 만드는 중요한 해충도 있지만 혹파리는 진딧물류, 깍지벌레류, 온실가루이, 응애류와 기타곤충들의 포식자다. 진딧물을 포식하는 혹파리류는 세계적으로 *Aphidoletes*속에 4종, *Monobremia*속에 1종등 모두 5종이 분포하고 있다. 혹파리는 가장 많이 알려진 종으로 몇몇 작물에 수십 종의 진딧물을 방제할 수 있는 것으로 알려져 있다. 1847년에 최초로 발견되었으며 *Cecidomyia aphidimyza*로 명명하였지만 지금은 *Aphidoletes aphidimyza*로 불린다. 현재까지 60종의 진딧물을 기주로 하는 것으로 알려져 있다.

진디혹파리 - 성충

진디혹파리 - 유충

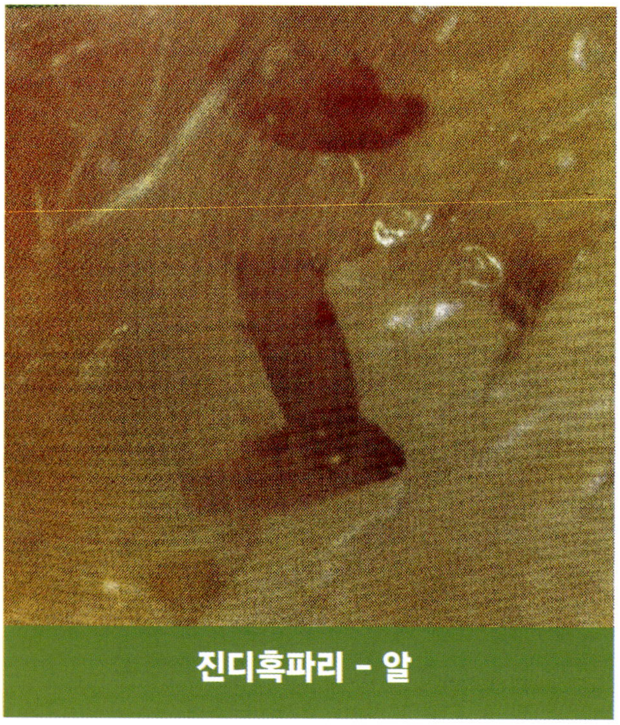

진디혹파리 - 알

진디혹파리

▶**생활사** 성충은 교미와 산란을 저녁과 해질녘에 한다. 알은 진딧물의 밑이나 옆에 낳는다. 알의 크기는 0.3x0.1mm로 길고 오렌지~적색을 하고 있다. 알에서 깨어난 유충은 0.3mm로 1령 유충은 진딧물 사이에서 찾기가 어렵다. 갓 부화한 유충은 진딧물의 감로를 먹기도 하지만, 건조해지기 전에 재빨리 진딧물을 찾아야 한다. 유충의 색은 오렌지,노란색,빨간색,갈색 또는 회색을 띠는네 이는 위에 차 있는 식물체에 따라 달라진다. 번데기는 토양 1cm 이내에 있으며 이때 난소를 생산하고, 갈색의 고치를 만드는데 가늘고 긴 실을 꿰매는 것과 같다. 이 고치는 모래, 진딧물의 껍질 등으로 표면을 장식한다. 길이는 2mm 이고, 때때로 고치는 식물체 근처에서 발견된다. 번데기 기간에 사망률이 높은편이다. 성충의 길이는 약 2.5mm이고 암컷의 날개 길이는 2.5~3.5mm다. 그들의 다리는 길고 얇다. 수컷의 안테나는 길고 긴 털로 덮여 있으며 뒤로 구부러져 있다. 이에 반해 암컷은 짧고 얇다. 땅에서 높지 않고, 식물체 사이의 덮여진 공간에서 휴식을 취한다. 이들은 온실에서 5월에서 9월까지 서식한다. 포장에서 진디혹파리의 최초 출현시기는 5~6월에서 9월 말까지로 많은 작물에서 발견된다. 9월 말에 종령 유충은 토양 2cm 이내의 깊이로 들어가 번데기가 되고 다음해 5월에 다시 나타난다. 온실 내에서는 늦은 가을에 휴면을 시작하고 이른 봄에 휴면이 끝난다. 온실 내의 온도가 높은 여름 동안에 활동을 하고, 휴면은 낮은 온도일 때 단일에 이루어진다. 진디혹파리의 발육은 온도, 기주의 밀도, 습도 등에 영향을 받는다. 21℃ 에서 알 기간은 2~3일, 유충은 7~14일 그리고 번데기 기간은 14일이 걸리며, 전체 한 세대 기간은 약35일 이다.

▶**포식** 진디혹파리는 진딧물이 있는 식물과 없는 식물을 쉽게 구분한다. 알에서 갓 부화한 유충은 반경 2.5cm 이내에서 진딧물을 찾는다. 알들은 일반적으로 진딧물 군집에 낳기 때문에 유충이 먹이를 찾는 데는 그리 어렵지 않다. 혹파리 유충의 공격을 받은 진딧물은 스스로를 방어할 수 없는데 이는 혹파리 유충이 진딧물 체내에 독물질을 찔러 넣기 때문이다. 이 독물질은 10분이면 진딧물의 몸을 마비시키며, 마비된 진딧물의 체액을 혹파리 유충이 빨아먹는다. 일반적으로 혹파리의 진딧물 포식량은 10~100마리이며, 온도,습도,기주의 밀도에 영향을 받는다. 포식량의 반 정도가 마지막 종령 유충시기에 이루어진다. 또한 진디혹파리유충은 필요 이상의 진딧물을 죽이며, 진딧물 한 마리를 포식하는 데는 수분에서 두시간 정도 걸리는데 이는 혹파리의 령기별, 진딧물의 충체 크기에 따라서 다르다. 진디혹파리는 응애, 깍지벌레에서는 살 수 없지만 60종 이상의 진딧물에서는 살 수 있다.

▶**번식** 혹파리의 성충은 밤에 활동한다. 알을 낳고, 교미하는 것은 해질녘에서 동틀 무렵에 이루어진다. 암컷은 진딧물의 큰 무리에 알을 낳는다. 진딧물의 형태에 따른 산란은 영향을 거의 받지 않는다. 산란은 주로 식물체의 잎 뒷면과 하부에 하게 되는데 이는 어둡고 습도가 높기 때문일 것이다. 식물체 없이 진딧물만을 공급했을 때는 알을 낳지 않았다. 성충에 꿀을 공급했을 때는 꿀을 주지 않았을 때보다 산란을 많이 하였다. 우화 후 산란을 가장 많이 하는 기간은 2~4일 이다. 수명은 수컷이 암컷에 비해 짧으나, 꿀을 공급하면 길어진다. 건조하면 사망률이 높아진다.

▶방제효과 상업적 이용은 1977년에 핀란드에서 시작되었으며, 이용할 때에는 다음과 같은 주의사항을 준수할 것을 명시했었다. 진딧물이 발생되면 혹파리가 들어 있는 모래를 곧바로 뿌리고 3마리의 진딧물 당 한 개의 고치 수준으로 m²당 2~5개의 고치를 넣어 주어야 한다. 2~4주 후에 다시 넣어 주여야만 좋은 결과를 얻을 수 있다.

휴먼유도나 타파가 가능하며(휴면은 단일조건에서 유도되고 100W 백열등을 켜 놓으면 타파할 수 있다), 주로 고치 상태로 판매되는데 성충은 아주 약해서 운반이 어렵다. 현재는 진디혹파리에 영향이 적은 약제들을 선발하는 연구 등 많은 연구가 진행되어 진딧물 방제에는 가장 좋은 소재로 인식되고 있다.

진디혹파리는 진딧물만 먹으며 천적 유지식물에 이용할 수 있고, 공격받은 진딧물은 곧바로 죽게 되는데 밀도가 높으면 죽이는 양이 많아지고, 적은 수의 진딧물만 먹어도 성충까지 발육할 수 있는 장점이 있다. 온실에서 이용할 때는 20~26°C에서 가장 효과적이며 고치를 짓는 장소가 필요하기 때문에 시멘트 바닥으로 된 온실에서는 모래, 부스러기 등을 깔아두는 것이 좋으며, 축축한 흙바닥으로 된 온실에서 효과적이다. 거미줄을 주로 교미장소나 쉬는 장소로 이용하기 때문에 거미줄이 음습한 장소에 있으면 효과가 좋아진다.

▶주의사항

◈ 치료용으로 사용할 때는 진딧물 집단 주변에 m²당 10마리씩을 놓아 둔다.

◈ 진딧물이 분산되었을 때는 m²당 5마리 비율로 놓아 둔다.

◈ 젖지 않을 정도며 습기가 있는 상태의 버미규라이트 혼합물을 시설 내에 놓거나 락울이나 메트 위에 조금씩 떨여뜨려 놓는다.

◈ 겨울잠을 잘 수 있으므로 낮 길이가 긴 3~9월에 이용한다.

◈ 저장온도는 6~8°C이며, 직사광선이 닿는 곳에 놓지 않는다. 물품 인수 후 18시간 이내에 사용한다.

진디혹파리는 진디벌 다음으로 많이 이용되고 있는 천적이다. 이 천적은 파리목, 혹파리과에 속하며, 80여 종의 진딧물을 잡아먹으며 진딧물 밀도가 높은 곳에서도 방제 효과가 높다. 이 천적의 발육기간은 25°C에서 약 15일로 짧다. 유충은 진딧물의 헤모 림프를 빨아 먹는다. 진딧물에 독소를 분비해 진딧물을 마비시킨 후 잡아먹는다. 진디벌을 뱅커플랜트로 이용한 다음 3월 이후 진딧물의 밀도가 높아질 무렵 온도가 높아지면 진디혹파리를 많이 이용한다. 이 천적은 고온에 잘 적응하여 우리나라에서의 활용이 기대된다.

수염진디벌 (*Aphidius ervi*)

수염진디벌은 200여 종의 진딧물을 기생하며, 이 중 감자수염진딧물(*Macrosiphum euphorbiae*), 싸리수염진딧물(*Aulacorthum solani*)은 중요 해충이다. 감자수염진딧물은 크기가 2~4mm이고 상대적으로 긴 다리를 가지고 있다. 이 진딧물은 토마토, 가지, 고추, 국화, 장미, 담배, 감자 등에 발생한다. 싸리수염진딧물은 크기가 1.8~3mm이고, 더듬이가 자기 몸길이보다 길다. 이 진딧물은 야외에서 감자, 시설 내에서는 고추, 국화, 토마토, 가지, 상추, 콩에 발생한다.

수염진디벌 - 성충

▶**형태** 수염진디벌은 콜레마니진디벌과 비슷하게 보이나 2배 정도 크다. 이 진디벌은 갈색 다리와 긴 안테나가 있고 검고 길쭉한 몸을 가지고 있다.

▶**생태** 알에서 성충까지 14°C에서 26일, 20°C에서 13.5일, 23.6°C에서 12일이 걸린다. 성충이 되고 나서 5~7일 사이에 알을 낳는데, 하루에 55개의 알을 낳는다. 좋은 탐색 능력이 있으며, 저온에서도 잘 날아다닌다. 이 진디벌이 나타나면 진딧물은 무서워 땅으로 떨어지기도 한다.

▶**이용방법** 콜레마니진디벌이 기생을 못하는 감자수염진딧물과 싸리수염진딧물 방제에 이용한다. 이용작물은 토마토, 고추, 가지, 거베라, 장미, 오이, 딸기, 콩 등이다. 좋은 탐색 능력 때문에 예방용으로 사용하기 좋으며, m^2당 0.05~0.1마리를 방사한다. 진딧물 발생이 적을 때는 진디혹파리와 동시에 이용하고, 발생이 많을 때는 무당벌레와 같이 사용할 수 있다.

▶**주의사항** 콜레마니진디벌과 같다.

진디좀벌(*Aphelinus abdominalis*)

진디좀벌도 수염진디벌과 같이 콜레마니진디벌이 기생할 수 없는 감자수염진디물과 싸리수염진디물의 방제에 이용한다.

진디좀벌 - 성충

진딧물에 기생하는 진디좀벌

▶**형태** 온실가루이좀벌과 같이 좀벌과에 속한다. 크기는 3mm 가량이고, 상대적으로 짧은 다리와 더듬이를 가지고 있다. 암컷은 검은 가슴과 노란 배를 갖고 있고, 수컷은 작고 더 검은 배를 가지고 있다.

▶**생태** 20°C에서 7일만에 번데기가 된다. 기생된 진딧물은 검은색 미라(머미)가 된다. 머미(번데기)가 된 후 8일만에 성충이 된다. 이벌의 특색은 오랫동안 산란을 한다는 것이다. 어미가 되고 나서 첫날은 알을 낳지 못하지만 3~4일째부터 산란이 증가하며, 매일 5~10마리씩 8주 동안 낳는다. 기생한 것과 안 한 것은 구분할 수 있다. 충분한 일조와 높은 온도에서 활동을 잘 한다. 오랫동안 알을 낳는 장점이 있지만 기생력은 떨어진다.

▶**이용방법** 콜레마니진디벌이 기생을 못하는 감자수염진딧물과 싸리수염진딧물 방제에 이용한다. 이용작물은 토마토, 고추, 가지, 거베라, 장미, 오이, 딸기, 콩 등이다. 진딧물이 발견되자마자 투입한다. 방사량은 m^2당 0.5~2마리다. 진딧물 발생이 적을 때는 진디혹파리와 동시 이용하고, 발생이 많을 때는 무당벌레와 같이 사용할 수 있다.

▶**주의사항** 콜레마니진디벌과 같다.

무당벌레(*Harmonia axyridis*)

무당벌레는 유충과 성충기간 모두 진딧물을 포식한다. 우리나라에 서식하는 무당벌레류는 약 90여 종 이상이며 모두 포식성이다. 28점박이무당벌레, 큰이십팔점박이무당벌레가 가지, 감자 등을 가해하는 해충이다. 진딧물이 대 발생했을 때 방제 효과가 빠르게 나타난다. 성충으로 월동을 하며 10월 중하순경부터 남향으로 위치한 바위나 담 같이 양지 바른 곳에 수천 마리씩 모여드는 특성이 있다. 성충으로 방사하였을 경우 진딧물을 포식한 다음날부터 하루에 30개 이상 알을 낳으며, 산란한 알은 노란색으로 3~4일 휴면 유충으로 부화되어 유충들이 진딧물 포식을 한다. 진딧물을 주로 포식하지만 온실가루이 약충, 응애류, 나방류, 알 등도 포식하며, 유충과 성충기간에 약 1,000마리의 진딧물을 포식한다. 성충이 일생 동안 산란하는 알의 수는 약 600~800개를 낳는다. 알→유충→번데기→성충의 단계를 거치며, 봄과 가을철의 경우에는 알에서 성충까지 약 21~25일이 걸린다. 성충 수명은 약 2~3개월 정도다.

무당벌레 - 성충

무당벌레 - 알

무당벌레 유충의 진딧물 포식

무당벌레 번데기

풀잠자리류

풀잠자리류는 모두 포식성이다. 이용하기가 가장 적합한 종은 칠성풀잠자리와 (*Chrysopa pallens*)와 어리줄풀잠자리(*Chrysoperla carnea*)다. 칠성풀잠자리는 유충과 성충시기에 모두 포식하는 반면에 어리줄풀잠자리는 유충시기에만 진딧물을 포식하며 성충은 산란활동만 한다. 진딧물이 있는 곳이면 풀잠자리가 서식하는데, 5월 이후부터는 야간에 전등 불빛으로 유인하면 집안으로 날아들어오기도 한다. 칠성풀잠자리의 경우 40~50개의 알을 무더기 형태로 잎 뒷면에 산란하지만 어리줄풀잠자리는 한 개씩 낳는다. 알은 낚시줄 같은 것에 하나씩 매달아 놓는다. 무당벌레와 같이 많은 수의 진딧물을 포식하고 있기 때문에 진딧물이 높은 밀도로 발생했을 경우 방제 효과가 빨리 나타난다. 칠성풀잠자리는 유충과 성충시기에 약 2,000여 마리 내외의 진딧물을 포식한다. 어리줄풀잠자리는 유충시기에만 포식하며 칠성풀잠자리에 비하여 체장이 훨씬 작기 때문에 포식량은 많지 않다. 그러나 칠성풀잠자리에 비해서 세대가 짧은 것이 장점이다. 두 종 모두 진딧물 이외에 나방류 해충의 알이나 온실가루이 약충, 총채벌레도 포식한다. 칠성풀잠자리 성충은 약 2~3개월을 살며, 약 2,000개 내외의 알을 낳아 번식력이 매우 높아 진딧물 방제에 효과적이다. 어리줄풀잠자리는 약 300여 개의 알을 낳는다. 4월 경부터 10월 하순 경까지 발생하며, 고치(번데기)로 월동을 한 후 봄에 성충으로 우화한다. 여름철의 경우 산란된 알은 약 2~3일이면 유충으로 부화하고 유충은 약 일주일에 걸쳐 3번의 탈피를 한 뒤에 고치를 틀고 약 2주 후에 성충으로 우화한다.

풀잠자리 - 성충

풀잠자리 - 알

풀잠자리 - 유충

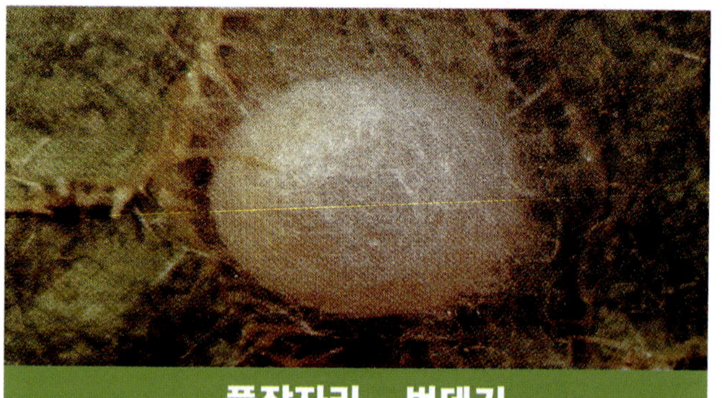

풀잠자리 - 번데기

▶주의사항

◈ 진딧물 집단 가까이 혼합물을 흔들어 떨어뜨린다.

◈ 방사량은 m^2당 10~30마리다.

◈ 유충은 먹이가 없으면 서로 잡아먹는다.

◈ 직사광선을 피해서 수평으로 보관하고, 보관온도는 5~10°C이다.

◈ 물품을 인수한 후 18시간 이내에 사용한다.

꽃등애(*Episyrphus balteatus*)

꽃등애는 모양은 꿀벌과 유사하나 파리목에 속하는 천적이다. 대량생산에 의한 이용은 일부 실용화되었으나 아직까지 보편화되지 않았다. 야외 작물에서 천적 보호에 관심을 두어야 할 천적이다.

꽃등애 - 성충

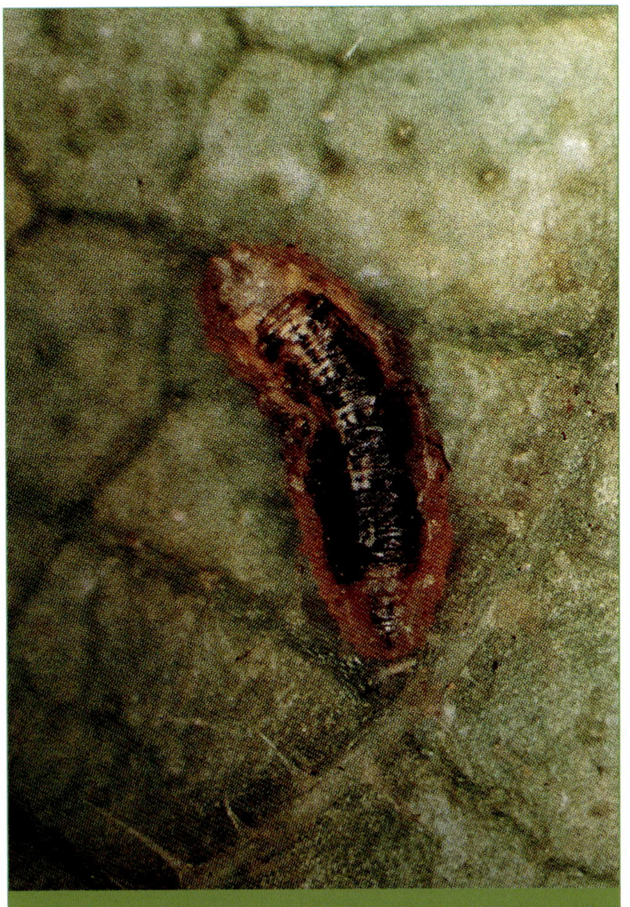

꽃등애 - 알

▶**형태** 성충은 길이가 13mm이고, 머리와 가슴은 검고, 복부는 노랑과 검은 줄무늬가 있는 꿀벌과 거의 닮은 아름다운 곤충이다. 알은 1mm로 백색의 타원형 소시지 모양이다. 알은 진딧물 콜로니가 있는 곳에서 육안으로 볼 수 있다.

▶**생활사** 꽃에서 꽃으로 날쌔게 떠돌아다니므로 떠돌이파리(hover flies)라고도 한다. 성충은 다른 곤충을 먹는 것보다 꿀과 꽃가루를 잘 먹는다. 암컷은 회색의 알을 진딧물 밀도가 높은 곳에 낳는다. 알은 2~3일 후 부화하며, 유충은 다리가 없는 구더기 모양이며, 길이는 발육단계에 따라서 1~13mm이다. 유충은 3령까지 있으며 유충에서 성충까지는 약 1개월이 걸린다. 잎에서 진딧물을 먹고 자란 유충은 번데기가 될 때에는 땅으로 떨어져 고치를 만든다. 유충은 전 생육기간에 300~500마리의 진딧물을 먹는다.

▶**대상해충** 모든진딧물

▶**이용작물** 고추 같이 털이 없는 작물, 노지 작물에서도 이용이 가능하다.

▶**이용방법** 15°C 이하에서는 증식이 안되나 어느 환경에서도 이용할 수 있다. 예방용 또는 치료용으로 사용할 수 있다. 주로 진딧물의 밀도가 높은 곳에 사용한다.

02 잎응애의 천적

잎응애 천적은 이리응애로, 칠레이리응애(*Phytoseiulus persimilis*), 사막이리응애 (*Amblyseius californicus*), 긴털이리응애(*Amblyseius womersleyi*), 서양이리응애 (*Galendromus* (=*Typhlodromus*) *occidentalis*), 팔라시스이리응애(*Amblysieus fallacis*), 기타 포식자로 응애잡이 혹파리(*Feltiella acarisuga*), 꼬마무당벌레(*Stethorus punctillum*)가 있다.

칠레이리응애(*Phytoseiulus persimilis*)

포식성 응애는 1982년까지 약 1,000여 종이 보고되었으며, 2000년까지는 5,000여 종이 기록될 것으로 추정하고 있다(Hoy, 1982). 이 중 경제적으로 크게 문제가 되고 있는 잎응애의 천적으로는 칠레이리응애가 가장 우수한 것으로 알려졌다. 칠레이리응애가 우수한 천적으로 알려진 것은 1958년 칠레로부터 독일에 수입된 묘목에서 Dosse 박사가 발견한 후 부터다 (Dosse, 1958). 칠레이리응애를 시설 내에서 점박이응애의 천적으로 이용하기 시작한 것은 1960년대 중반 네덜란드의 Koppert가 오이에 처음 시작하였다. 그 후 점차 발전되어 대량 사육기술이 개발되어 산업적으로 여러 나라에서 이용되고 있다.

칠레이리응애 성충의 포식장면

칠레이리응애 - 성충과 알

▶생활사 칠레이리응애의 생활사는 잎응애와 같이 알, 유충, 제1약충, 제2약충, 성충의 단계가 있다. 점박이응애와 다른 점은 유충과 약충 단계에 휴식기가 없다는 것이다. 알은 먹이가 있는 곳에 낳는다. 산란 직후 투명한 핑크색이나 점차 검은색으로 되며, 점박이응애보다 2배정도 크고 약간 타원형이다. 유충은 3쌍의 다리가 있으며, 먹지도 않고 움직이지도 않는다. 전약충(제1약충)이 유충에서 나오면서 먹기 시작한다. 후약충(제2약충)은 항상 먹이 사냥을 하며, 크기는 점박이응애의 성충과 비슷하다. 옅은 적색을 띠며 온도가 높으면 매우 활동적이다. 보통 성충은 점박이 응애보다 다리가 길고 몸체도 크며, 성충은 등에 긴 털이 드물게 나 있다. 25℃에서 칠레이리응애는 알 기간 2.26일, 유충 0.68일, 제1약충 1.12일, 제2약충 1.31일이다. 산란 전 기간 1.5일, 산란기간은 21.6일, 산란 후 기간은 13.1일이고, 성충의 총 생존일수는 36.4일이다. 산란 수는 총 79.5개, 일당 산란 수는 3.7개이다. 20℃에서의 수명은 점박이응애보다 길고 알도 더 많이 낳기 때문에 번식률이 높아 생물적 방제에 적합하다.

▶**적합한 온도와 습도** 최적온도는 20~25℃이나 점박이응애 증식속도를 고려하면 20℃에서 가장 효과가 우수하다. 최적습도는 75% 이상이며, 40% 이하의 습도에서는 부화율이 극히 낮다.

▶**방사방법** 딸기에서는 점박이응애가 발생하는 잎의 비율이 0~5%일 때 투입한다. 딸기에서 투입 시기는 점박이응애의 발생 정도에 따라 빠르고 늦어질 수 있다. 육묘단계부터 발생할 경우는 11월 중순부터 투입하나 그렇지 않을 경우에는 기온이 올라가는 2월 초부터 투입한다. 투입량은 200평 하우스 당 2,000마리씩 1~3회, 점박이응애 밀도가 높은 포장은 4,000~6,000마리를 한 번에 투입한다. 점박이응애가 전혀 발생하지 않을 때에 방사하면 이 천적은 먹이가 없어서 정착하지 못하게 된다. Koppert Biological System의 추천 방사량은 10a당 예방용 방사 2,000마리, 적게 발생할 때는 6,000마리, 전 면적에 발생할 때는 10,000마리로 했다. 심하게 발생할 때는 발생지점에만 약 10마리씩 방사한다. 방사횟수는 예방용 방사는 3주 간격, 소량 발생할 때는 2주 간격으로 하지만 피해가 더 늘어나지 않으면 더 방사하지 않아도 된다. 칠레이리응애 투입량은 잎응애의 밀도, 딸기 잎의 우거짐 정도, 온도, 경작 연수 등에 따라 달라질 수 있다. 투입시간은 해질 무렵이 온도가 낮고 습도가 높아지므로 칠레이리응애가 정착하는 데 유리하다. 투입 전에 주의할 점은 칠레이리응애를 냉장고나 저온에 보관하지 않고 온도가 높은 곳에 방치하면 먹이가 없어서 서로 잡아먹을 우려가 있다.

▶**농약과 동시 사용** 대부분의 농약은 칠레이리응애에 영향을 줄 수 있지만 일부 농약은 별 영향이 없어서 동시에 사용할 수 있다. 점박이응애 이외의 병해충이 동시에 발생할 때 여러 종의 천적을 동시에 이용하거나 농약을 사용하여 방제할 수 있다. 점박이응애 밀도가 높을 때는 칠레이리응애에 해가 적은 농약을 살포한 후 천적을 투입하면 효과적이다. 칠레이리응애는 유기인계, 카바메이트계, 피레스로이드계 농약에 대부분 해롭고, 살균제와 IGR살충제에 해가 적다. 그러나 거의 모든 농약이 정도의 차이는 있으나 해가 되기 때문에 가급적 농약은 적게 사용하는 것이 바람직하다.

▶**주의 사항**
◈ 용기는 수평으로 놓는다.
◈ 사용 전까지는 추운 곳에 보관해야 한다(저장온도 5~10℃).
◈ 햇빛이 있는 곳에 놓아두지 않는다.
◈ 사용 전에 용기 내 버뮤큐라이트가 섞이게 살살 흔들어 준다.
◈ 병마개는 사용 직전 온실에서 개방한다.
◈ 응애가 있는 곳에서 병을 흔들어 방사한다.
◈ 사용 후 빈 병은 병속에 남아 있을 지도 모르는 천적이 나가도록 작물에 놓아 둔다. 다른 이리응애에 대한 주 의사항은 칠레이리응애에서와 같다.

▶**행동 습성** 먹이밀도가 높아감에 따라 공격률은 낮아지지만 성공률은 밀도에 크게 영향받지 않는다. 유충은 먹지 못하며 전약충부터 먹기 시작한다. 성충은 모든 충태의 잎응애를 먹으나 약충은 성충을 먹지 못하고 알, 유충, 약충 등만을 먹는다. 잎응애 알을 가장 많이 먹고 잎응애 성충 포식량은 적다. 30℃ 이상이 되면 포식량은 감소하고 35℃에서는 먹지 않는다. 먹이밀도가 5마리 이상이 되면 전약충의 포식량은 약 4마리이고, 잎응애알(먹이)이 30개 있으면 일당 포식 알 수는 20개 정도가 된다. 잎응애 전약충이 20마리 이상이 되면 암컷은 15마리를 포식한다. 30마리의 먹이(암컷)에 2마리의 칠레이리응애 암컷이 있으면 10일 후에는 먹이도 천적도 사라진다.

사막이리응애(*Amblyseius californicus*)

사막이리응애는 미국이 원산지이며, 캘리포니아나 플로리다의 딸기에서 자연 발생한다. 움직임이 매우 활발하며 , 고온(30℃), 건조한 환경에서 효과가 우수한 천적이다. 우리나라 시설환경에서 여름철에 잎응애류를 방제하는 데 가장 유력한 천적이 될 수 있다. 칠레이리응애와는 달리 꽃가루에서도 증식이 가능하므로, 잎응애류가 없는 조건에서도 예방차원에서 미리 도입이 가능하다.

▶**형태** 크기는 0.34mm이고, 성충은 연한 노란색이며, 타원형으로 복부 끝이 뭉뚝하다. 등에 짧은 강모가 드물게 나 있다.

▶**발육 및 번식** 점박이응애와 같이 알, 유충, 제1약충, 제2약충, 성충의 발육단계를 가진다. 고온조건에서 4일 내에 성충이 된다. 같은 온도에서 발육속도는 잎응애류보다 두 배 더 빠르다. 성충 캘리포니쿠스 응애는 약 20일을 생존하며, 암컷은 일일 평균 3개씩, 14일 동안 알을 낳는다.

▶**포식** 사막이리응애는 점박이응애와 사과응애의 모든 발육단계를 먹을 수 있으며, 어린 발육 단계를 선호한다. 잎 뒷면에서 주로 발견되며 하루 5마리의 잎응애 성충을 먹는다. 칠레이리응애와는 달리 먹지 않고 오랫동안 생존할 수 있는 능력이 있고, 꽃가루를 먹고도 살 수 있으며, 동종간에는 잡아먹지 않는다.

▶**방제 효과** 장미같이 지면에서 떨어져 있어 습도가 낮은 조건에서 이용된다. 잎응애류가 발견되지 않더라도 예방 차원에서 도입할 수 있으며, 작물에서 오랫동안 생존이 가능하기 때문에 자주 방사할 필요는 없다.

▶**주의 사항**

◈ m^2당 4~20마리를 방사한다.

◈ 용기는 수평으로 놓고 직사광선은 절대 피해야 한다.

◈ 병마개를 열기 전에 병 아래를 쳐서 천적이 혼합물과 골고루 섞이도록 한다.

◈ 사용할 준비가 다 되었을 때 시설 내에서 마개를 개봉한다.

◈ 응애가 발생한 곳에는 병을 더 많이 흔들어서 혼합물을 풀어 놓는다.

◈ 직사광선을 피해서 10~15℃에서 운반하고 18시간 이내에 사용한다.

긴털이리응애(*Amblyseius womersleyi* Evans)

긴털이리응애는 우리나라에 생태적으로 적응되어 온 토착 천적으로 점박이응애의 밀도 억제에 이용할 수 있는 것으로 알려져 있다(이,1990). 이 천적은 6월 이전까지는 잡초에 있는 점박이응애를 주로 잡아먹으며 살다가 점박이응애가 사과나무로 이동함과 동시에 사과나무로 올라가는 특성이 있어 초생재배를 하면 방제 효과가 큰 것으로 알려졌다. 먹이가 없을 때 생존력이 높은 장점이 있다. 그러나 이 천적은 칠레이리응애 등 다른 이리응애에 비하여 활동성이 떨어져 높은 밀도에서 방제 효과가 떨어지는 것으로 나타났다. 응애의 밀도가 낮을 경우는 효과가 크므로 이 천적의 이용은 대량 증식을 통한 이용보다 보호에 관심을 기울여야 할 것이다.

서양이리응애(*Galendromus*(=*Typhlodromus*) *occidentalis*)

이 천적은 북미에서 사과, 복숭아, 팜 등의 과수원에 발생하는 응애 방제에 많이 이용되고 있다 (Croft 등, 1977). 성충의 모양은 배 모양이고 알을 먹은 것은 희나 보통은 붉거나 갈색을 띤다(Beers, 1993). 이 천적은 덥거나 건조한 기후에서 살 수 있다. 이 천적은 점박이응애, 사과응애, 차응애 등 많은 식식성 응애를 공격한다. 월동을 하며 봄에 어린 잎에서 활동을 시작한다. 이 천적은 상업적으로 판매되고 있다.

팔라시스이리응애(*Amblyseius fallacis*)

이 천적은 미국 동부지역의 과수원에서 많이 이용되고 있는 천적이다. 미국의 캘리포니아에서는 딸기에 발생하는 점박이응애 방제에도 이용하고 있다(McMurtry, 1970;Croft 등, 1992). 이 천적은 성충의 색깔이 흰색에 가까우며, 여러 종류의 식식응애를 공격하고, 월동을 한다. 이 천적 이리응애는 유기인계 농약에 저항성이 있으나 몇 가지 살균제와 제초제에는 약한 것으로 알려져 있다. 야외 작물에 주로 사용되고 있으며, 대량 생산하여 시설 작물에도 이용하고 있다. 또한 이 종은 국내에서 적용 가능성과 천적으로 이용성이 확인되어(권, 1996)앞으로 이용 가능성이 높을 것으로 생각된다.

응애잡이혹파리(*Feltiella acarisuga*)

포식혹파리의 일종인 *F. acarisuga*는 혹파리과(Cecidomyiidae)에 속하며 가장 효과적이고 널리 이용되는 응애의 천적 중 하나다. 점박이응애 밀도가 높을 때 이용할 수 있다.

응애잡이혹파리 - 성충

응애잡이혹파리 - 유충포식

▶생활사 극단적으로 건조하거나 추운 계절이 없는 기후에서 주로 활동한다. *Feltiella*속의 종들은 알에서 알까지의 발육은 26~33일 정도 걸리며 평균 29일이 소요되지만, *F. acarisuga*는 약 15일 정도 걸린다. 생식과 발육은 15~25℃에서 일어나며, 알과 유충은 약 30℃, 30% 상대습도 이하에서는 생존하지 못한다. 적어도 50% 상대습도에서 정상적인 발육이 가능하다. 최적온도와 상대습도는 20℃, 90%다. 그러나 먹이가 풍부할 때에는 포식 수준이 발육범위 내의 온도와 습도에서도 일정하다.

▶효과 다양한 온실, 포장작물에서의 응애 개체군을 억제하는 데 사용될 수 있으며 특히 IPM을 운용하는데 있어 중요하다. 이 중 *F. acarisuga*는 40% 이상의 응애수를 감소시키는 것으로 보고되었다. 혹파리의 각 유충태는 최소 15마리의 응애 성충을 포식하며 하루에 80개의 알을 낳는다. 헥타르 당 1주에 1,000마리를 방사하면 토마토, 고추, 오이에서 응애를 방제하는 데 매우 효과적이다. 또한 딸기와 다양한 관상식물에서도 응애를 방제하는 데 사용되고 있다. 딸기와 관상식물에서는 주당(1헥타르)200~1,000마리 정도를 방사하는 것을 추천하고 있다. 이 파리유충은 점박이응애나 점박이응애붙이를 포식한다. 성충에는 작고 구부러진 더듬이가 있다. 창백한 파리로 수명은 짧으며 다른 것을 잡아먹지 못하고 진딧물의 배설물을 주로 먹는다. 유충은 투명하고 노란색을 띠며 응애를 주로 먹는다.

▶주의 사항

◈ 응애가 있는 곳 주변의 지면 가까이 그늘진 곳에 놓아둔다.

◈ m^2당 예방용으로 1마리, 치료용으로 5마리를 방사한다.

◈ 낮 길이가 짧으면 휴면을 한다.

◈ 가루이장님노린재와 같은 포식자가 있는 곳에는 사용하지 않는다.

◈ 유황을 사용하는 곳에서는 사용을 피한다.

꼬마무당벌레(*Stethorus punctillum*)

꼬마무당벌레는 무당벌레과에 속하며 크기는 약 1.5mm 정도되는 무당벌레다. 국내 토착종이지만 아직 잘 알려져 있지 않은 천적이다. 응애류를 전문으로 포식하며, 활동할 수 있는 온도가 16~35℃로 고온에서 이용할 수 있는 천적이다. 시설 내의 포장에서 응애 발생밀도가 높아졌을 때에 이용하는 천적이다.

▶생태 무당벌레와 같이 알, 유충, 번데기, 성충의 단계를 거치며 알에서 성충까지는 14~20일 정도 걸린다(21~26℃). 하루에 암컷 성충은 20~40여 마리의 응애를 포식하며, 알은 50여 개씩 먹어치운다. 먹이가 없을 경우에는 나방류의 알 등을 먹기도 한다. 암컷은 하루에 3~13개 정도의 알을 낳으며 일생 동안(약 2년) 1,000개의 이상을 산란한다.

꼬마무당벌레 - 성충

꼬마무당벌레 - 유충

03 가루이의 천적

작물에 피해를 많이 주는 가루이로는 온실가루이와 담배가루이가 있다. 온실가루이의 기생성 천적은 온실가루이좀벌(*Encarsia formosa*), 고온에서 이용하는 황온좀벌(*Eretmocerus eremicus*) 등이 있다. 황온좀벌은 고온 적응성이 높으며 온실가루이와 담배가루이 방제에도 이용된다. 천적으로 포식성 침노린재로 가루잡이노린재(*Macrolophus caliginosus*)는 작물재배 초기에 소량 방사하여 번식시켜서 이용하고 있다. 온실가루이의 밀도가 높아졌을 때는 가루이무당벌레(*Delphastus catalinae*)를 이용한다.

온실가루이좀벌(*Encarsia formosa*)

온실가루이좀벌 - 성충

온실가루이좀벌 -번데기(머미)

온실가루이좀벌 머미 카드

▶**형태와 생태** 온실가루이좀벌은 알, 1령, 2령, 3령, 번데기와 성충의 발육단계를 거친다. 이 6개의 발육단계 중 성충을 제외한 모든 발육단계는기주인 온실가루이의 약충이나 번데기의 체내에서 생활한다. 암컷 성충은 모든 약충에 산란할 수 있지만 특히 3령과 4령 초기의 온실가루이에 산란하는 것을 선호하는데 그 이유는 발육에 성공할 확률이 가장 높기 때문이다. 온실가루이좀벌이 온실가루이의 번데기 체내에서 발육하는 과정 중에 기주의 번데기는 검정색으로 변하기 때문에 쉽게 기생 여부를 판단할 수 있다. 성충은 거의 동그란 모양의 구멍을 뚫고 우화하며 성충의 크기는 0.6mm 정도로 머리는 검정색이고 가슴과 배는 노란색이다. 수컷 성충은 온몸이 모두 검은색이며 암컷보다 약간 크고, 수컷의 비율은 정상적인 집단에서 1~2%미만이다. 온실가루이좀벌의 성충은 감로나 기주인 온실가루이 체액을 먹고 산다.

▶**생식과 번식** 온실가루이좀벌의 정상적인 집단에는 수컷의 비율이 매우 낮으며 짝짓기를 하지 않아도 암컷을 낳는 처녀생식을 한다. 암컷은 가장 좋은 조건에서 약 300개의 알을 낳으며 매일 10~15개의 알을 낳는다. 온도와 습도는 산란에 큰 영향을 주지 않는데 온도 18~27℃, 습도 50~80% 정도면 무난하다. 암컷 성충의 수명은 온도가 증가함에 따라 급격히 줄어들어 30℃에서는 며칠밖에 살지 못한다.

▶**방제 효과** 방사후 방제 효과를 볼 수 있는 것은 약 3주가 지나야 확인이 된다. 온실가루이 약충에 기생된 것은 검은색으로 변하여 쉽게 구별할 수 있다. 방사 이후 뒤늦게 방제 효과가 나타나기 때문에 예방 차원에서 이용되어져야 한다. 따라서 농가에서는 온실가루이가 어느 정도 날아다니는 것이 보일 때는 바로 온실가루이좀벌을 방사하는 것이 가장 이상적이다.

▶**주의 사항**

◈ 한 개의 카드에는 온실가루이좀벌 암컷이 60개 붙어 있다. 온실가루이가 나타날 때 120m²당 1개의 카드를 매주 설치하고, 카드는 기생률이 90%가 될 때까지 점차 20~60m²당 1개씩 높여 나간다.

◈ 시설 내에서 천적상자를 개봉한다.

◈ 토마토와 오이에서는 작물 위에서부터 1미터 떨어진 그늘진 곳에 알 카드를 매달아 놓는다. 화분재배작물은 아래 잎 부근에 매달아 놓는다.

◈ 방제 효과는 6주간 지속된다.

◈ 낮 온도가 18℃ 이하, 밤 온도가 14℃ 이하로 떨어지면 성충 출현은 늦어지고 정착률이 많이 떨어진다.

◈ 온실가루이좀벌은 담배가루이 방제에 부적합하다.

황온좀벌(*Eretmocerus eremicus*)

온실가루이와 담배가루이 약충에 기생하는 벌로, 고온에서 온실가루이좀벌보다 효과가 우수한 천적이다. 온실가루이좀벌은 머리와 가슴이 검은색이고 배는 노란색이지만 이 천적은 몸 전체가 황색을 띤다.

황온좀벌 - 성충

▶**형태와 생태** 알은 약 4일 후에 부화하고 가루이의 내부 기생자와 외부 기생자로 발육한다. 부화된 유충은 3~4일이 지나면 가루이 약충에 구멍을 뚫고 안으로 들어간다. 벌유충이 3령을 경과하면, 성충이 될 때까지 약 12일이 걸려서 우화한다. 알을 제외한 모든 령기의 약충에 기생하지만, 특히 2령 약충을 선호한다. 기생하여 2주가 경과되면 기주는 노란색으로 변한다. *E. eremicus* 암컷은 엷은 노란색이며 눈은 녹색을 띤다. *Eretmocerus*라는 이름은 "노처녀처럼 생긴 모양"이라는 뜻의 라틴어로, 이는 암컷 더듬이의 모양에서 유래되었다. 수컷은 암컷보다 크고, 구부러진 더듬이를 가지고 있으며 황갈색을 띤다.

▶**방제 효과의 특성** 온실가루이 밀도가 높아질 때는 기주 흡즙을 많이 한다. 고온에서 온실가루이좀벌보다 오래 살고, 농약에 대하여 비교적 온실가루이좀벌보다 내성이 있다. 방사 후 방제 효과 여부는 약 3주가 지나야 확인할 수 있다. 온실가루이 약충에 기생된 것은 노란색으로 변하여 쉽게 구별될 수 있다. 방사 이후 뒤늦게 방제 효과가 나타나기 때문에 예방적 차원에서 이용되어져야 한다. 따라서 농가에서는 온실가루이가 어느정도 날아다니는 것이 보이면 바로 방사하는 것이 가장 이상적이다.

▶**효율성** *E. eremicus*가 탐색한 약충의 약 74%에 기생하였으며, 발육과 알 생산을 촉진하는 최적온도는 25~29℃이다. 온실환경에서, 온도를 25~29℃로 조절한다면 *E. eremicus*가 기주보다 더 빠르게 번식하게 할 수 있을 것이다. 미국 북동부의 포인세티아 온실에서는 3마리의 *E. eremicus*(plant/week)를 방사하여 첫 작물을 정식하고 6~8주 동안 높은 온실가루이의 치사율(98% 이상)을 기록했다.

가루이무당벌레(*Delphastus catalinae*)

이 무당벌레는 꼬마무당벌레와 같이 크기가 매우 작고 검은색을 띤다. 포식력이 대단하여 외국에서는 온실가루이가 대 발생하였을 경우에 많이 이용하는 종이다. 온실가루이의 밀도가 높은 환경을 선호하며, 알을 주로 포식한다. 온실가루이좀벌과 같이 사용했을 경우에는 기생된 머미는 포식하지 않는다. 또한 온도범위에 대한 활동 폭이 넓고(16~35℃), 단일조건에서도 휴면하지 않는다.

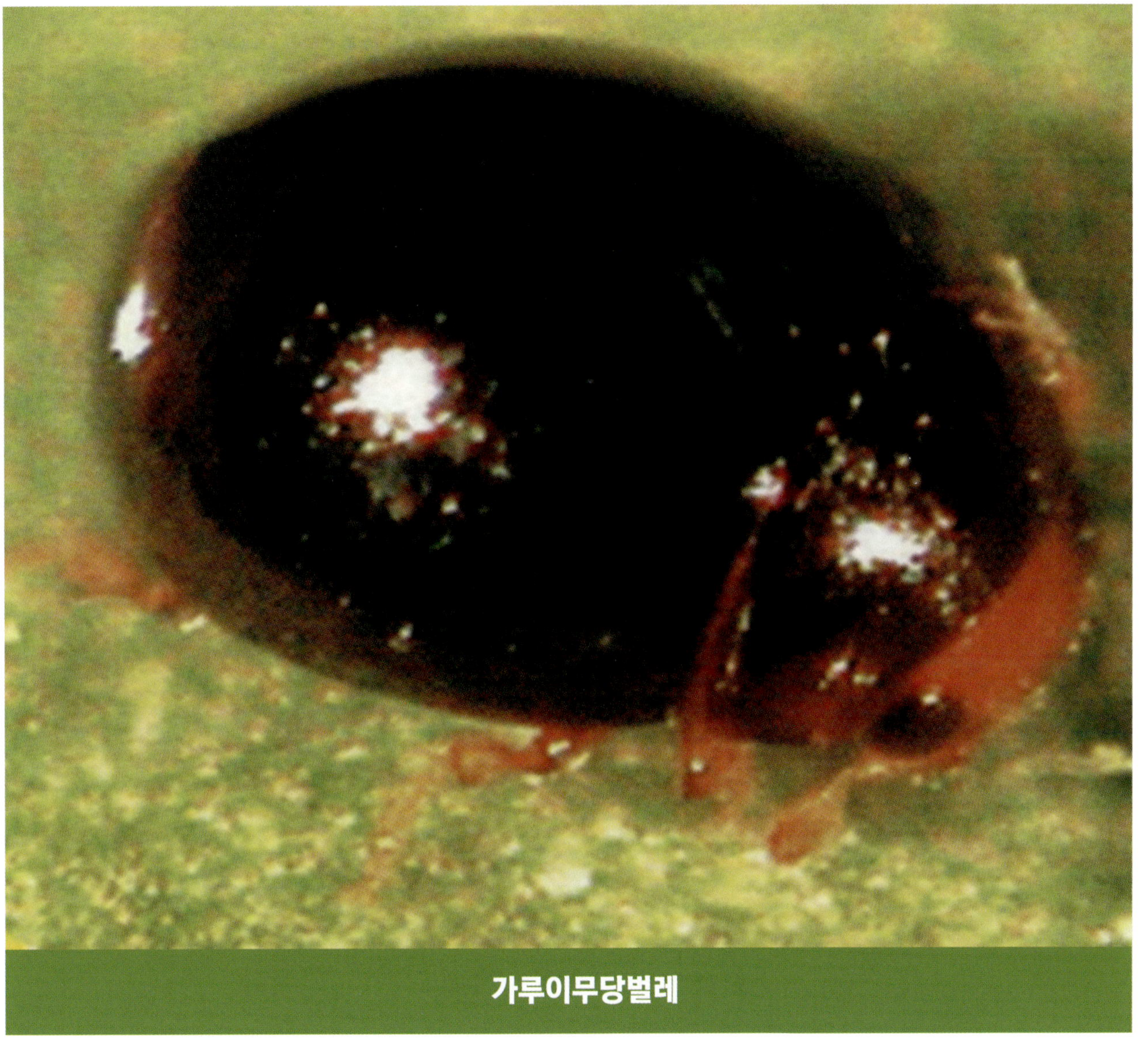

가루이무당벌레

▶**생태** 알, 유충, 번데기, 성충의 단계를 거치며 한 세대를 보낸다. 알에서 성충까지는 21~25일(25~30℃)이 걸리며 유충기간은 7~10일 정도다. 암컷은 하루에 2~6개를 산란하는데, 총 300여 개를 낳는다. 암컷 성충이 하루에 가루이 알을 150~640개를 포식하며 약충은 11마리 정도를 먹는다. 한 마리가 일생 동안(약65일) 먹어치우는 양은 가루이 알 10,000여 개와 약충 700여 마리를 포식하는 대식가이다.

▶**방제 효과** 가루이무당벌레는 유충과 성충단계 모두를 포식하기 때문에 속효적 방제효과를 볼 수 있다. 온실가루이가 저밀도로 발생할 때에는 좀벌을 이용하는 것이 유리하고, 고 밀도로 발생할 때에는 이 종이 유리하다. 방제 효과가 뛰어난 반면 대량 사육이 어려워 가격이 비싼 것이 단점이다.

가루이잡이노린재(*Macrolophus caliginosus*)

이 천적은 장님노린재과(Miridae)에 속하며 온실가루이, 응애, 나방류, 유충 그리고 다른 작은 절지동물의 포식자다. 이것은 북유럽에서는 자연상태에서 발견되지 않았다. 그러나 스페인, 프랑스와 같은 남유럽에서는 천적 생산회사에서 생산하여 판매하고 있어 매우 흔하다. 온실가루이좀벌과 황온좀벌과 같은 천적 기생봉 그리고 진디혹파리, 무당벌레와 같은 포식자가 유용한 생물적 방제인자로 이용되고 있다. 장님노린재는 아주 드물게 곤충병원성 곰팡이에 기생된다.

가루이잡이 노린재 - 성충

가루이잡이 노린재 - 약충

▶형태 및 생태 성충은 2.9mm~3.6mm 정도의 크기로 밝은 녹색을 띠며 빨간 눈, 긴 녹색의 촉각이 있다. 긴 다리를 가지고 있어서 식물체 표면을 빠르게 움직일 수 있으며, 암컷은 수컷보다 조금 크고 배에 산란관을 가지고 있다. 교미 후 3일이 지나면 암컷은 식물의 조직, 엽맥, 줄기에 알을 낳는다. 25℃에서는 11일 후에, 15℃에서는 37일 후에 약충이 태어나며, 5령 약충까지 있다. 1령 약충기간 동안은 연노랑 녹색이지만, 시간이 령기가 지날수록 성충과 같은 녹색을 띠게 된다. 마지막 4,5령기에 날개가 생기기 시작한다. 5령 약충기간은 25℃에서 약 19일, 15℃에서는 약 58일이 걸려서 발육이 매우 느린 편이다. 암컷은 25℃에서 40일, 15℃에서는 110일 정도를 살며 수컷의 생존기간이 암컷보다 조금 더 길다. 암컷은 총 100~250개의 알을 낳으며, 온도와 먹이가 산란에 가장 중요하다. 온실가루이의 알을 먹이로 제공할 때는 진딧물이나 응애를 먹이로 제공할 때보다 더 많은 양의 먹이가 필요하다. 여러 해충의 포식자이지만, 온실가루이의 알, 유충, 번데기를 더 선호하며 담배가루이의 알, 유충, 번데기도 포식한다.

▶이용 하우스의 토마토와 가지과작물에서 온실가루이를 방제하기 위하여 기생봉인 온실가루이좀벌과 함께 이용되고 있다. 이 천적은 온실가루이를 먹고 발육하나, 발육이 느리기 때문에 작기 초기에 방사해야 한다. 그래서 온실가루이좀벌과 함께 이용하면 처음 발생하는 온실가루이를 방제하는 데 상승 효과를 가져온다. 만약 온실가루이 없이 나방이 첫 발생되었다면, 나방 방제에 가장 좋을 것이다. 작기 초기 3~4주 동안 이 천적은 하우스에서 거의 발견되지 않는다. 적어도 2달이 걸려야 개체군을 형성한다. 온실가루이의 다른 천적(온실가루이좀벌)이 이용되는 작기 초기에는 없어도 된다. 몇 세대가 지난 후 개체군이 형성되면, 이 노린재는 예상치 못했던 온실가루이의 피해에 대한 가장 강력한 방제 수단이 된다. 이 천적은 먹이가 부족할 때 식물 즙액을 빨아먹기는 해도 경제적인 피해는 거의 없다.

▶주의 사항

◈ m^2당 0.25~1마리를 사용한다.

◈ 시설 문을 잘 닫는다.

◈ 선선한 아침이나 저녁에 사용하고, 한 낮에는 사용하지 않는다.

◈ 용기 뚜껑을 열고 걸어가면서 용기를 두드려 천적을 내보낸다.

◈ 이 천적은 미니토마토에는 피해를 줄 수 있다.

◈ 오이와 고추에서 정착률이 낮다.

◈ 10~20℃에서 운반한 뒤 18시간 이내에 사용해야 하며, 10℃ 정도의 어두운 곳에서 저장한다.

04 총채벌레의 천적

긴털가루응애를 이용하여 대량 생산이 잘 되는 포식성 응애인 *Amblyseius cucumeris*, *Amblyseius bakeri*, 포식력은 뛰어나지만 사육이 어려운 *Amblyseius degenerans*가 있고, 포식성 꽃노린재로 *Orius* spp.가 있다.

오이이리응애(*Amblyseius cucumeris*)

오이이리응애는 총채벌레의 천적으로 유럽과 북미에서 가장 많이 이용되고 있는 천적이다. 총채벌레 유충은 대부분 포식성 응애의 공격으로부터 몸을 보호하기 위해 복부를 사용하여 상대를 타격하기 때문에 오이이리응애가 포식할 수 있는 것은 주로 어린 총채벌레의 유충(1,2령)을 포식한다. 성충이나 노숙 유충은 포식하지 못한다.

오이이리응애가 총채벌레 1령충을 잡아먹고 있는 장면

▶**생태** 발육 단계는 알, 유충, 전약충, 후약충, 성충 단계를 거친다. 알은 잎 뒷면의 주맥 또는 측맥에 털 있는 위에 산란한다. 알부터 성충까지는 6~9일(25℃)이 걸린다. 하루에 약 2개씩 산란하여 약 20일간 40~50개를 산란하는 것으로 추정된다. 하루에 약 2~3마리 정도를 포식한다.

▶**이용** 방사량은 m^2당 약 100마리다. 천적은 사료(쌀겨+밀껍질)속에 긴털가루이응애와 같이 들어 있으며 방사는 스푼으로 떠서 작물의 잎 위에 올려 놓기도 하고, 먹이와 같이 있는 봉지를 식물체마다 매달아 놓고, 봉지에 바늘 구멍을 뚫어 천적이 이 구멍을 통해 서서히 나오도록 하는 방사법이 있다.

▶**방제효과** 총채벌레의 어린 유충만 포식하는 관계로 다른 종류의 포식성 천적보다는 효과가 늦으며 약 일주일 정도가 걸린다. 총채벌레의 발생밀도가 높을 때는 성충과 큰 유충을 잡아먹는 애꽃노린재와 함께 사용하는 것이 좋다.

▶**주의 사항**

◈ 햇빛이 닫지 않는 작물 아래에 천적봉지를 매달아 놓는다.
◈ 가열 파이프 옆에는 봉지를 매달아 놓지 않는다.
◈ 작물 한 주에 한 개의 봉지를 매달아 놓는다.
◈ 방제 효과는 6주간 지속된다.

으뜸애꽃노린재(*Orius strigicollis*)

애꽃노린재류는 대부분 포식성으로 크기가 작은 해충들을 포식하지만 주로 총채벌레를 선호하는 천적이다. 특히 총채벌레는 작물 구조상 꽃잎 사이 같은 은밀한 곳에 숨어들어가 살충제가 미치지 못하는 한계가 있다. 으뜸애꽃노린재는 크기가 작고(2mm) 납작한 형태로 되어 있어서 식물의 복잡한 구조속에서도 자유롭게 다니며 총채벌레를 사냥하러 다닌다. 따라서 유럽 등지에서는 총채벌레 방제에 90% 이상이 애꽃노린재류를 이용하고 있다. 해충인 총채벌레뿐만 아니라 어린 진딧물, 응애 등도 포식한다. 일일 포식량의 수가 많아 빠른 방제 효과를 거둘 수 있는 장점이 있다. 우리나라 온실에서는 애꽃노린재의 점유율이 높지만 으뜸애꽃노린재가 증식률, 생식, 비휴면성, 내서성 등에서 더 우수한 것으로 알려져 있다.

으뜸애꽃노린재 - 성충

으뜸애꽃노린재 - 약충

▶생태 알, 약충, 성충의 단계를 거치며, 알부터 성충까지는 약 2주 정도 걸린다(25~30℃). 산란은 새순 줄기나 엽맥 조직체 속에 산란한다. 하루 평균 5~7개씩 산란을 하여 일생 동안 60~70개를 산란한다. 포식 활동은 알에서 부화하면서부터 성충으로 죽을 때까지 이루어지며 약 400여 마리를 포식한다. 성충의 경우 하루에 약 25마리 정도를 포식하는 것으로 알려져 있다.

▶주의 사항

◈ m^2당 0.5~1마리를 사용한다.

◈ 시설 문을 잘 닫는다.

◈ 선선한 아침이나 저녁에 사용하고, 한 낮에는 사용하지 않는다.

◈ 작물 잎 위에 골고루 병의 내용물을 뿌린다.

◈ 직사광선을 피하여 저장하며 5~10℃에 보관하고 18시간 이내에 사용해야 한다.

05 잎굴파리의 천적

잎굴파리의 천적은 외부 기생을 하며 어린 잎굴파리 유충을 잡아먹고 사는 굴파리좀벌(Diglyphus isaea)과 굴파리고치벌(Dacnusa sibirica)이 널리 이용되고 있다. 이들 천적은 번식력이 낮기 때문에 잎굴파리가 발생하면 바로 조기에 투입해야 한다. 이들 천적은 상호 보완 효과가 있어 천적 생산 회사에서는 굴파리좀벌 90%와 굴파리고치벌 10%를 혼합하여 판매하고 있다.

굴파리좀벌(*Diglyphus isaea*)

기생벌 종류들은 생활방식에 따라 두 가지 부류로 나뉜다. 기주 몸체에 산란관을 찔러 넣어 내부에 산란하는 내부 기생벌과, 이와는 반대로 기주 몸체에 근접하여 산란한 후 부화한 기생벌의 유충이 기주 몸체에 접근하여 체액을 섭취하며 살아가는 외부 기생벌이다.

굴파리좀벌 - 성충

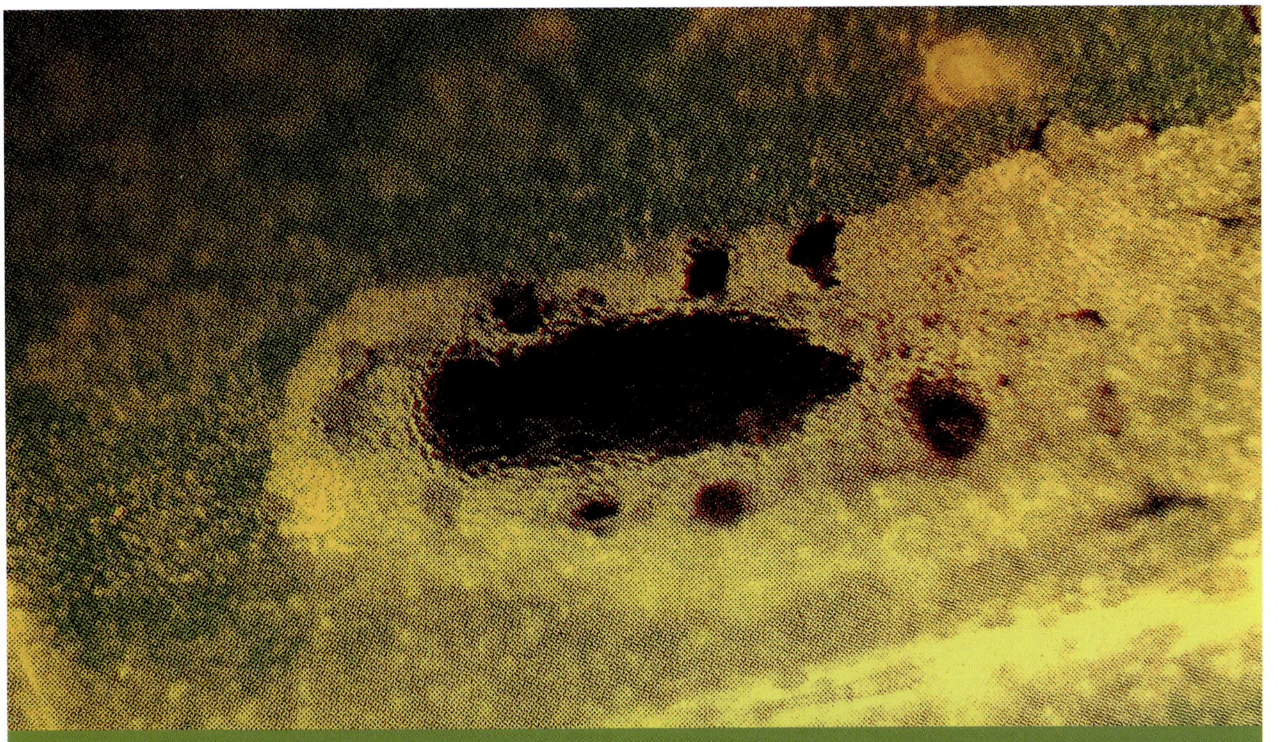

굴파리좀벌의 기생

▶형태 굴파리좀벌은 크기가 2~3mm인 기생벌로 아시아, 유럽, 북미지역에 널리 분포한다. 굴파리좀벌은 잎굴파리 2령 또한 3령 유충에 알을 붙여 두며, 부화한 유충이 기주에 붙어서 체액을 섭취하며 살아가는 외부 기생성 천적이다.

▶생태 알, 유충, 번데기, 성충의 발육단계를 거친다. 잎굴파리가 파 놓은 굴 속에서 번데기가 되며, 이는 육안으로 관찰이 가능하다. 성충은 우화할 때에 잎을 뚫고 나온다. 성충의 수명은 15~25℃ 정도 온도 범위에서 10~30일 정도이며, 20℃ 정도에서 약 1개월 정도 생존한다. 산란 수는 200~300개 정도에 이른다. 그 외에도 성충이 직접 체액을 섭취하여 죽이는 양도 기생벌 한 마리 당 70여 마리에 이른다. 기생벌 한 마리가 약 360여 마리의 굴파리 유충을 죽이지만 약 290여 마리는 산란에 의한 기생이고 70여 마리는 기주 체액을 섭취하는 것으로 사망시킨다.

▶방제 효과 잎굴파리좀벌의 장점은 번식속도가 빠르기 때문에 단기간에 잎굴파리 증식속도를 억제할 수 있다는 점이다. 단, 이동성이 떨어지기 때문에 잎굴파리의 밀도가 낮을 때는 효율성이 떨어진다. 따라서, 외국의 경우 잎굴파리의 밀도가 낮으면, 잎굴파리 좀벌 10%, *Dacnusa sibirica* 90%의 조합으로 사용하는 것이 보편적이다.

▶주의 사항

◈ m^2당 0.5~1마리를 2회 방사한다.

◈ 식물 속에서 병을 수평으로 누이고 조심스럽게 뚜껑을 열어서 작물 사이를 걸어다니면서 병을 두드리고 흔들어 천적을 내보낸다.

◈ 한 낮의 온도가 25℃가 되기 전 선선한 아침이나 저녁에 사용하고, 한 낮에는 사용하지 않는다.

◈ 저장은 직사광선을 피하고 5~10℃에서 보관하고 18시간 이내에 사용해야 한다.

굴파리고치벌(*Dacnusa sibirica*)

고치벌과에 속하는 기생벌이며, 굴파리좀벌과 달리 잎굴파리 유충의 몸속에 산란하는 내부 기생봉이며, 더듬이가 굴파리좀벌보다 훨씬 길기 때문에 쉽게 구별이 된다. 유럽과 북미에 분포하는 종이며, 1980년대부터 상업화되기 시작했다. 아직 국내 분포는 확인되지 않고 있다.

굴파리고치벌 - 성충

▶**생태** 알, 유충, 번데기, 성충의 발육단계를 거친다. 알부터 번데기단계를 잎굴파리의 몸 속에서 지낸다. 잎굴파리가 번데기가 되어 토양 속으로 들어가면, Dacnusa sibirica가 우화하면서 잎굴파리 번데기를 뚫고 나온다. 알에서 성충까지의 발육기간은 22℃ 항온조건에서 17~19일 정도다. 25℃일 때의 성충 수명은 7일 정도이고, 산란 수는 48개 정도이지만, 15℃에서의 성충 수명은 20일 정도이고 산란 수는 225개에 이른다.

▶**방제 효과** 잎굴파리의 번데기에서 월동을 하기 때문에, 이른 시기부터 출현한다. 잎굴파리좀벌과는 여러 가지 면에서 대조적이다. 잎굴파리를 직접 포식하지는 않으며, 기생이 된 잎굴파리와 건전한 잎굴파리를 구별할 수 있다. 한편 기주를 탐색하는 능력이 뛰어나기 때문에 아주 낮은 밀도에서도 이용이 가능하며, 고온에서도 이용할 수 있다. 단, 기생된 잎굴파리도 번데기까지 발육을 하기 때문에, 잎굴파리 번데기를 수거하여 *Dacnusa sibirica*의 기생률을 조사하기 전에는 육안으로 기생 여부를 확인하기 힘들다.

06 나비목 해충류의 천적

시설 내에 문제되는 나비목 해충에는 파밤나방, 담배거세미나방, 배추좀나방, 왕담배나방 등이 있다. 나비목 해충의 천적으로는 명충알벌류, 고치벌, 곤충병원성 선충 등이 있다. 나비목 해충의 유충기간은 약 20여 일 정도 되기 때문에 피해를 입히는 기간이 길다. 나비목 해충은 번식력이 강하기 때문에 초기 방제가 매우 중요하다. 파밤나방의 경우 약 1,000개, 담배거세미나방은 1,000~2,000개, 배추좀나방은 100~200개, 담배나방은 300~400개, 왕담배나방은 400~600개를 산란하여 방제가 쉽지 않은 해충이다. 초기 발생밀도 억제에 주력해야 할 것이다. 농가에서는 나방 한 두 마리 쯤 가볍게 생각해서는 안 되며, 나방 한 마리 살충시키는 것이 곧 유충 500마리 이상 방제하는 것으로 생각하면 피부에 쉽게 와 닿을 것이다. 나비목 해충의 방제는 천적 이외에 페르몬을 이용하기도 하고, 최근 일본에서는 황색등(黃色燈)을 이용하여 방제하기도 한다.

명충알벌류(*Trichogramma* spp.)

명충알벌류는 나비목 해충의 알에 기생하는 알기생벌로, 크기는 약 1mm정도로 아주 작은 기생벌이다. 이들은 기주 선호도에 대한 폭이 넓어 여러 종류의 나방 알을 공격하는 특성이 있다. 국내에 토착하는 알벌류도 여러 종이 있으며, 비교적 활동 온도 폭이 넓다.

명충알벌의 산란장

기생된 알 (검은색)과 기생되지 않은 알

▶생태 기주 알에서 유충과 번데기기간을 보내며 27~30℃ 정도의 환경에서 약 10~12일 이면 성충이 우화되어 나온다. 일반적으로 나방류의 산란 형태는 알을 무더기(난괴)로 낳는 것이다. 알벌이 나방의 알을 발견하여 공격하면 근방에 있는 모든 알들을 기생시키기 때문에 적합한 환경에서는 90% 이상 기생률을 보이는 경우가 많다. 알벌 한 마리가 산란하는 수는 약 200여 개 정도로 많은 양을 산란한다. 해충 알 한 개에 2마리 이상 산란하여 기주 알의 크기에 따라 산란량을 조절하는 능력을 갖고 있다.

▶방제 효과 명충알벌은 대부분 나방류 해충의 알에만 기생하는 벌이기 때문에 농가에서 이용하고자 할 때는 나방 성충이 발생함과 동시에 예방 차원으로 사용해야 한다. 시설에서 발생하는 나방류의 알 기간은 보통 3~4일 이내이므로 나방의 알이 부화한 이후에는 소용이 없다. 알벌 방사 후 기생 여부의 확인은 약 일주일 정도이며, 기생된 알은 검은색으로 변한다.

쌀좀알벌(*Trichogramma evanescens*)

쌀좀알벌은 한반도는 물론 중국 남부에서 북동부,시베리아, 일본에 분포하는 토착종으로 배추, 양배추 등의 십자화과작물 및 옥수수 밭에 주로 서식하며, 과수원과 산림에도 서식한다.

▶**생태** 성충은 꽃가루와 물을 주로 먹지만, 암컷은 때때로 산란을 끝낸 후 산란관을 꽂았던 구멍을 통해 알의 체액을 먹기도 한다. 기주 범위가 매우 넓어서 나방류 알의 대부분에 기생하지만, 나방의 산란 생태적 특성상 기생률이 높은 경우와 낮은 경우로 나누어 볼 수 있다.

▶**방제 효과** 쌀좀알벌의 수명과 산란 수는 온도와 기주 알의 존재 여부에 따라 크게 달라지며, 차색알락명나방(*Ephestia elutella*)알로 사육하는 경우에는 최적온도가 25~30℃이다. 알벌류가 기생하는 시기는 나방이 갓 낳은 알이거나 산란 1~2일 된 알에 기생할 수 있다. 3~4일 된 알은 이미 발육중인 유충이 알 속에 있기 때문에 기생되더라도 발육하지 않는다. 따라서 페로몬 트랩이나 기타 예찰법을 이용하여 지속적으로 예찰하는 것이 중요하며, 나비목 해충의 성충이 1마리 이상 관찰되면 즉시 알벌을 방사해야 한다.

▶**주의 사항**

◈ 알벌 카드를 설치할 때에는 그늘에 매달아 놓는다.

◈ 알벌 카드 설치 후 3일 이내에 분무 형태의 관수를 금한다.

◈ 방사 직후에 엽면 시비, 농약 살포를 금한다.

◈ 포장에 발생하는 나방이 적용 가능한 나방인지 전문가와 상의한다.

곤충병원성 선충(*Steinernema carpocapsae*)

곤충병원성 선충은 곤충에 기생하여 병(패혈증)을 유발시켜 사망시키는 기생성 선충류이다. 이 선충들은 나비목 유충, 딱정벌레류 유충, 파리류 유충 등 기주범위가 넓다. 국내에서 생산하는 병원성 선충에는 *Steinernema carpocapsae*가 있다. 병원성이 뛰어나 농업 해충 및 잔디 해충, 산림 해충 등 다양하게 이용될 전망이다. 곤충병원성 선충은 일반 천적과는 이용방법이 달라서 일반 농약을 살포하는 것처럼 분무기를 사용하여 살포한다.

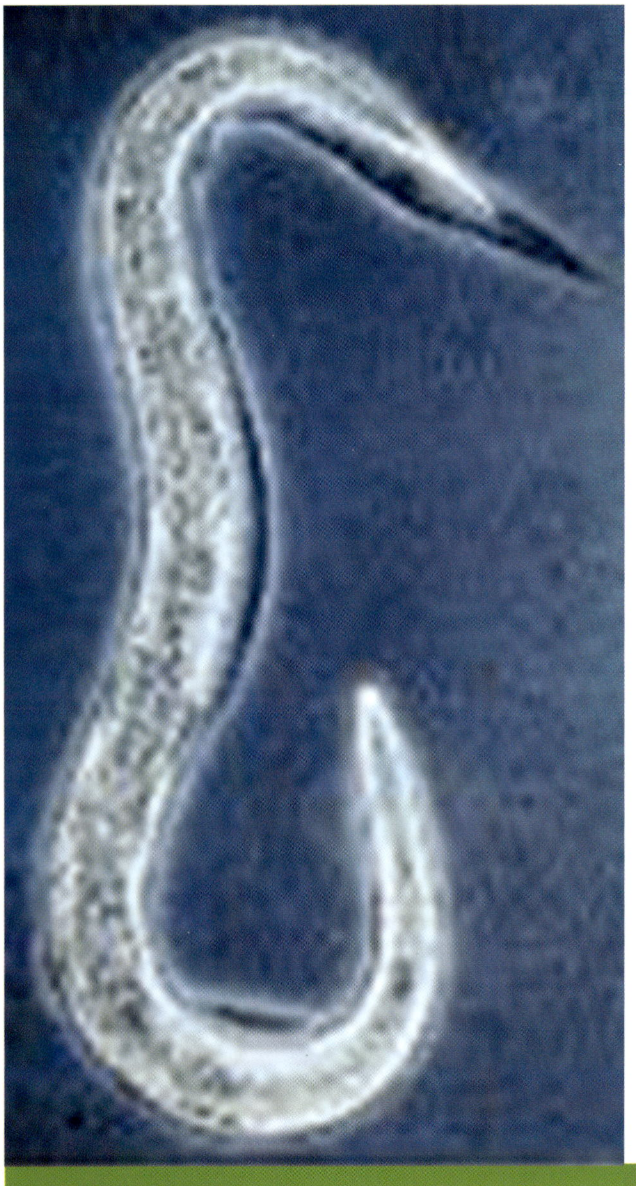

번데기에 감염된 곤충병원성 선충이 탈출하는 모습

▶번식 기주 몸체에 침입한 선충은 바로 자기증식에 들어가며, 나방류 유충 한 마리에 약 20만 마리의 선충이 증식된다. 기주 몸체에서 가득 증식되면 표피를 뚫고 밖으로 탈출한다.

▶방제 효과 곤충병원성 선충은 해충 몸체에 침입하면 보통 24시간 이내에 병을 일으켜 사망시키며, 기주 몸체의 성분으로 자체 증식을 시작한다. 병원성 선충을 살포한 직후 1일 이내에 사망되는 것을 확인할 수 있어서 독성이 큰 살충제와 같이 빠른 방제 효과를 볼 수 있다.

07 작은뿌리파리의 천적

작은뿌리파리의 서식장소는 부엽토, 퇴비, 상토 등과 같이 습한 곳에서 유충과 번데기 기간을 보낸다. 유충시기에 작물의 뿌리를 가해하여 생육을 저해시키는 원인이 된다. 특히, 상토를 많이 이용하는 육묘장에서 발생이 심하여 파종 후 육묘 관리기간에 적지 않은 피해를 주고 있다.

작은뿌리파리 - 성충

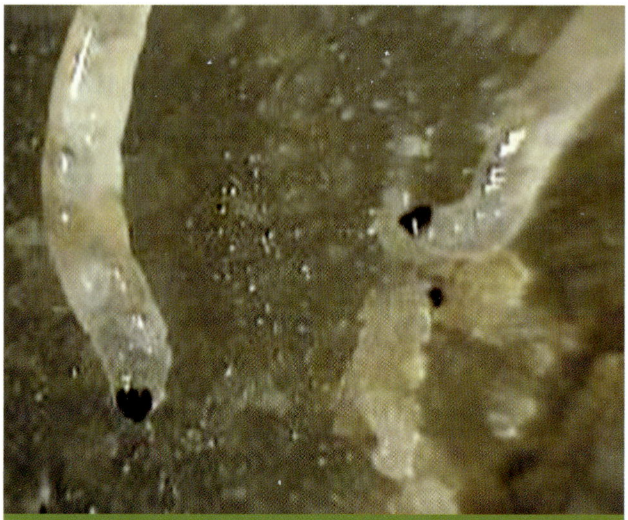

작은뿌리파리 - 유충

뿌리이리응애(*Hypoaspis miles*)

이 종은 외래 천적으로 습도가 있는 토양에 서식하는 작은(0.5mm)포식성 응애다. 주로 지표면으로부터 약 1cm 정도 되는 곳을 기어다니며 크기가 작은 해충들을 포식하며 살아간다. 외국에서는 시설 하우스에 발생하는 작은뿌리파리(fungus gnat)해충 방제에 널리 이용되고 있다. 우리나라의 시설재배는 대부분 토경재배 형태이며, 작기가 끝난 후 지력 향상을 위해 많은 양의 퇴비 같은 유기질 비료를 투입하여 발생이 많다. 뿐만 아니라 육묘장과 같은 곳에서 발생이 심하여 많은 피해를 보고 있어 우리 실정에서 유용하게 쓰여질 수 있는 포식응애로 주목받고 있다.

▶생태 알은 토양 속에 산란하며, 알에서 성충까지 약 7~11일 정도 걸린다. 먹이가 없을 경우 조류 또는 식물체 부스러기 등을 먹고 산다. 1일 포식량은 약 5마리 정도다.

▶방제 효과 어린 유충이나 알을 포식하기 때문에 발생 초기에 방사하는 것이 가장 좋다. 작은뿌리파리 이외에 톡토기, 총채벌레 번데기 등 다른 해충류들도 잡아먹어 해충밀도 억제에 많은 기여를 하고 있는 종이다.

▶주의 사항

◈ m^2당 작은뿌리파리가 증식하기 전 100마리, 그 후에는 300마리를 사용한다.

◈ 병을 열기 전에 여러 차례 병을 돌려서 골고루 섞이게 한다.

◈ 토양살충제를 살포한 곳에는 사용하지 않는다.

◈ 10~20℃에서 운반하고 18시간 이내에 사용해야 한다.

총채가시응애(*Hypoaspis aculeifer*)

이 종은 해충의 포식범위가 넓으며, 지표에서 서식한다. 1995년부터 유럽에서 사용하기 시작하였고, 총채벌레류 번데기, 뿌리응애류, 톡토기류, 작은뿌리파리 등의 해충 방제 목적으로 활용되고 있다.

총채가시응애가 먹이를 먹는 모습

▶생태 토양 지표면에서만 서식하는 해충이다. 작물의 줄기나 잎으로 기어서 올라가지 않는다. 발육 최적 온도는 22℃이며, 12~32℃의 온도에서 생존한다. 온도가 높아질수록 발육기간은 짧아지고, 총 산란수는 발육 적온 이상의 고온일수록 줄어든다. 최적 발육온도인 22℃에서 산란수가 87개로 가장 많고, 암컷 비율도 80%로 가장 높다.

▶방제 효과 총채가시응애 10마리/cm²를 방사했을 때, 꽃노랑총재벌레의 번데기 우화율이 46%이상 감소했다는 보고가 있고 평균적으로 30% 이상의 방제 효과를 보인다.

▶주의 사항

◈ 작물의 정식 후에 바로 방사하여 사전에 정착시킨다.

◈ 독성이 강한 토양 살충제 사용을 금한다.

◈ 토양이 건조할 경우 습하도록 관수를 한다.

◈ 곤충병원성 선충과 함께 사용할 때는 방사 시기를 달리한다.

천적 이용의 클레임과 대책

클레임(claim)은 건설 분야에서 많이 사용하는 용어로 계약 당사자 일방에 문서상으로 요청 또는 주장하는 것인데, 여기서 클레임이란 천적을 이용한 사람이 해충 방제 효과가 없다고 주장하는 것으로 정의한다.

천적을 이용한 해충 방제 효과는 생물적 방제가 실용화된 구미 선진국에서 1970년대부터 검증되었으나 우리나라에서 천적 이용은 이제 시작단계로 충분한 검증을 거치지 못하고 있는 것이 현실이다. 아직 우리 농민 대부분은 해충 방제를 위해 천적을 이용한 경험이 없어 천적에 대한 충분한 이해가 부족한 형편이다. 천적을 사용한 경험이 있는 농민의 대부분은 아직 천적 사용의 효과에 대하여 불안해하는 분위기다. 왜 천적 사용의 효과가 없는가를 밝히는 것은 천적을 사용해 본 농민 그리고 앞으로 사용할 농민에게 천적 이용 효과에 대한 불안감을 해소시켜 줄 수 있을 것으로 본다.

천적은 농약과 달리 살아 있는 생물로 환경의 영향을 많이 받는다. 우리의 환경에 맞는 천적 이용 프로그램이 아직 확립되어 있지 않기 때문에 천적 이용에 따른 문제점이 발생되고 있다. 천적 이용에 따른 클레임에는 어떤 것이 있는지를 주요 천적별로 원인과 그 대책을 살펴본다. 끝으로 천적 이용에 가장 큰 장애가 되는 농약 사용에 관해서도 살펴보기로 한다.

칠레이리응애 이용

♣칠레이리응애는 다른 어떤 천적보다 해충 방제 효과가 뛰어난 것으로 알려져 있지만 이 천적을 사용해 본 농민 중의 일부는 그 효과에 만족하지 못하고 있다. 칠레이리응애 사용에 따른 클레임의 유형은 (1) 칠레이리응애가 정착을 못하는 경우
(2) 칠레이리응애가 정착은 하지만 점박이응애의 밀도를 따라가지 못하는 경우가 있다. 그 외에도 제품 불량과 취급자의 천적에 관한 이해 부족으로 잘못 사용하여 발생되는 문제가 있다.

♣칠레이리응애가 전혀 정착을 못하는 원인은 첫째, 천적에 해로운 농약이나 유기농 자재의 영향이고, 둘째는 점박이응애가 전혀 없을 때 칠레이리응애를 방사하여 칠레이리응애가 먹이 부족으로 더 이상 생존할 수 없어 정착하지 못하게 된 경우이다. 칠레이리응애의 정착 여부는 방사지점(점박이응애 발생지점)을 표시하고 그 후 2~3일간 표시한 지점에서 칠레이리응애의 발견 여부로 알 수 있다. 방사한 천적이 잘 정착하지 못하면 천적 사용을 포기하는 것이 좋다.

♣칠레이리응애가 정착은 하였으나 점박이응애의 밀도를 따라 가지 못하는 경우는 다음의 3가지 원인으로 추측된다.
첫째, 시설 내의 온도는 높고 습도가 낮은 경우다. 칠레이리응애가 생활하기 좋은 습도조건은 75% 이상이며, 습도가 40% 이하로 낮아지면 칠레이리응애의 부화율이 떨어진다. 관수 후 칠레이리응애를 투입하면 방제 효과를 높일 수 있다. 칠레이리응애가 생존에 부적합할 정도로 온도가 높아지지 않도록 적절한 환기도 필요하다.
둘째, 칠레이리응애를 방사하기 전 천적에 해로운 농약을 살포하였을 경우다. 농약성분은 오랫동안

잔류하여 천적을 죽이기도 하지만 때로는 활력을 떨어뜨리고 증식력의 저하를 야기한다. 이런 경우도 천적 사용을 포기하거나 아니면 많은 양의 칠레이리응애를 추가로 방사해야한다.

셋째, 점박이응애의 밀도는 높은데 투입한 천적의 양은 충분하지 못한 경우이다. 이런 경우 상당기간 점박이응애로 인한 피해가 나타난 후에 천적의 투입 효과가 나타나기 때문에 천적 사용을 포기하거나 아니면 칠레이리응애의 방제 효과가 나타날 때까지 피해를 감수하면서 기다려야 한다. 천적 이용의 첫 번째 성공 포인트는 해충 밀도가 낮을 때 천적을 사용하는 것이다. 따라서 천적 투입 적기를 알아내기 위해서 해충의 발생 여부를 정밀하게 예찰하는 것이 무엇보다 중요하다.

♣천적 생산회사가 불량제품을 생산 보급하여 표시된 양보다 적은 천적을 투입할 수도 있다. 천적 구매자는 천적제품을 수령 즉시 제품의 이상 유무를 확인해야 할 필요가 있다.

♣천적 생산자가 규격에 맞는 천적을 공급하였으나 천적 이용자가 취급을 잘못하여 천적이 죽은 것도 모르고 이용할 수도 있다. 칠레이리응애는 위로 향하는 행동습성이 있어 상온에서 천적을 담은 병을 오랫동안 세워 두면 칠레이리응애는 병마개 쪽으로 올라와 동족 포식을 하게 되어 포장에 방사하기도 전에 천적의 기능을 할 수 없게 되는 경우도 있다.

온실가루이좀벌 이용

♣온실가루이좀벌에 의한 온실가루이의 방제 효과는 다른 천적에 비해서 확실하므로 실패할 경우가 많지 않으나 다음과 같은 경우에는 문제가 될 수 있다. 온실가루이좀벌을 방사한 후 15~20일 후에는 온실가루이좀벌의 머미가 보이지 않으면 거의 농약이나 유기농 자재의 영향을 받은 것으로 볼 수 있다. 이런 경우 천적의 사용을 포기하고 약제로 방제하는 것이 좋다.

♣온실가루이좀벌의 머미는 형성되지만 온실가루이 발생량이 증가하면 다음의 4가지 원인을 생각해 볼 수 있다. 첫째, 천적 도입 후 시설 내의 온도가 17℃ 이하의 저온인 경우다. 가을이나 겨울철에 시설 내의 온도가 낮으면 온실가루이좀벌은 활동을 제대로 하지 못한다. 둘째, 농약 잔류의 영향도 오랫동안 온실가루이좀벌은 정착하지 못하게 한다. 셋째, 온실가루이의 밀도가 높을 때 온실가루이좀벌을 충분하게 방사하지 못하면 방제 효과가 불확실하게 된다. 이런 경우에는 추가 방사를 하거나 아니면 천적 사용을 포기해야 한다. 칠레이리응애와 같이 해충 발생 초기에 천적을 이용하는 것이 무엇보다 중요하다. 넷째, 토마토의 결실을 위하여 하위 잎을 따주는 경우다. 온실가루이좀벌은 온실가루이의 3~4령에 기생하고, 그 후 10여일 이후에 머미가 형성된다. 따라서 새잎에는 머미가 형성되지 않고 오래된 잎에 천적인 온실가루이좀벌의 머미가 많이 붙어 있다. 천적이 붙어 있는 오래 된 잎을 밖으로 반출하면 천적은 번식을 하지 못하게 되는 것이다.

♣온실가루이좀벌도 칠레이리응애와 같이 불량제품 판매나 취급 불량으로 인한 클레임이 있을 수 있으나 기생자이기 때문에 포식자와 같은 문제는 없다.

총채벌레 방제의 천적 이용

♣애꽃노린재를 방사했으나 애꽃노린재와 다른 포식성 천적이 보이질 않고 총채벌레만 발생하면 농약이나 유기농자재에 의한 영향을 받았을 가능성이 있다. 이런 경우 천적 이용을 포기해야 한다. 총채벌레의 천적인 오이이리응애는 너무 작아 정착 여부를 확인하기 쉽지 않다.

♣애꽃노린재와 오이이리응애가 정착은 하지만 밀도가 낮고 총채벌레가 계속 발생하면 그 원인은 다음의 4가지로 구분해 볼 수 있다. 첫째, 우리나라에서 이용하고 있는 애꽃노린재는 으뜸애꽃노린재(*Orius strigicollis*)로 토착종이며 겨울에 휴면을 한다. 이런 천적을 가을이나 겨울에 조명없이 사용하면 산란이나 포식활동을 중지하고 겨울잠을 자기 때문에 방제 효과가 없다. 외국에서는 휴면을 하지 않는 미끌애꽃노린재(*Orius laevigatus*)를 이용하고 있다. 둘째, 천적에 해로운 농약이나 유기농자재의 잔류 영향을 들 수 있다. 농약은 직접 천적을 죽이지는 않지만 오랫동안 활력을 떨어뜨리게 할 수 있다. 이런 경우 천적 사용을 포기하거나 아니면 천적을 추가로 투입해야 한다. 셋째, 오이이리응애 투입 후 낮은 습도 조건이다. 투입할 때 습도가 낮으면 오이이리응애를 봉투에 넣어 방사하거나 관수하여 습도를 높여 주면 정착에 유리하다. 넷째, 천적 투입시기가 늦어 총채벌레의 발생밀도가 높은데 투입한 천적의 양이 상대적으로 적은 경우다. 이런 경우 천적을 추가로 방사해야 하지만 천적의 효과가 나올 때까지 피해를 감수해야 한다.

♣애꽃노린재와 오이이리응애도 불량제품이 있을 수 있다. 애꽃노린재는 포식성으로 동족 포식이 강하기 때문에 취급에 주의가 요망된다.

진딧물 방제의 천적 이용

♣진디벌 투입 후 진딧물은 발생하지만 진디벌이 전혀 보이지 않고, 10일이 지난 후에도 진디벌 머미가 보이지 않으면 농약이나 유기농자재에 의한 영향으로 볼 수 있다. 작물의 잎을 따서 샤레에 넣고 천적의 생존 여부를 확인하여 천적의 정착 가능성을 확인해야 한다. 천적이 생존해 있지 않으면 천적 이용을 포기하는 것이 좋다.

♣천적 유지식물인 뱅커플랜트가 불량하면 진딧물의 방제 효과를 기대할 수 없다. 뱅커플랜트의 불량 원인은 다음의 5가지로 구분할 수 있다. 첫째, 뱅커플랜트에 중기생자가 발생한 경우다. 이 때 뱅커플랜트를 교체하고 진디혹파리나 무당벌레 등 포식성 진딧물 천적을 방사해야한다. 둘째, 뱅커플랜트에 무당벌레나 풀잠자리가 발생하여 보리에 있는 진딧물을 포식하여 진딧물이 존재하지 않아 천적인 진디벌도 생존할 수 없게 된다. 이런 경우 포식자를 손으로 제거해야 한다. 셋째, 뱅커플랜트의 진딧물이 한꺼번에 기생벌에 의해 기생당하거나 또는 진딧물이 너무 적게 발생한 경우다. 이런 경우 보리두갈래진딧물을 추가적으로 접종해야한다. 넷째, 고온기에 뱅커플랜트의 보리가 고온 장애로 오래 생육할 수 없을 경우다. 이런 경우에는 보리 대신 옥수수 등과 같은 다른 식물을 뱅커플랜트로 사용해야 한다. 다섯째, 뱅커플랜트의 사용 시기가 늦은 경우다. 진디벌 뱅커플랜트는 예방용으로 사용해야 효과가 크지만 진딧물의 발생량이 많으면 방제 효과가 현저히 떨어진다. 이런 경우에는 포식력이 뛰어난 무당벌레나 풀잠자리를 진디벌과 함께 이용해야 한다.

♣끝으로 진디벌에 의한 진딧물의 밀도 억제 효과는 진딧물의 밀도가 아주 낮을 때 도입해야 만족할 만한 효과를 거둘 수 있다. 뱅커플랜트의 사용 효과는 설치 직후보다는 2~4개월이 지난 후에 효과가 크게 나타남으로 뱅커플랜트를 설치했다고 안심해서는 안되며, 진딧물 밀도가 높으면 진디벌이나 무당벌레와 같은 천적을 추가적으로 투입해야 한다.

잡초관리

01 잡초다루는 방법

미리막기

예방법 또는 예방적 방제법(preventive control method)이라고 한다. 잡초문제의 화근이 되는 잡초의 씨앗이나 번식체가 밖으로부터 흘러드는 것을 미리 막아서 문제를 만들지 않으려는 수단들을 말한다. 미리막기에는 농사나 땅 일구는 모든 일에서 청결하게 하고 화근을 옮겨지지 않도록 하는 위생법(sanitation)과 법제도를 만들어 검사하거나 수출입을 제한하는 법장치(legal measure)로 나누어진다.

〈위생법〉	〈법장치〉
▶ 씨뿌림과 가꾸기의 합리화 ▶ 농작물의 씨앗 고르기 ▶ 농기계나 농기구의 청소 ▶ 가축의 통제된 관리 ▶ 물대고 빼는 물길의 청결화 ▶ 운반되는 흙의 관리 ▶ 관상식물이나 날아 다니는 씨앗 관리 ▶ 농작물 씨앗거두기때의 오염 막기 ▶ 씨앗 고른 찌꺼기의 처리(퇴구비 및 사료화)	▶ 상품씨앗의 품질 밝히기(labelling) ▶ 상품씨앗의 검역법 제정 ▶ 문제 초종의 무리에 대한 법적 처방

흔히 경종적, 재배적 또는 생태적 방제법(ecological control method)이라고도 한다. 농작물과 잡초종의 생리 · 생태적 특성 차이에 바탕을 두고 농작물의 자리다툼력을 북돋아 주는 한편 잡초종의 자리다툼력을 떨어뜨릴 수 있는 재배 · 관리수단들을 일컫는다.

농사법다루기

자리다툼 특성 이용하기 농사짓기틀(작부체계)을 분명히 하고 모를 키워 모내기(옮겨심기)를 하며 심는 밀도를 높이고 농작물 종류나 품종은 물론 깨끗한 씨앗을잘 가려 가꾸되 씨뿌릴 곳을 철저하게 소독한다. 경우에 따라서는 보다 강건한 작물모를 확보하기 위하여 다시씨뿌림(재파종)하거나 대신씨뿌림(대파)하고 땅깔림성(피복성)이 큰 작물을 키우며, 농작물의 병 · 해충 · 선충의 피해를 막는 수단들이다.

환경다루기 농작물을 심어 가꾸는 환경을 바꾸어 주는 수단들로서 거름주기 · 물대고빼기 · 땅갈이 제한 · 땅의 산도를 개량하거나 특수환경을 만들기 위하여 설비를 하는 따위의 수단들을 일컫는다.

힘다루기

기계적 또는 물리적 방제법(mechanical 또는 physical control method) 이라고도 한다. 자라고 있는 잡초의 몸체나 잠들어 쉬고 있는 잡초의 씨앗 또는 번식체에 기계적인 힘을 기울여서 피해를 주고 억제하며 몰아내는 수단들을 일컫는다.대표적인 수단들로는 풀매기(손제초) · 갈아엎기 · 낫질 · 불태우기 · 덮어씌우기 · 열처리 · 물가두기 또는 사슬끌기(물속)나 뽑아내기(굴취법)와 같은 것들이 있다.

생물힘빌리기

흔히 생물적 방제법(biological control method)이라 한다. 잡초종에 대하여 특이한 빌붙어살기 · 먹어치우기 · 병일으키기를 하는 생물의 힘을 빌려서 잡초종의 무리크기를 떨어뜨리는 수단들을 일컫는다(Huffaker, 1964). 이들 수단은 목적하는 바가 결코 어떤 잡초종을 완전히 없애는 데 있지 않고 경제적인 점에서 무시해도 좋을 정도의 크기로 살아 남도록 조절하여 이끄는 데 있다. 여기에 이용되는 생물, 즉 잡초의 천적(natural enemy)으로는 특정한 잡초종만을 공격하는 병원균이나 벌레 · 작은 짐승 · 어패류 또는 독성물질을 흘려내는 식물들을 보기로 들 수 있다. 벼가 자라는 논에 왕우렁이나 아졸라(azolla) 또는 오리와 같은 생물을 집어넣는 잡초관리들이 모두 이 수단의 하나라 할 수 있다. 호주에서 야생선인장을 고추좀벌레로 억누를 수 있었던 좋은 본보기가 있다.

풀약뿌리기

흔히 제초제, 또는 화학적 방제법(herbicidal 또는 chemical control method)이라 부른다. 풀약은 농업의 생산력을 높이고 농산물의 품질을 좋게 하며 물의 관리를 쉽게하고 결과적으로 농사짓기에서 품의 효율을 높이는 데 더없이 좋다. 그러나 농작물과 잡초 사이에 나타나는 생리 · 삶꼴 · 생김새의 차이점과 환경조건의 변화, 풀약의 물리 · 화학적 특이성이나 뿌리는 방식의 차이점 등에 바탕을 두고 가려죽이기(선택살초)를 이룩해야 하기 때문에 농작물이나 환경에 풀약의 피해가 전혀 없도록 하면서도 ,잡초를 효과적으로 몰아내는 데는 어쩔 수 없는 어려움이 따른다. 따라서 풀약이 갖추어야 할 조건들을 들어보면 다음과 같다.

▶독성이 낮아서 사람이나 가축, 그리고 환경에 대한 위험성이 적어야 한다.

▶농작물에 대한 피해가 적은 동시에 풀몰이 효과를 높이기 위하여 농작물과 잡초에 대한 가려죽임성이 분명해야 한다. 대체로 작물가림성이 높을 경우에는 쓸 수 있는 작물종류의 폭이 좁아지고 잡초종류의 폭이 커지는 반면에 작물가림성이 낮을 경우에는 잡초종류의 폭이 좁아진다.

▶온도 · 물끼 · 햇살 · 땅과 같은 환경의 변화에 따른 안정성(stability)이 분명해야한다. 풀약을 뿌릴 때에는 식물 마다 차이와 뿌리는 수단이나 기술의 특성을 이용하게 되므로 환경에 의한 안정성이 없다면 실제의 사용면에서 불안과 어려움이 따른다.

▶값이 싸서 잡초의 약뿌려 몰아내기에 경제적 만족이 뒤따라야 한다. 그 까닭은 풀약뿌리기가 품의 고통을 덜어 주기에 앞서서 경제적인 노동생산성을 높이는데 더욱 목적이 있기 때문이다.

▶풀약의 만들어진 모양이나 무게 · 부피 · 담아꾸리기 및 이화학적 성질이 풀약을 만들고 옮기며 갈무리하거나 뿌리는데 안전하고 편리해야 한다.

02 잡초다루기 설계기술 자료

잡초다루기를 설계하기 위해서는 지금까지 연구 · 조사되고 시험된 결과들을 현장기술로 정리하여 각 처리단계마다 필요한 기술을 골라낼 수 있어야 한다. 이 부분의 기술들을 체계적으로 정리하여 나타낸 본보기로서 Aldrich와 Kremer(1977)의 'Principles in Weed Management' 의 필요한 예비지식 내용을 소개하고자 한다.

잡초씨앗의 힘

- ▶ 작물의 경우에는 씨앗맺기를 억누르는 조건에서도 대부분의 잡초는 정상적인 힘을 지킨다.
- ▶ 씨앗맺기가 일찍 시작되고 뒤늦게까지 지속된다.
- ▶ 제대로 맺지 않은 씨앗도 싹튼다.
- ▶ 그늘에서는 씨앗맺힘이 줄어진다.
- ▶ 흙속으로 흘러드는 밖의 씨앗량은 많지 않다.
- ▶ 밖의 씨앗은 새로운 땅으로 흘러들기에 앞서서 대부분 죽게 된다.

번식체의 힘

- ▶ 잡초로 나타나 몇 주일이 지나면 영양체가 만들어진다.
- ▶ 몸체자람의 촉진요소(예, 고농도 질소 · 음지 · 과도한 물끼와 낮은 온도 따위)는 번식체 자람을 억제한다.
- ▶ 번식체 자람에 생장조절제의 영향이 있다.
- ▶ 그늘에서 번식체 자람이 떨어진다.

씨앗의 목숨

- ▶ 잡초 씨앗은 흔히 잠들어쉬기를 하며 온도 · 물끼에 대한 견딜성이 크다.
- ▶ 흙속에 흘러들면 2~3년에 대부분 싹터 나오지만 잠들어쉬는 기간이 더욱 긴 것들도 많다.
- ▶ 흙속에 깊이 묻히면 목숨이 길게 연장된다.
- ▶ 땅갈이하면 목숨이 짧아진다.

번식체의 모습

- ▶ 잠들어쉬기가 일정하지 않다.
- ▶ 대부분은 한 해 안에 싹터 나오거나 죽지만 길게 사는 것들도 있다.
- ▶ 자연상태에서는 살아 남는 견딜성이 크다.
- ▶ 흙에 깊이 묻히면 오래 사는 것이 보통이다.
- ▶ 땅갈이로 목숨이 짧아진다.

씨앗의 싹트기와 땅위 솟아나기

- ▶ 땅위 솟아나기는 땅속 깊이에 역비례한다. 4cm 이상의 깊이에서 땅위 솟아나기가 크게 줄지만 싹트기 자체는 조건에 따라 깊이문제를 벗어난다.
- ▶ 대부분의 잡초씨앗은 흙깊이나 그늘만으로도 잠들어쉬기를 가능케 한다.
- ▶ 대부분 씨앗에는 화학적 발아억제물질이 포함되어 있다.
- ▶ 흔히 싹트기에는 햇살이 요구된다.
- ▶ 대부분 씨앗은 싹트기와 정상의 자람에 조건이 알맞는지를 미리 아는 힘이 있다.
- ▶ 대부분 환경요인은 절대적이 아니라 상대적으로 받아들여진다.

영양체의 싹트기와 땅위 솟아나기

- ▶ 땅위로 솟는 빠르기는 묻힌 흙의 깊이에 반비례하지만 씨앗보다 깊은 층에서 솟아나는 경우도 많다.
- ▶ 땅위 솟아나기는 영양체의 크기에 직접 관련한다.
- ▶ 싹트기는 질소와 탄소함량에 직접 연관된다.
- ▶ 번식체의 눈 사이에는 서로간의 싹트기 억제원리가 있다. 끝눈의 영향력이 가장 크다. 다만 번식체를 모체에서 떼어 놓으면 영향력이 커지고, 뿌리줄기에 의한 쪽을 떼어내면 영향력이 줄지만 영향력 자체가 사라지진 않는다.

자리다툼

- ▶ 잡초관리는 이를수록 효과적이다.
- ▶ 농작물 자람기간의 앞쪽 $\frac{1}{3}$지점 이후에 나타나는 잡초는 자리다툼력이 작다.
- ▶ 작물소출에 대한 잡초발생숫자의 영향은 곡선회귀적이고 발생무게의 영향은 직선회귀적이다.
- ▶ 대부분 한해살이 잡초종은 자리다툼 견딜성이 약하다.
- ▶ 작물종류나 품종마다 자리다툼력이 다르다.
- ▶ 한해살이 잡초종은 한해살이 농작물에, 여러해살이 잡초종은 여러해살이 농작물에 자리다툼력이 크다.
- ▶ 잎과 줄기는 땅위 부분 다툼의 주체로서 받아들이는 햇살량과 질에 영향을 미친다.
- ▶ 뿌리는 땅속 부분 다툼의 주체로서 흩어져 뻗어 있는 범위의 크기로 다툼력을 나타낸다.
- ▶ 대부분의 한해살이 잡초종은 다툼하는 농작물보다 사는 기간이 짧다.
- ▶ 자람조건에 대한 자리다툼의 결과는 다른 요인에도 영향을 끼친다.
- ▶ 자리다툼의 정도에 따라 작물과 잡초 모두의 생산성이나 생장조절력이 달라질 수 있다.

서로 맞서 억누르는 작용

- ▶ 억제물질은 일부 식물종에서 흘러나와 다른 종의 싹트기나 자람을 억누른다.
- ▶ 억제물질은 식물체 어느 부위에서도 흘러날 수 있다.
- ▶ 분비량에 따라 억제력이 직접 달라진다.
- ▶ 억제작용은 어느 식물의 자람에서나 또는 기능에 영향을 끼칠 수 있으며 어느자람 단계에서도 가능하다.
- ▶ 억제물질은 휘발 · 용탈 · 증산 · 분해과정을 거치며 환경 속으로 흘러든다.
- ▶억제물질은 여러 가지 화학구조로 되어 있고 식물의 어떤 대사과정에서도 나타날 수 있다.

생물적 관리처방

- ▶ 잡초에 대한 천적은 식물을 가해하는 곤충 · 병원균 또는 선충 안에 있다.
- ▶ 일부의 천적생물은 잡초의 꽃이나 씨앗을 가려서 가해한다.
- ▶ 가장 효과적인 생물적 관리처방은 같은 종류의 잡초에 붙어 사는 천적을 이용하는 경우이다.
- ▶ 천적 도입후 3~5년, 또는 그 이상에 걸쳐서 골라 가며 가해할 천적생물의 새끼 불리기와 자리 굳히기 과정이 요구된다.
- ▶ 식물병원균을 이용할 경우에는 한 차례 접종만으로도 순발력있는 효과가 나타나야 실용적이다.

재배적 관리처방

- ▶ 고정된 수단만으로 풀몰이를 하면 견딜성의 다시나기(진화)가 진전되어 잡초 무리의 꾸밈이 달라진다.
- ▶ 한작물짓기를 하면 잡초종은 단순해지지만 전체적인 발생량은 늘어 간다.
- ▶ 풀약으로 잡초무리꾸밈을 골라 조절할 수 있다.
- ▶ 땅갈지않기는 여러해살이 잡초종 몰이에 비효과적이다.
- ▶ 한해살이 잡초종 가운데 땅덜갈기를 하게 되면 땅 겉면 싹트기를 하는 바랭이와 같은 초종은 나타나는데 도움이 되지만 나팔꽃과 같이 땅속 깊은 데서 싹트는 초종에는 불리하다.
- ▶ 풀약은 농작물과 잡초가 함께 사는 공간에서도 풀몰이를 가능케 한다.
- ▶ 땅갈이 방식이나 깊이에 따라 잡초 씨앗의 땅겉면 자리차지가 달라지며, 표준화된 쟁기질에 의하면 이들을 비교적 균일하게 흩뜨릴 수 있다.
- ▶ 땅겉의 부스러기가 잡초씨앗의 싹트기 · 살아남기 · 무리짓기를 다르게 하고 땅에 뿌리는 풀약의 효과를 다르게 한다.
- ▶ 작물 종류나 품종마다 자리다툼력이 다르고 가꾸는 햇수에 따라 잡초종 꾸밈이 달라질 수 있다.
- ▶ 씨뿌림량을 늘리거나 씨뿌림나비를 좁혀서 작물의 밀도를 높이면 키 큰 잡초의 자람이 좋아진다.
- ▶ 농작물에 대한 틀잡힌 풀약의 골라쓰기로 잡초종의 자람량이나 꾸밈이 달라진다.
- ▶ 잡초의 씨맺힘을 억누르는 풀약을 뿌릴 수 있다.
- ▶ 농작물 종류나 주요 잡초종에 따라 잡초의 경제적 발생허용 범위를 비교적 정밀하게 알아낼 수 있다.
- ▶ 땅속의 잡초씨앗과 환경에 바탕을 두고 잡초의 나타남과 자람량을 미리 짐작할 수 있다.
- ▶ 농경지의 특정한 여러해살이 잡초종은 작물가꾸기 앞뒤로 사이짓기하거나, 또는 돌려짓기를 하므로써 쉽게 몰아낼 수 있다.
- ▶ 잡초관리 설계는 잡초자람량을 가장 적게 할 수 있는 때와 처리시간 흐름에 따른 비용산출을 함께 하며 만들 수 있다.

03 미리막기

▶ 잡초자람 · 씨맺음 억제용 천적 도입

◈ 씨맺기 · 사는힘 · 잠들어쉬기 억제용 기술 처리

◈ 씨앗 · 번식체 싹트기 도움용 약처리

◈ 씨앗 죽이기 미생물 활용

▶ 겨울나기 때에 씨앗 · 번식체를 땅 위로 끌어 올려 건조처리

◈ 계획적인 낮추갈이 반복

▶ 햇살가리개 역할 큰 작물품종 고르기

◈ 햇살가리개 먼저차지를 위한 이른 씨뿌림 또는 깔이 이용

◈ 작물걷우기 뒤에 깔이작물 가꾸기 또는 깔이 이용

◈ 서로 맞서 억누르는 작물품종 고르기

◈ 작물 가림성 질소거름법

04 잡초나타나기 억제 기술설계

▶ 잡초종수 줄이기 목적의 깊이갈이

◈ 작물씨뿌리기 앞선 낮추갈이

▶ 자리다툼력 큰 작물품종 고르기

▶ 서로 맞서 억누르는 작물이나 품종고르기

◈ 농사짓기틀 변화

◈ 농사짓기때 조절

◈ 깔이가꾸기

▶ 나타나기 앞뒤의 땅 뿌림 풀약

◈ 풀약의 돌림사용 또는 점처리

05 잡초의 자리다툼 줄이기 기술설계

▶ 작물기르기 기술을 함께 하는 제한적 땅갈이

▶ 자리다툼성 · 서로 맞서 억누르는 작물이나 품종 고르기

◈ 작물에게만 미치도록 깊은층 거름주기 또는 물대기

▶ 풀약의 돌림사용이나 점처리 따위

콩

병해충방제 핵심재배법

인　쇄　2024년　3월　10일
발　행　2024년　3월　15일

지 은 이　차광홍 · 정우진 · 김길용

발 행 처　학술정보센터 · 전남대학교 친환경농업연구소
기　획　학술정보센터

신고번호　제 2018-000065호
제　작　학술정보센터
주　소　서울시 강서구 개화동로 8길 38
홈페이지　www.dogamnara.co.kr　학술정보센터 도감나라
전　화　02-878-0538
팩　스　02-878-0937
정　가　₩ 50,000
ISBN　978-89-94174-25-9 (96520)

사사
본 결과물은 농림축산식품부의 재원으로 농림식품기술기획평가원의
농생명산업 기술개발사업의 지원을 받아 연구되었음(no316032-5)

· 식물병원체, 잡초관리, 천적이용방제편 내용은 학술정보센터 출처